半导体制造过程的批间控制和性能监控

郑英 王妍 凌丹 著

科学出版社

北京

内 容 简 介

本书基于当前半导体行业制造过程中存在的问题，介绍了多种改进的批间控制和过程监控算法及其性能。第 1 章为半导体制造过程概述，包括国内外研究现状和发展趋势。第 2、3 章介绍批间控制、控制性能和制造过程监控。第 4～7 章讨论机台干扰、故障、度量时延对系统性能的影响，提出多种批间控制衍生算法，包括双产品制程的 EWMA 批间控制算法、变折扣因子 EWMA 批间控制算法、偏移补偿批间控制算法、基于 T-S 模糊模型的批间控制算法。第 8～11 章介绍半导体制造过程的性能和过程监控方法，包括：设计模型评价指标进行建模质量评估；提出基于时间序列模型的批间控制系统过程监控方法，进一步提出二维动态批次过程的建模和稳定性评价指标；提出基于数据的故障预测方法。

本书可作为自动控制或信息科学相关专业研究人员的参考书，也可供从事半导体制造及相关行业研究、开发和应用的工程技术人员参考。

图书在版编目（CIP）数据

半导体制造过程的批间控制和性能监控 / 郑英，王妍，凌丹著. —北京：科学出版社，2023.11

ISBN 978-7-03-070817-5

Ⅰ. ①半… Ⅱ. ①郑… ②王… ③凌… Ⅲ. ①半导体工艺 Ⅳ. ①TN305

中国版本图书馆CIP数据核字（2021）第260765号

责任编辑：朱英彪 / 责任校对：王 瑞
责任印制：赵 博 / 封面设计：蓝正设计

科学出版社 出版
北京东黄城根北街 16 号
邮政编码：100717
http://www.sciencep.com
北京厚诚则铭印刷科技有限公司印刷
科学出版社发行 各地新华书店经销
*
2023 年 11 月第 一 版 开本：720 × 1000 1/16
2025 年 1 月第三次印刷 印张：16
字数：323 000

定价：128.00 元

（如有印装质量问题，我社负责调换）

序

随着电路由小规模集成发展到极大规模集成，以半导体集成电路为核心的电子信息产业已经成为改造和拉动以汽车、石油、钢铁为代表的传统产业向数字时代迈进的强大引擎。

由于半导体制造工艺的复杂性、大多数生产缺陷的不可修复性，以及生产一个集成电路器件所需要经历的庞大工艺制程数量(一般大于300)，通常只有20%～80%的晶圆能够完成生产线的全过程，成为成品出货。

在设备效率方面，据美国权威机构半导体制造技术科研联合体(Semiconductor Manufacturing Technology Research Consortium, SEMATECH)估计，半导体制造的设备效率大约为 40%～50%，为了维持每年降低 25%～30%生产成本的目标，提高设备效率从以往的每年降低3%～10%成本，被要求大幅增加到降低9%～15%成本。

在半导体制造过程(以下简称制程)中，由于材料累积和元器件耗损等原因，产品的性能指标(如膜层厚度)与目标值会产生偏移。为了补偿这种偏移，目前最常用的做法是统计过程控制。它是一种运用统计技术的监控方法，由制程输出值判断性能指标是否发生偏移。然而当偏移发生时，统计过程控制只能采取简单甚至手动的解决办法(如预热、增加过程时间等)，并不能提供自动控制的策略，这显然不适应当今半导体大批量、高效率生产的要求。

批间控制(run-to-run control, RtR)方法是通过量测装置监测某一批次产品的控制指标(如厚度、温度等)，如果指标偏离目标值，控制器就会根据动态的过程模型微量调整下一批次的操作，以达到最优的控制效果。

一般情况下，批间控制器的性能会随着时间的推移而下降，因此会影响产品的质量。而半导体制程的产品质量、操作安全性、材料能源消耗率和经济性能都与批间控制器的控制性能有着紧密联系。批间控制器是根据过程模型来设计的，在投入运行后，由于生产条件的变化和被控对象的动态性，其控制性能会大幅下降，其中模型失配是主要原因之一。为了保证半导体制程安全且高效地运行，模型失配的检测和诊断必不可少。

随着半导体工业的发展，晶圆的直径已经由200mm向300mm迈进。当控制器性能恶化，或者发生传感器、机台或操作故障时，会产生大尺寸的晶圆废品，这将是很大的浪费；而人工查找故障有时将导致机台长时间停工，也会造成巨大的损失。一般情况下，每个制程都会收集实时的机台数据和在线/离线的度量数据用于故障诊断和容错控制。因此，提高制程的故障诊断和性能监控能力有着重要的意义。

《半导体制造过程的批间控制和性能监控》一书的作者致力于半导体制程的批间控制和性能评估研究，多年来本人与她们有着长期的合作，在相关问题上进行过深入的讨论。该书是作者团队关于此方向的成果总结，对相关研究人员有着一定的借鉴意义和参考价值。

（汪上晓）

台湾清华大学

前 言

自从1958年美国德州仪器(Texas Instruments)公司发明半导体集成电路以来,半导体工业取得迅速发展,于20世纪90年代中期占据了世界经济的主导地位。2015年,国务院发布《中国制造2025》,其中将“集成电路及专用设备”列为新一代信息技术产业的首要重点领域,力争在最短的时间内提升我国半导体产业的技术水平,加快半导体工业的发展。

一个中等规模的半导体制造厂,投入高达十亿多美元,但企业往往只能获得边际利润。半导体产品平均三年更新一代,为了维持具有竞争性的生产能力,半导体制造厂必须减少消耗和浪费。根据国际半导体技术发展路线图(International Roadmaps,ITRS),提升良品率与增加设备效率是降低生产成本的两种重要方法。半导体行业对良品率极其关注,将良品率提高10%,就可以为企业省下每年数亿美元的资金。反馈控制和过程监控是现阶段用于提高良品率的两种主要方法。在设备效率方面,减少非生产晶圆的使用是提高设备效率的重要手段之一,而要减少非生产晶圆的使用则必须提升设备、过程的控制与检测能力。总而言之,控制技术在半导体制造的节约成本、减少消耗方面起着举足轻重的作用。

批间控制方法近年来成为半导体工业的研究热点。它将反馈与前馈的机制加入统计过程控制,应用于批式生产。实践证明,它不需要改变机台的硬件配置,就可以增加产品产量,提高过程能力,减少晶圆内部的变化,降低操作失误。随着系统集成和自动化技术的发展、新的传感和度量技术的出现、控制算法的改进,批间控制在理论上已经逐渐成熟,成为一种能够提高过程质量、满足可靠性要求、增加产量、降低消耗的控制技术,在半导体及其他类似行业有着广泛的应用前景。

批间控制在带来上述优点的同时,也面临着一些问题和挑战。大部分有关批间控制的研究,都是假设在一条生产线上只生产一种产品,而实际生产中往往是一个机台上会生产很多不同的产品,而且它们的次序是杂乱无章的。传统的建模理论(如状态空间表达式、传递函数等)和控制算法(如比例积分微分(proporational integral derivative, PID)控制)等,都无法直接适用于这种混合产品的制程。此外,半导体制程中度量时延的存在将破坏制程的稳定性,影响过程控制方法的效果,进而降低产出良品率与设备效率。

本书针对批间控制和过程监控,详细阐述当前半导体及类似行业制程中存在的问题,并从批间控制的基本理论出发,介绍多种改进的批间控制和容错控制算法,以及在其控制下的过程监控和性能评估。第1章概述半导体制造过程。第2、

3 章介绍批间控制、控制性能和制造过程监控。第 4～7 章提出多种基本批间控制方法的衍生方法，包括双产品制程的 EWMA 批间控制、变折扣因子 EWMA 批间控制、偏移补偿批间控制、基于 T-S 模糊模型的批间控制等，以补偿机台干扰、故障、度量时延对系统性能的影响。第 8～11 章提出半导体制造过程的性能和过程监控方法，包括建模质量评估、过程监测和故障预测。

本书由华中科技大学郑英(第 2～7 章、第 11 章)、郑州轻工业大学王妍(第 1、9、10 章)和凌丹(第 4、8 章)撰写，全书由郑英统稿。

本书相关的研究得到了国家自然科学基金项目“混合产品的容错的批间控制方法研究”(60604030)、“带有度量时延的半导体制程基于数据的批间容错控制”(61074075)、“带有批间控制器的混合产品批次过程监控与故障诊断”(61374139)和“机器学习和统计分析相结合的多模态工业过程故障诊断”(61873102)的支持，在此表示感谢。同时，感谢多年的合作导师台湾清华大学的郑西显教授和汪上晓教授，以及团队中众多的学生们。

需要指出的是，本书的理论成果并不局限于半导体制造系统，也可以用于类似的批次制造过程。由于作者水平有限，书中难免存在不妥之处，恳请广大读者批评指正。

目　录

第1章　半导体制造过程概述

1.1　引　　言

近几年，凭借着巨大的市场需求、丰富的人力资源等众多优势条件，我国半导体产业取得了飞速发展，并已经成为全球集成电路产业关注的焦点。即使在2005～2008年全球半导体产业陷入严重的低迷时期，我国大规模半导体集成电路产量仍保持了15%～30%的年增长率。但是，我国的半导体工业水平与大国地位极不相称。例如，中关村的高科技企业占领了国内大部分计算机市场的份额，但其利润率只有约3%，而中央处理器(central processing unit, CPU)生产商英特尔公司连续多年纯利润率在30%以上，造成如此大差距的原因就在于我国计算机核心芯片严重依赖发达国家和跨国公司。为了改变这种现状，加快半导体产业的发展，《国家中长期科学和技术发展规划纲要(2006—2020年)》将“极大规模集成电路制造装备及成套工艺”列为16个国家科技重大专项之一，2015年国务院发布的《中国制造2025》中将“集成电路及专用设备”列为新一代信息技术产业的首要重点领域，这些都充分说明半导体产业已经成为我国国民经济的支柱产业，其设计和制造能力是衡量国家科技发展水平的重要标志之一。

半导体产业主要由两部分组成，一部分是芯片设计，另一部分是半导体固态器件和集成电路(晶圆)制造[1]。随着半导体产业的成熟和自动化技术的应用，制造厂商的竞争由最初的发明竞争转向工业控制技术竞争，把工业重点转移到产品问题上。随着半导体集成度的提高，每个芯片上集成的器件数已经超过1亿个，芯片工艺也减小到3nm，晶圆直径增加到450mm，在2023年建立这样一个晶圆生产厂需要100亿美元的资金。晶圆的生产是涉及几百个制程工艺的相当长而复杂的过程，这些制程不可能每次都完美进行，任何一个制程出现缺陷都会影响产品的最终质量。

良品率是影响半导体产业最重要的因素之一，是一个生产企业能否盈利的关键。决定良品率的因素有很多，包括制程的步骤数量、晶圆的破碎和弯曲、制程的变异、制程的缺陷和光刻掩模板缺陷。单一制程良品率定义为进入和离开某一制程站的晶圆数量的比值。将各制程站良品率相乘就可得出整体晶圆生产的累积(cumulative, CUM)良品率：

累积良品率＝良品率(制程站1)×良品率(制程站2)×⋯×良品率(制程站n)

若要在一个 50 步的工艺流程中获得 75%的累积良品率,则每一单步的良品率必须达到 99.4%。而对于商用半导体，75%的累积良品率是赚取利润的底线，自动化生产线通常要达到 90%或以上的良品率[1]。如何改进控制方法、提高产品的良品率将是一个半导体厂获益的根本。例如，一个稍具规模的晶圆厂(FAB)，月产能约 2.5 万片以上，若以 70%的良品率来推估，一个月的不良品损失将高达十亿元以上。因此若能提升 1%的良品率，所带来的收益将极其可观。

另外，为了维持具有竞争性的生产能力，半导体制造厂必须每年降低 25%～30%的生产成本。目前，缩小特征尺寸、加大晶圆直径、提升产出良品率与增加设备效率(overall equipment effectiveness, OEE)是降低生产成本的四种方式[2]。据 SEMATECH 估计,未来由加大晶圆直径与提升生产良品率所能降低的生产成本不到 3%，而缩小特征尺寸大约可以降低 12%～14%的成本；反观在设备效率方面，为了维持每年降低 25%～30%生产成本的目标，增加设备效率从以往的每年降低 3%～10%成本，被要求大幅增加到降低 9%～15%成本[3]。从上述说明可以知道，增加设备效率在现阶段的生产技术中扮演着十分重要的角色。一般来说，设备效率的提升可以从两个方向着手：其一是缩短设备的停机期，停机期中约有 2/3 时间的停机是由生产设备必备的基本功能(如运送晶圆、抽真空等)损坏所引起，因此维持这些基本功能的正常运作可以有效地改善设备效率。其二是减少非生产用晶圆的制造。非生产用晶圆是指不属于常规生产流程的晶圆，通常用于测试、实验或其他非生产目的。减少非生产用晶圆的使用，将提升晶圆的制造效率。因此，控制和监测技术在提高设备效率、降低半导体生产的成本方面起着重要的作用。

反馈控制(feedback control, FBC)和故障诊断(fault detection and classification, FDC)是现阶段用于优化产品性能(提高良品率)和提高设备效率的两种主要方法。半导体批间控制用制程的历史数据作为控制依据来控制当前批次的生产。它结合了统计过程控制和工程过程控制的优点,将反馈与前馈的机制加入统计过程控制,应用于批式生产。实践证明，它不需要改变机台的硬件配置，就可以增加产品产量，提高过程能力，减少晶圆内部的变化，降低操作失误，因而在半导体生产中得到了广泛的应用。

故障诊断(也称过程监控)技术可实时监控工艺和设备状态，分析是否发生故障，并根据工艺的实时状态和数据信息自动进行工艺控制参数调整，从而提高设备产量和产品性能。当晶圆直径增加以后，不论裸片或者处理过的晶圆，其造价都会相对增加。虽然晶圆的成本最终可能降低到几百美元，但是经过制程的处理，生产成本随着一道道的步骤逐渐增加。如果每个步骤中所引起的错误在最后电性测试中才被发现，那么随之产生的损失可能极为惊人，一个 300mm 晶圆的损失可能高达 5000 美元以上。因此，高水平的故障诊断方法是生产高性能芯片的必要条件，也是企业获得收益的关键所在。

综上所述，半导体制造过程的控制和监控的研究涵盖半导体制程、自动控制和制造技术等方面，在理论上将大大促进控制理论和半导体制造技术的交叉发展，在实践上将成为促进半导体工业发展的又一技术基础，并可推广到化学工业、医学治疗(如糖尿病、心脏病治疗等)等类似行业，有着广泛的应用前景。

1.2　半导体制造过程

1.2.1　半导体制造流程

制造可以定义为原材料转换为成品的过程。在半导体制造过程中，输入材料包括半导体材料、添加剂、金属和绝缘材料，相应的输出包括集成电路(integrated circuit, IC)、IC 封装、印制电路板，即最终的各种商品化的电子系统和产品[4]。半导体制造是当今最先进和最复杂的制造工业之一。如图 1.1 所示，Quirk 等[5]把半导体制造过程大致分成六个独立的生产区：扩散(thermal process, TP)、光刻(photolithography)、刻蚀(etch)、薄膜生长(dielectric deposition, DD)、离子注入(ion implantation, II)和化学机械研磨(chemical machanical polish, CMP)，在这些生产区都放置有若干种半导体设备，以满足不同的需要。例如在光刻区，除了光刻机之外，还会有配套的涂胶/显影和测量设备。

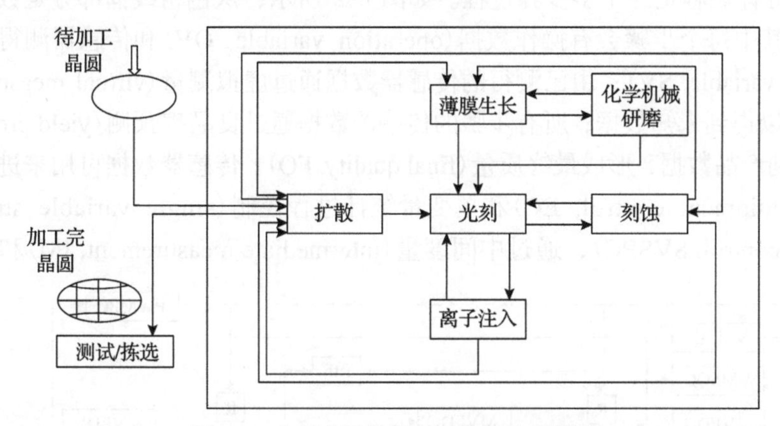

图 1.1　典型半导体制造过程的流程模型

(1)扩散区是完成高温工艺及薄膜沉积的区域，主要包括氧化、膜沉积和扩散掺杂。氧化是一种添加工艺，将氧气加入到硅晶圆后在晶圆表面形成二氧化硅。膜沉积是在硅片衬底上物理沉积一层膜的工艺。扩散掺杂是一种物理过程，通过分子热运动使物质由浓度高的区域移动到浓度低的区域。

(2)光刻区是将设计好的电路图形从光刻板转印到晶圆表面光刻胶的区域，主要包括光刻胶涂敷、曝光和显影。光刻胶涂敷是一个沉积的过程，沉积过程中薄的光刻胶层将被涂在晶圆表面。曝光过程与相机底片的曝光类似，取决于光的强度和曝光时间。显影会除去多余的光刻胶，并形成由光刻板所定义的图形。

(3) 刻蚀区是移除晶圆表面材料，形成 IC 设计要求的区域。刻蚀有两种：一种为图形化刻蚀，能将指定区域的材料去除，如将光刻胶的图形转移到衬底薄膜上；另一种为整面全区刻蚀，即去除整个表面薄膜达到所需的工艺要求。

(4) 离子注入区是杂质掺杂的区域，提供了一种比扩散过程更好的掺杂工艺控制。它利用高能量带电离子束注入的形式，将掺杂物原子强行掺入半导体中。

(5) 薄膜生长区是在硅片衬底上物理沉积一层膜的区域，这层膜可以是导体、绝缘体和半导体。主要制造工艺有化学气相沉积(chemical vapor deposition, CVD)和物理气相沉积(physical vapor deposition, PVD)。CVD 是一个利用气态化学原材料在晶圆表面产生化学反应的过程，广泛应用于半导体工业的各种薄膜沉积中。

(6) 化学机械研磨区是完成晶圆整体表面平坦化的区域。它通过结合化学反应和机械研磨去除沉积的薄膜，消除因晶圆切割形成的表面缺陷，使晶圆表面更加平滑和平坦。

1.2.2　半导体制程控制/监控框架

半导体制程是一个多步骤过程。如图 1.2 所示，灰色粗线框部分是数据集成平台：其中每个步骤会有操作数据(operation variable, OV)和传感器测得的数据(sensor variable, SV)；由已测得的传感器数据通过虚拟测量(virtual measurement, VM)可以得到未知数据；所有步骤的传感器数据通过良品率预测(yield prediction, YP)得到产品数据，形成最终质量(final quality, FQ)。传感器数据可用来进行设备控制(equipment control, EC)和单变量统计过程控制(single variable statistical process control, SVSPC)，通过中间度量(intermediate measurement, IM)和最终测

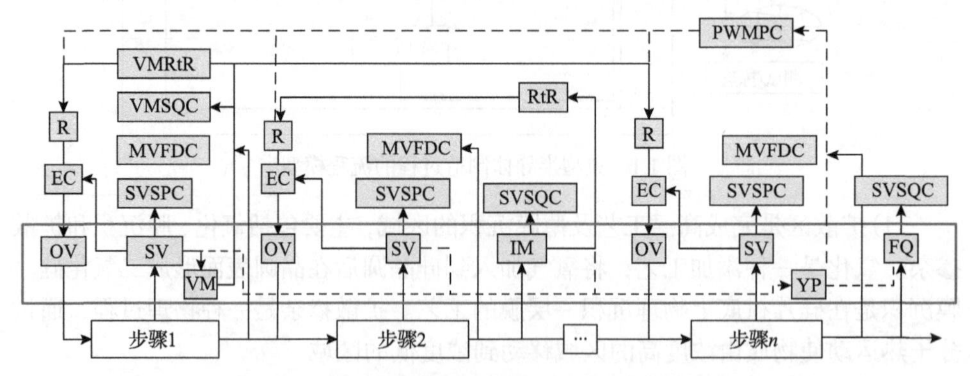

图 1.2　典型半导体制造过程的控制/监控框架

量得到的质量数据可用于单变量统计质量控制(single variable statistical quality control, SVSQC)，所有输入输出数据可用来实现多变量故障检测和分离(multi-variable fault detection and isolation, MVFDC)。对于每个步骤，结合前馈和反馈控制实现批间控制，调整控制策略；对于包含所有步骤的系统，设计厂级模型预测控制(plantwide model predictive control, PWMPC)。

1.3 半导体制程的批间控制

许多不同种的产品都在同一类的设备、不同的操作条件下批次生产[6]。Seborg等[7]将控制的动作大致分为四类。

(1)逻辑控制：在对生产过程或机械设备运行状态进行检测的基础上，运用逻辑原则和逻辑方法，完成以开关量控制为主的自动控制。

(2)反馈控制：采用反馈的方法控制制造过程，使制程输出随既定的轨迹而改变。

(3)批间控制：能够有效地消除机台的干扰(如漂移、平移)。

(4)生产管理：包括安排和调度生产机台，以及根据现时的原料排定生产计划。

受半导体技术水平的驱动，批间控制近年来已经成为半导体企业利润增长的主要源泉[8,9]。它结合了统计过程控制和工程过程控制的优点，将反馈与前馈的机制加入统计过程控制，能够降低次品率，延长设备的使用周期和提升设备总体效能。它的基本思想是在每一批次通过调整过程的输入变量使得输出达到目标值，而每一批次对输入变量的调整都是基于以前批次的输出值与目标值的偏差[10]。由于半导体制造过程均具有非线性、时变、质量不易在线测量和干扰不可测量的相同特性，批间控制可用于控制半导体生产的不同过程。许多专家学者对批间控制开展进一步的研究，发展出更为复杂、精密的控制方法，如针对特定操作的控制，如光刻[11]、刻蚀[12,13]、化学机械研磨[14,15]等。

目前，国内外学者对半导体制造过程批间控制的研究都是从预估算法和控制方法着手的，下面分别从这两方面进行阐述。

1.3.1 预估算法

指数加权移动平均(exponentially weighted moving average, EWMA)算法是批间控制最常用的一种模型参数预测方法。Sachs 等[16]首先将 EWMA 算法用于半导体生产批间控制中。由于其控制效果显著，EWMA 控制器被广泛应用于半导体生产过程中。Box 等[17]研究了 EWMA 批间控制器的统计特性，指出当存在一阶积分移动平均(integral moving average, IMA)干扰时，含有适当折扣因子的 EWMA 控制器会使得输出均方误差最小。在半导体生产过程中，IMA(1,1)是应用最广泛的干扰模型，因此 EWMA 算法是半导体制造业中最受欢迎的一种批间控制算法[18]。为了提高系统的控制性能，很多学者对 EWMA 控制器进行进一步研究，提出了许多改进的 EWMA 控制器。Tseng 等[19]针对漂移干扰严重的系统，提出了变折扣因子 EWMA 控制器，并且与双折扣因子指数加权移动平均(double exponentially weighted moving average, DEWMA)控制器进行对比，证明了变折扣因子 EWMA 具有很好的控制性能。之后，他们又提出了一种自适应变折扣因子 EWMA 控制器，该控制器不仅提高了系统的稳定性，而且能够较快地达到期望目标。Jin 等[20]针对时延系统提出了 Smith-EWMA 控制器，并且证明该控制器能够改善系统的稳定性。Zheng 等[21]针对半导体混合产品生产过程，提出了折扣因子循环重置的 EWMA 控制器，该控制器不仅减小了偏差而且实现了最小方差控制。Ai 等[22]提出了周期预测 EWMA (cycled forecasting EWMA, CF-EWMA) 控制器，该控制器可以处理每个周期运行时的前几批次偏离目标值问题。Chang 等[23]结合 k 均值聚类方法，提出一种 G&P EWMA 控制器，有效地改善了混合运行过程中低频产品的生产性能。Wang 等[24]分析并比较了增益更新的 EWMA 控制器和截距更新的 EWMA 控制器。Lin 等[25]和 Ma 等[26]提出了具有自适应功能的 EWMA 控制器，这些控制器可以有效地处理半导体生产过程中的漂移干扰。Ning 等[27]提出了一种鲁棒参数设计(robust parameter design, RPD)与 EWMA 批间控制器相结合的控制方法，使用 RPD 和 EWMA 控制器分别改善了研磨过程中晶圆的总厚度变化(total thickness variation, TTV)和晶圆的批间厚度变化。Hsu 等[28]提出了误差平滑指数加权移动平均(error-smoothing exponentially weighted moving average, E-EWMA)的改进批间控制器，该控制器将反馈信息发送到下一个晶圆片进行预调整，并将前馈信息发送到前一个晶圆片进行后调整。由于晶圆的品质数据难以实时获取，测量时延会直接影响批间控制器的性能。王海燕等[29]提出了一种含随机测量时延的干扰估计方法，建立了包含测量时延概率的干扰估计表达式，采用期望最大化算法估计测量时延的概率。Lee 等[30]考虑晶圆内部过程干扰的空间信息，构建了 EWMA 控制器与空间效应二维信息素传播控制器(two-dimensional pheromone propagation controller, 2D-PPC)相结合的时空控制器框架，并讨论了时空控制器的稳定性条件和内在特性。

EWMA 控制器比较简单，不能完全克服有漂移的干扰，即系统稳态输出有静态偏差，且偏差大小与漂移量成正比。为了更加有效地处理漂移和斜坡干扰，Butler 等[12]在 1994 年提出了 DEWMA 控制器，他们称这种控制器为预测校正控制器，不仅具有滤波的功能而且含有预测机制，能够很好地克服系统的偏移。Tseng 等[31]针对短期运行的批次过程，提出一种改进的 DEWMA 控制器，该控制器通过最小二乘法对截距进行迭代调整，改进了每个周期最初批次的偏离目标值的问题。为了提高半导体产品的质量,Chen 等[32]提出了基于多路偏最小二乘(multiway partial least squares, MPLS)和 DEWMA 的闭环批间控制方法，有效处理了系统固有的噪声。Chen 等[33]通过递推最小二乘法辨识过程模型和实数编码遗传算法自适应优化折扣因子，提出了一种改进的 DEWMA 控制器，通过多输入多输出 CMP 过程仿真，验证该方法优于常规 DEWMA 控制器。Fan 等[34]针对带有时延的多输入多输出(multiple-input multiple-output, MIMO)半导体过程，提出了 PLS-MIMO DEWMA 控制器，该控制器提高了系统输出的一致性和鲁棒性。Lee 等[35]将漂移补偿方案与 DEWMA 控制器相结合，提出了一种改进的 DEWMA 控制器，该控制器可以有效地处理混合产品 CMP 过程中由机台引起的漂移干扰和产品引起的位移干扰。Lu 等[36]提出一种适用于多输入多输出过程的基于遗传算法的自校正 DEWMA 控制器，在每次运行时通过遗传算法确定在稳定区域内的近似最优折扣因子，使输出偏离目标的成本和每次运行之间的控制输入的调整量最小。

DEWMA 控制器虽然能很好地克服系统的漂移干扰，但是其滤波和预测方程不像 EWMA 控制器那样直观，特别对于过程/模型不匹配的系统，预测方程更不具有直观性，这使得折扣因子的调整变得很复杂。另外，当噪声比较明显时，第二个 EWMA 滤波器会将噪声引入到控制动作中。因此，DEWMA 控制器的应用不如 EWMA 控制器广泛。

1.3.2　控制方法

控制方法致力于使系统的输出值达到目标值,也就是最小化两者之间的误差。Djurdjanovic 等[37]回顾了现代制造过程控制和状态估计的多种方法，包括自适应控制、模型预测控制(model predictive control, MPC)、基于观测器控制、时延控制等，并讨论了多种单产品和混合产品的控制方法。Liu 等[38]对间歇过程的批间控制方法进行了全面的综述，如 EWMA、DEWMA、MPC、优化自适应质量控制器(optimized adaptive quality controller, OAQC)、人工神经网络(artificial neural network, ANN)等。目前，批间控制方法的研究主要包括基于模型和基于数据的方法。

1)基于模型的方法

早期批间控制算法大多是针对单一机台上的单一产品,而实际的半导体制造设备是一个由并行机台执行一系列操作的混合制程流水线。同一生产机台可以同时加工多种不同规格的产品，而同一规格的产品又会出现在不同的机台，这就是所谓的混合制程。这种情况主要有两个原因，一是半导体行业较其他行业投资更高，制造商必须最大化利用生产设备；二是生产需求的变化和技术的更新，新产品不断推出，旧产品不断淘汰[10]。Tan 等[39]从应用和理论的角度对各种混合制程的控制器进行综述，并提出了未来工作中存在的挑战和方向。为了解决混合制程的控制问题，Bode 等[40]提出了基于线程的 EWMA 控制方法。线程是指影响产品质量的机台和产品状态的特定组合。控制线程是与过程和产品相关的准则的集合，它确定过程的状态。在生产中要想准确确定一个控制线程，就必须确定哪些参数影响混合制程的状态。Zheng 等[41]研究了混合制程的稳定性问题，提出了两种控制方法，即基于产品的控制和基于机台的控制。他们发现当预测不稳定且不同产品具有不同的预测模型不匹配参数时，基于机台的控制方法是不稳定的，而基于产品的控制方法是稳定的。在此基础上，Ai 等[42]提出了基于产品的 DEWMA 控制器。为了减少过程输出到达目标值的时间，Tseng 等[43]提出了自适应变量 EWMA 控制器，并推导了该控制器过程输出的表达式以及稳定性条件。Pan 等[44]将自适应 k 均值聚类方法和批次运行 EWMA 控制相结合，提出一种新的 EWMA 控制方法，提高了混合制程中低频产品的性能。Ringwood 等[45]研究了在实现半导体晶圆刻蚀一致性时遇到的特殊技术困难，评估并记录了目前可用于解决这些困难的估计控制技术的范围。在半导体制造业中应用闭环老化工艺的情况下，Graton 等[46]提出了一种迭代方法来调节 DEWMA 控制器的参数，提供了优化控制性能的次优解。Lee 等[47]针对 CMP 混合制程分析了混合产品的自适应干扰估计，提出了组合式产品和机台干扰估计器。Yun 等[48]针对热原子层刻蚀过程，建立了多尺度计算流体动力学模型框架，在此基础上设计了多变量批间控制系统，以减轻关键干扰的影响。Lee 等[49]提出一种输出干扰观测器(output disturbance observer, ODOB)结构框架用来统一许多基于线程的 EWMA 算法，如基于产品的 EWMA 控制器、基于机台的 EWMA 控制器、线程预测校正控制器、CF-EWMA 等。Wang 等[50]提出了一种基于扩展状态观测器的批间控制器，可以有效地抑制半导体制造过程中出现的随机干扰。Ko 等[51]提出了具有两种不同 EWMA 滤波器的控制器，通过使用双滤波器，减小了白噪声的影响，使得制程控制更为精确。Khakifirooz 等[52]将极小-极大优化算法应用于半导体制造复杂动态控制系统设计中；在不同批次控制策略管理系统的基础上，针对高混合光刻过程的套刻精度控制设计了一种通信协议，构建了一个用于配方管理的多跳通信系统，并利用最小-最大决策规则对该通信系统进行优化，提高控制精度。

在高混合半导体制造工艺中，线程起着重要的作用。然而，随着线程数量的增加，性能会降低，特别是对于低频产品，如何调整前几道工序的控制策略以降低生产成本有待进一步研究。此外，在没有干扰发生时，基于线程的控制效果很好；但是如果有干扰发生，控制效果就会大打折扣。因为基于线程的控制方法，在不同线程之间的信息共享性很差，一旦有干扰发生，同一线程内的状态可以共享信息使系统尽快恢复到正常状态，但不同线程之间没有信息共享，使得系统的抗扰性变差。

此后，非线程状态估计方法引起了人们极大的兴趣。该方法在不同的线程中共享信息，假设不同状态之间的相互作用是线性的，可以采用不同的算法，如线性回归和卡尔曼(Kalman)滤波等，来识别不同变化源的贡献[53]。Firth 等[54]利用实时自适应干扰估计(just-in-time adaptive disturbance estimation, JADE)方法来实时估计被控对象与系统模型之间的误差。Chang 等[55]通过使用历史过程数据，并执行单一观测 JADE 获得了足够精确的初始产品状态，提高了半导体混合制程的控制精度。但是当过程动态性和干扰动态性都改变时，使用传统的 EWMA 控制器通常会导致控制性能不佳。为了克服这一缺点，Tseng 等[56]提出了一种拟最小均方误差控制器，并推导了一阶传递函数模型和一般干扰模型下的长期稳定条件。Ma 等[57]提出了一种基于方差分析(analysis of variance, ANOVA)的状态估计方法，用来估计每个产品和机台相对于生产线上所有产品和机台的状态。之后，对于系统干扰服从自回归求和移动平均(autoregressive integrated moving average, ARIMA)的情况，他们针对少量多样的制程提出了一种新的批间控制算法，并且通过引入动态项，证明了这种算法确实能提高控制器的性能，特别对那种不经常生产的产品控制效果更好[58]。Bian 等[59]将贝叶斯统计理论与 ANOVA 方法相结合，提出了一种新的状态估计算法，改善了 EWMA 控制器的性能。针对一阶自回归移动平均动力学下具有不同数量确定性位移和随机干扰的间歇过程，Hwang 等[60]提出了一种鲁棒优化设计方法。Clerget 等[61]等研究了一种基于非线性采样模型的逐段批间控制算法，利用系统的单调性和对采样动态系统的闭环行为，在适当的范数下处理了非线性模型误差和变时滞。在考虑综合移动平均干扰的情况下，Tan 等[62]提出了将移动窗口与 ANOVA 模型相结合的递推贝叶斯状态估计方法，该方法避免了计算环境矩阵的逆，从而解决了不可观测问题。Wang 等[63]针对非线性状态估计问题，提出了基于最优无偏估计的高斯马尔可夫过程的一般框架，并且比较了 Kalman 滤波、最小二乘(least square, LS)和递归最小二乘(recursive least square, RLS)的非线程状态估计方法。之后，他们考虑 IMA 干扰，提出了一种基于 Kalman 滤波器的改进的非线性状态估计方法[64]。Kim 等[65]提出了基于 Kalman 滤波器的半导体制造过程的最小偏差控制方法，同时考虑带有不同随机干扰模型的增益和偏差变化过程模型，并采用 Kalman 滤波器找到了模型的最佳的参数估计。为了减小 Kalman 滤波的计算成本，Harichi 等[66]引入一个不需要减少模型或特殊引用线程规范的模型公式，不仅可以轻松地添加新线程而且可以删除旧线程。之后，他们提出了一种结合线程和非线程控制策略的线程初始化方法，避免了手工初始化带来的成本，提高了批间控制方法的效率[67]。Kwon 等[68]提出一种基于滚动时域(moving horizon estimation, MHE)的批间模型参数估计方法,该方法使用多项式回归方法估计批次过程的模型参数,并利用估计的模型重新构建新的MPC。与基于DEWMA的MPC控制器和基于名义过程模型的MPC控制器相比,该控制器控制下的过程输出更接近期望的设定值。考虑到晶圆表面质量具有二维数据结构的特性,Bao等[69]建立了一个包含晶圆表面观测数据空间相关性的模型,提出了一种基于高斯-克里格的批间控制算法。

2)基于数据的方法

事实上,复杂的半导体制程很难用简单的数学模型来表示。因此,更加实用的基于数据的方法得到了重视。

Su等[8]介绍了半导体制程的度量数据的种类。Vanli等[70]利用线性统计理论和逐步递归的思想来选择那些对数据相关性有较大影响的变量作为模型变量,此方法已经成功用于光刻对准控制。Wang等[13]采用了偏最小二乘(partial least square, PLS)算法作为预测算法,并指出其在一定条件下和EWMA是等效的。Ma等[58]基于动态ANOVA的思想提出了一种新的批间控制算法,并且证明这种算法确实能提高控制器的性能,特别对那种不经常生产的产品,其控制效果更好,但事实上这种算法还是建立在线性模型斜率已知的基础之上的。Marchal等[71]提出了一种基于优化的决策支持系统结构,该结构采用模糊认知映射(fuzzy cognitive maps, FCM)作为建模技术,并通过观测器开发了一种批间控制方法,从而将反馈信息纳入到系统中。在CMP的混合产品加工模式下,由于相应样品的数量不足,很难对抛光时间进行建模。针对上述小样本建模问题,Duan等[72]提出了一种两阶段聚类共享多任务学习(shared multi-task learning, SMTL)算法,该方法首先对相似产品进行分组,将其对应的样本用于建模,再利用提出的SMTL算法协同获得每一类产品的相应模型。考虑到设备的衰变对工艺行为的影响,Lu等[73]提出了一种基于衰减的PLS技术,开发了一种经济的批间控制策略。

此外,Lee等[74]发现DEWMA不能处理IMA(2,2)干扰,所以采用最优控制的理论进行参数预测。Wang等[75]提出了一种基于神经网络的批间控制方法,通过两层神经网络的自学习能力来处理数据,该方法在CMP制程上得到了应用。

1.3.3 控制性能评估

批间控制系统经常受到系统内外部不确定性的影响,这些不确定性会带来系统控制性能的退化,以及能源、材料利用率与经济效益的降低,甚至安全灾难[76]。控制性能监控分为控制性能评估和控制性能诊断两方面。控制性能评估是构建多种性能指标来实时监控控制回路的性能。控制性能诊断是诊断引起控制性能退化的原因,并提出针对性的控制性能改善策略。控制性能评估技术方面已经有了大量的研究成果,如最小方差基准[77]、线性二次高斯基准[78]、用户自定义基准[79]

等，这些评估技术已经在工业中得到了广泛应用。

半导体制程的产品质量、操作安全性、材料能源消耗率和经济性能都与批间控制器的控制性能有着紧密联系[80]。Zhang 等[81]分析了半导体生产过程中造成控制性能下降的因素，包括控制器的调节、干扰的动态性和模型失配。Bode 等[82]将最小方差基准的思想用于评估线性 MPC-RtR 控制器的性能，并把这种方法应用在控制刻蚀精度的过程中。根据 EWMA 批间控制器的结构特性，Prabhu 等[83]基于 EWMA 控制器的结构特点，给出了最佳可实现性能。Wang 等[84]分析了模型失配和干扰的动态性对批间控制器控制性能的影响。Chen 等[85]把一系列的批间控制器表示成内模控制(internal model control，IMC)结构的形式，基于 IMC 的框架推导了最小方差控制性能和最佳可实现性能的解析表达式，分析了 EWMA 控制器的调节参数和模型失配对批间控制器控制性能的影响。Badwe 等[86]通过分析闭环系统的灵敏度传递函数量化了模型失配对控制性能的影响。Wang 等[87]利用性能指标和鲁棒性指标定量分析了模型失配对控制回路性能的影响。Gong 等[88]利用 Hurwitz 稳定性判据，研究了测量时延对一个 EWMA 控制器中权重因子可行域的影响。

1.4 半导体制程的故障诊断

在大多数情况下，由于半导体批次过程的动态性和机器的不断老化，批次过程会存在各种各样的故障[89]；甚至操作条件在关键时期发生很小的变化，也可能会影响控制性能和最终产品质量。从影响程度上考虑，它们可能会使系统中某些部分的性能降低，甚至完全崩溃。故障诊断技术主要对工业过程中出现的故障进行检测、分离，即检测故障是否发生、定位故障发生的部位，以及确定故障的大小和发生的时间等。在过去的几十年中，故障诊断技术受到了国内外学者的广泛关注，一些创新的理论成果已经得到了成功的应用。目前，关于故障诊断方法的研究成果很多，不同分类标准下的故障诊断方法也各有不同。总的来说，可以将故障诊断方法分为定性分析与定量分析两大类，其中定性分析方法主要包括定性仿真、专家系统、图论和抽象分层方法，定量分析方法主要包括基于解析模型和数据驱动方法。

基于解析模型的故障诊断技术是工业界出现较早的一类方法，在很大程度上依赖过程模型的准确程度，通用性比较差。传统的故障诊断技术通常基于一个机理模型，然而对于复杂的过程很难建立这样一个模型。数据驱动方法泛指一类系统数学模型未知，仅利用实时采集的数据和各种数据处理技术、建模方法，就能实现故障诊断的方法。这一技术的研究不仅有诸多理论意义，而且有着广泛的应用背景，是未来故障诊断技术的重要发展方向。因此，研究有效的数据驱动技术来检测、识别和处理异常情况至关重要。

1.4.1 半导体制程数据

半导体晶圆的制造经常需要上百个工序，其间会产生大量结构复杂的数据，包括过程特征、在线度量、产品测试结果和产品数据[90,91]。Tsuda 等[92]指出半导体制程的数据收集速度可以达到 KB/s 级，但是这些数据没有得到充分利用；在此情况下，他们开发了一种基于实时高速数据处理技术的设备监控系统。该系统在实时的数据聚集、合并中提取了与产率有关的关键参数，并将批间控制和虚拟测量融入高速高精度过程控制系统中。Qin 等[93]介绍了批间控制模块和容错控制模块的数据流向，总结了基于数据的故障诊断方法。为了减少产品的生产周期，Chien 等[94]提出了亚批次过程基于大数据分析的故障诊断系统的结构，包括 3 个过程：数据准备、数据降维，以及亚批次过程模型建立和评估。

1.4.2 统计过程控制和统计过程监控

统计过程控制(statistical process control, SPC)是一种典型的数据驱动的方法，广泛应用于各种工业过程中的故障监测。SPC 的发展经历了单变量 SPC 和多变量 SPC 两个阶段。单变量 SPC 主要是以控制图为基础进行故障监测，最初是由 Shewhart 提出并应用于质量管理领域[95]。单变量 SPC 只适用于监测某一个过程变量的某一采样时刻的情况，当被监测的工业过程变量相关性很强时，就会存在很大的局限性，会造成故障的误报和漏报。多变量 SPC，也称为统计过程监控(statistical process monitoring, SPM)，则可以解决这个问题。SPM 利用一些投影和降维方法，把过程数据从高维数据空间投影到低维特征空间，不但保留了原始数据的主要特征，而且消除了变量间的关联，最常用的 SPM 包括主元分析(principal component analysis, PCA)、偏最小二乘、费希尔判别式分析(Fisher discriminant analysis, FDA)等[96]。

SPM 已经成功地应用于包括半导体制程在内的制造过程在线监测中[97,98]。Goodlin 等[99]用针对特定故障的控制图来区分过程的特定故障状态和正常状态。Spitzlsperger 等[100]将多元数据加入统计参数，用多元统计过程控制方法来检测刻蚀制程的故障。Camacho 等[101]应用多阶段的主成分分析方法来监测批次过程，并说明了其处理干扰的快速性和准确性。如果动态系统变量的自相关性比较强，那么传统的 PCA 方法可能会失效。Ku 等[102]提出了带有时间滞后序列的动态主成分分析(dynamic PCA, DPCA)方法来处理这种变量的自相关性。Tsung[103]提出了一个基于 DPCA 和极大极小距离分类器的综合方法来同时监测和诊断自动控制过程。Chen 等[104]引入了一种基于 DPCA 和 PLS 的方法来在线实时监测半导体批次过程。Yue 等[105]提出了一个综合平方预测误差(squared prediction error, SPE)和 T^2 的指标用于快速热退火过程的故障检测。Zhao 等[106]考虑模态切换时的辨识问题，提出了一种改进的多集成PCA方法用来监控多模态工业过程，取得了良好的多模态过程监控效果。Tan等[107]提出了基于数据相似特性的模态识别方法用于工况划分。Jiang等[108]提出了一种基于互信息的多块主成分分析方法来自动划分处理数据；虽然该方法已经被证明是有效的，但是没有考虑到故障信息的应用，一些故障的检出率不是很高。Zhao等[109]提出了一种故障相关主成分分析方法，该方法利用正常数据和故障数据进行统计建模和过程监控。Liu等[110]提出了一种基于错误数据信息的自适应分区PCA方法，该方法使用块内的局部信息和块间的整体信息。Jiang等[111]提出了一种基于贝叶斯推理和故障相关变量选择的多块过程监控方法。

半导体批次过程的干扰中经常会存在正常操作的变换、产品策略的调整、漂移干扰等情况，导致过程数据存在非平稳性，因此当监测对象处于多模态或者不平稳状态时，无法直接用SPM技术去执行监测任务。Ketelaere等[112]讨论了统计过程控制的非平稳问题，并指出工业过程很少处于平稳的状态。Nomikos等[113]建议利用时间演化模型，即模型可以随着过程的改变而更新，对缓慢变化的非平稳过程建模。在此基础上，有学者开始研究使用不断更新的SPM监测技术监测非平稳过程[114]。Wold[115]把指数加权移动的思想应用到PCA和PLS技术中，不断更新它们的模型。由于每次更新模型都需要加入所有的历史数据和新进来的数据，所以建模的数据库越来越大。Li等[116]利用快速内核算法更新指数加权PLS的回归模型，这种算法基于递推更新的协方差矩阵，而不是整个历史数据。Li等[117]在递推PCA中加入了两种有效学习算法，通过不断地更新主元个数和控制限大小来监测不平稳的过程。Wang等[118]通过递推PLS和自适应置信区间来监测非平稳和时变的工业过程。

传统PCA方法假设过程变量是服从高斯分布的，而实际的过程数据可能是非高斯的。非负矩阵分解(non-negative matrix factorization, NMF)算法只要求测量数据是非负性的，而对测量数据的分布没有要求。NMF算法被广泛用于处理非高斯和高斯数据[119-122]。Zhu等[123]将局域保持映射(locality preserving projection, LPP)算法引入到全局非负矩阵分解(global non-negative matrix factorization, GNMF)的目标函数中，并在此基础上提出了一种故障监测方法，提高了故障监测的准确性。考虑到NMF算法不保留数据的统计特性，Li等[124]提出了一种修正的NMF算法。该算法不仅能提取潜在信号，而且能捕获数据的主要变化，用多变量SPC模型来监测非平稳的工业过程。这些研究也有其局限性，如遗忘因子和建模数据库的选择，对于一个非平稳过程或者时变很快的过程，会导致漏报现象的发生。

很多学者考虑到工业过程数据不平稳的影响，提出了基于时间序列模型预处理的方案[125-128]。Box等[129]指出非平稳的工业过程可以用自回归整合移动平均模型来表示，把不平稳的数据经过ARIMA模型(时间序列模型的一种)预处理，得到平稳的残差数据，用 SPC 技术去监测这些残差数据。尽管这种方法解决了非平稳的问题，但仍然存在一些弊端[130,131]。例如，过程的 ARIMA 模型并不容易得到，而且 ARIMA 模型会对非平稳的过程数据进行差分处理，此行为会导致残差数据中的故障信号减弱，不利于进一步故障诊断。Chen 等[132]提出了用共整合模型的方法来建立一个非平稳过程的数学模型，共整合模型是一组非平稳变量的线性模型。他们先得到一组经过共整合模型过滤后的残差序列，然后对其进行分析诊断。当时间序列数据中序列的分布性质改变时，检测时间序列数据集的偏移变得十分重要。Raza 等[133]提出了一种基于自相关观测值的 EWMA 控制图的偏移点检测方法。

以上的研究都只分析经过时间序列模型过滤后的残差，很少关心时间序列模型的系数。Woodall 等[134]指出工业过程的变化会导致其模型参数的改变。Ge 等[135]结合统计方法和子空间模型识别技术来监测模型参数的变化。Fan 等[136]采用正弦函数总和来模拟非线性的过程，并且利用霍特林(Hotelling)的 T^2 图和指标控制图监测模型的系数向量。Wang 等[137]把半导体间歇过程推导成一个带有外源输入的自回归移动平均模型，通过监测其系数，得到满意的故障诊断效果。Zeileis 等[138]也考虑了时序模型的系数，通过监测基于模型系数和残差的动态模型的改变来进行故障诊断。Zheng 等[139]把基于时序模型参数的故障监测研究扩展到一般控制系统，分析闭环控制过程监控遇到的各种问题，并指出基于时序模型参数的故障监测具有较好的结果。

1.4.3 混合产品制程监控

针对混合产品批次过程监控的相关研究很少。传统的方法是针对多产品建立多个局部 PCA 模型，但是需要所有产品生产的机理知识和大量数据，实际运用困难。Verdier 等[140]提出了一种采用 k 近邻(k-nearest neighbor, KNN)规则的模式识别故障检测方法，可避免建立多个模型，但是仍然需要大量初始数据。为了提高 k 近邻故障检测(fault detection based on k nearest neighbors, FD-KNN)方法针对潜隐变量故障的检测能力，张成等[141]提出了基于独立元的 KNN 故障检测方法。He 等[142]采用模式识别的方法，根据当前数据和历史正常数据的相似性来处理多产品问题。Yu[89]采用基于主元的 GMM 方法处理了半导体制程的多模型问题。Hong 等[143]使用模块化神经网络(modular neural network, MNN)对等离子体刻蚀混合产品制程的故障进行建模，根据 MNN 建模的结果对刀具数据集按其相关子系统进行分组，并利用 Dempster-Shafer 理论进行故障检测和分类，解决了与故障诊断相关的不确定性问题。Nguyen 等[144]提出了一种数据驱动的间歇制造过程故障预测方法，并使用具有确保工业安全边际的置信区间(confidence interval, CI)的聚合概率密度函数(probability density function, PDF)估计剩余使用寿命(remaining useful life, RUL)。Lee 等[145]提出了一种基于卷积神经网络的故障检测与分类(fault detection and classification based on convolutional neural network, FDC-CNN)模型，其中一个多变量传感器信号的接收场沿时间轴移动，以提取故障特征。在半导体制造过程中，大量的传感器数据被嵌入到先进的机器中，这些数据对于早期制造阶段的自动故障检测和诊断是至关重要的。然而，不同晶圆的处理时间略有不同，从而产生可变长度的信号数据。针对此现象，Kim 等[146]提出了一种基于卷积神经网络的故障检测方法以直接从可变长度的传感器数据中检测和诊断故障。

1.4.4 故障分离

目前的研究大部分是关于批次过程的故障检测的，对于故障辨识的研究则很少。如果采用 T^2 或者 SPE 统计量检测出了不正常状态，那么各变量与该状态的相关程度可以根据贡献图得到。事实上，贡献图只能提供变量与故障的关系，缩小故障辨识的范围，并不能直接进行诊断。另外，分类模型也可以用来分离故障，但是需要大量历史故障数据[147]。

Wang 等[148]引入贝叶斯统计学理论到半导体制程的干扰检测和分离中，其中干扰定义为未加控制的输入，可视为故障。Ono 等[149]提出了用影响矩阵(impact matrix, IMX)的方法来分离动态系统的故障。Poshtan 等[150]在非参数模型辨识的基础上把 IMX 的方法扩展到实时故障诊断和参数追踪。McCray 等[151]提出了两种新的逐步回归(stepwise regression, SWR)方法用来定位半导体制造过程中的干扰，具有较低的误报率和漏报率。Lin 等[152]采用基于分类精度的报警信号生成准则来监测离子注入机的实际故障，并利用混合分类树实现了离子注入机的故障分离。针对具有多种运行方式、长暂态过程的间歇过程，Garcia 等[153]利用经典的 PCA 模型对过程的每个稳态进行分析，提出了一种基于间歇 PCA 的故障检测与隔离方法。Ge 等[154]提出了一种基于贝叶斯推理策略的多工况间歇过程概率监控方法，并讨论了该方法在故障诊断和识别中的潜在扩展。Yan 等[155]提出了一种基于变量选择的故障隔离方法，将偏最小二乘判别分析中的故障隔离问题转化为变量选择问题，并通过稀疏偏最小二乘模型求解变量选择问题。Zhang 等[156]将判别分析与全局保持核慢特征分析(global preserving kernel slow feature analysis, GKSFA)紧密结合，提出了一种新的基于改进 GKSFA 的间歇过程监测方法。该方法根据测试数据的最优核特征向量与正常数据之间的距离构造监控统计量，并设计了一种新的非线性贡献图方法，解决了非线性故障变量检测与辨识的难题。为了更好地理解间歇过程的故障，Zhu 等[157]采用局部离群因子(local outlier factor, LOF)进行阶段划分，并提出了一种引入 LOF 变量的故障隔离方法。

第2章 批间控制

2.1 引　言

随着科技的进步，工业制造产品的品质不断提升，制程上的要求也越来越严格，这在半导体产业中尤为显著。因此，近年来以模型预测控制和批间控制为基础的控制技术在半导体制程中受到广泛的重视。

20 世纪 80 年代，半导体制造过程的最主要问题之一是如何消除因机台在长期运行中参数发生变化而产生的输出渐进偏移。一般解决办法是在生产过程中引入统计过程控制。统计过程控制并不是以制程调节为目的，它搜集各制程的量测数据，通过统计方法(如平均数、标准差等)计算出制程准确度、制程精密度和制程能力等参数，从而监测过程参数的变化。它最主要的功能是将收到的数据经过运算，与事前制定的标准进行比对，若超过标准或达到设定的条件则会发出警告信息。借着系统的警告，工程师得以加强或改善控制的机制。

统计过程控制虽然被用来监测并验证制程的稳定性与正确性，但理论上不能称为一种“控制”，因为尽管统计过程控制提供监测制程异常等机制，却不能提供改正这个异常的方法。于是在 20 世纪 80 年代末至 90 年代初，半导体制造技术科研联合体(SEMATECH)和美国半导体研究联盟(Semiconductor Research Corporation, SRC)的研究人员开始致力于先进过程控制(advanced process control, APC)的研究，其控制结构框图如图 2.1 所示[158]。然而，半导体生产过程中的高温、高压或腐蚀性等极端条件，使得传感器的使用受到很大的限制，而且旧有的设备也无法提供安装新传感器的空间。若缺乏可用的传感器，则无法顺利得到即时的制程信

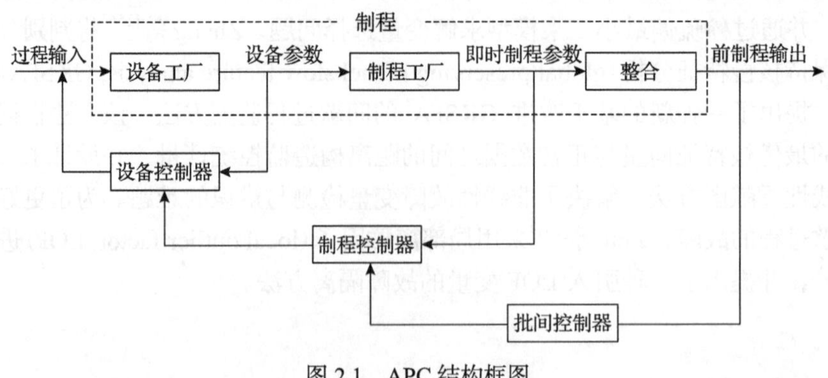

图 2.1　APC 结构框图

息，相对地也使得制程控制的发展停滞不前。

为了解决该问题，研究人员尝试对控制进行分层：第一层是对设备内的环境控制，可能包含温度、湿度等；第二层是对制程环境的控制，可能包含电压、流量等；第三层是对产品结果的控制。每一个控制层级的性质有所差异，在控制设备时制程是连续的，所以控制也应该是连续的，或是采样频率够高的数字控制；而产品结果将反馈给制程设备，以提供未来制程控制调节的参考。控制分层所带来的好处在于当某些层级的感测能力不足时，仍然可以发展出有效的控制模式。这样的层级控制的概念得到普遍认同，于是研究方向便集中在特定层的控制。将设备控制与制程环境控制称为即时控制，将产品结果控制称为批间控制。批间控制具有较好的监测和控制能力，因此也被视为达成制程改进目标的第一个主要领域。

批间控制结合了统计过程控制和先进过程控制，已经被广泛地应用于半导体产业中。图 2.2 为典型的批间控制流程图。批间控制是在两个批次的间隔调整控制器的参数，根据前几批生产的数据来更新模式中的参数，动态调整实际用于生产设备上的制程参数为最佳值，以消除或减少设备参数漂移等干扰因素对晶圆生产所造成的影响。

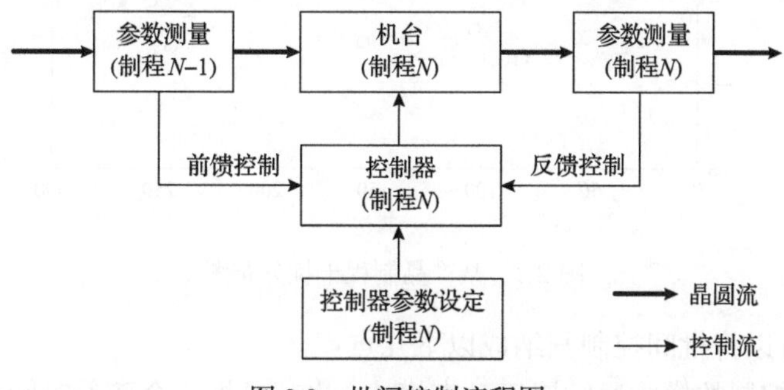

图 2.2　批间控制流程图

经过上一站(图 2.2 中的制程 N–1)的量测设备后，晶圆进入本站(制程 N)，上一站的量测结果传送给本站的控制器，作为本站制程控制参数的调整依据，也就是前馈控制。同时，本站制程的量测结果经过反馈控制用于设计控制器参数。因此，特定制程的批间控制器中控制参数是与前制程结果、后制程结果作比较后修正的。

2.2　批间控制设计原则

批间控制是一种离散时间的控制方法，和传统化工厂连续时间的控制方法不太相同。在连续时间的控制方法中，受控变量会一直随着控制变量的影响而改变；而离散时间的控制方法是根据前几批生产的数据来更新模型参数，期望在下一批的生产过程中所使用的制程参数是最佳值，以达到最优控制。

使用批间控制，一般先观测到机台的干扰。如果这些干扰中有漂移、平移或彼此干扰间有相关性现象出现，则批间控制的控制效果会更为显著；如果观测到的干扰呈随机数分布，如噪声等，则使用批间控制并不能改善控制效果。如图 2.3 所示，乍看之下呈现随机数分布的干扰不适用于批间控制，可是仔细分析，虽然有一部分仍然是随机数分布(图 2.4(a))，但它亦包含了微小量的漂移(图 2.4(b))和平移(图 2.4(c))。

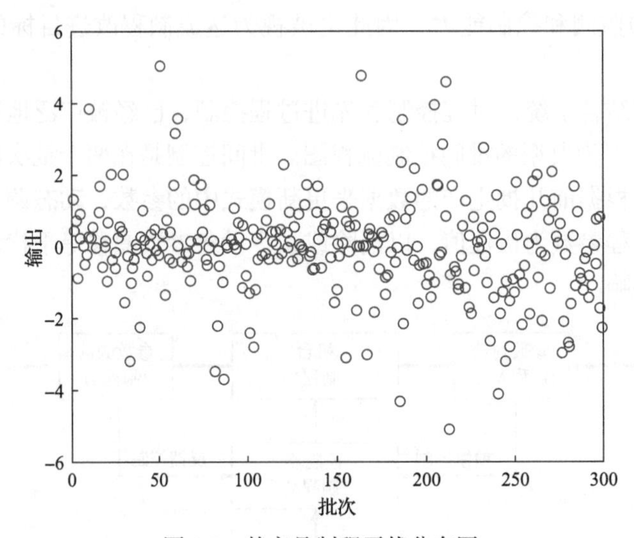

图 2.3 某产品制程干扰分布图

因此，可以将批间控制归纳成以下几点：

(1)批间控制的模式通常属于动态模式，也就是模式会随着时间而变动，并非固定不变，根据前次生产的信息来更新下一批次的控制参数，以期得到更好的控制效果。

(2)机台的干扰必须事先观测得到，才能得知是否适用于批间控制。

(3)控制动作作用于批次的间隔，换句话说，每一个产品在机台上进行某道程序处理的过程都可视为一个批次的生产，而控制动作就发生于两次不同产品处理之间。

(4)批间控制与生产事件有一定相关性，而与时间的相关性相对不明显。

在半导体生产中，一个 300mm 的晶圆至少要经过 50～100 道制程的生产，这样就增加了产品不合格的风险。半导体制造工艺的复杂性，以及生产一个完整封装器件所需要经历的庞大工艺制程数量，是导致半导体工业对良品率超乎寻常关

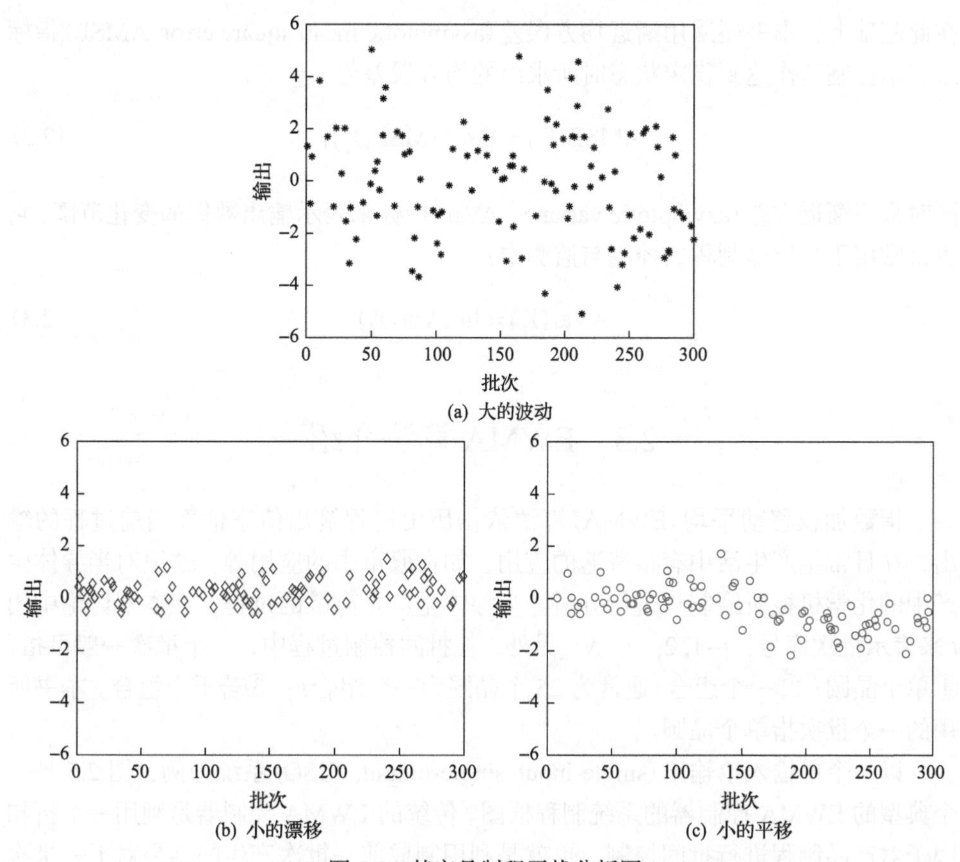

图 2.4 某产品制程干扰分析图

注的根本原因。这两方面的原因使得通常只有 20%～80%的芯片能够完成晶圆生产线的全过程，成为成品出货。良品率在制程的每一站都会被计算出来，即进入和离开某单一制程站的晶圆数比值[1]：

$$\text{制程站良品率} = \frac{\text{离开制程站晶圆数}}{\text{进入制程站晶圆数}}$$

在晶圆生产中对产品的精度要求很高，一般通过均方误差(mean square error, MSE)来描述一个过程的控制方法的优劣[31]：

$$\mathrm{MSE}(Y_t) = \frac{1}{N}\sum_{t=1}^{N} E(Y_t - T)^2 \tag{2.1}$$

式中，N 为样本个数；Y_t 为过程输出；T 为目标值。MSE 值越小，说明过程输出的波动范围越小，越多的产品保持在目标值所允许的范围之内，良品率也就越高。

在此基础上，本书还采用渐近均方误差(asymptotic mean square error, AMSE)指标来表示控制动作达到稳定状态时所求出的均方误差值：

$$\mathrm{AMSE}(Y_t)=\lim_{t\to\infty}E[\mathrm{MSE}(Y_t)] \tag{2.2}$$

同时采用渐近方差(asymptotic variance, AVar)指标来表示输出数据的变化范围，它也常常用于半导体制程的控制与监测中：

$$\mathrm{AVar}(Y_t)=\lim_{t\to\infty}\mathrm{Var}(Y_t) \tag{2.3}$$

2.3　EWMA 算法介绍

指数加权移动平均(EWMA)算法依据历史过程输出值来估算当前过程的输出，在日常生产生活中有很普遍的应用，如在股市中的应用等。这里对半导体生产中的化学机械研磨制程进行分析。半导体生产是离散的过程，在本章讨论中用 t 来表示批次序号，$t=1, 2, \cdots, N$。另外，在批间控制过程中，一个批次一般可指：①单个晶圆；②一个组合(通常为 25 个晶圆为一个组合)；③若干个组合。本书所用的一个批次指单个晶圆。

以一个单输入单输出(single-input single-output, SISO)系统为例，图 2.5 是一个典型的 EWMA 控制器的系统制程框图。传统的 EWMA 控制器是利用一个折扣因子对产品制程进行批间控制，也就是利用制成前一批次产生的结果对下一批次进行变量的调整，以得到制程控制的优化。

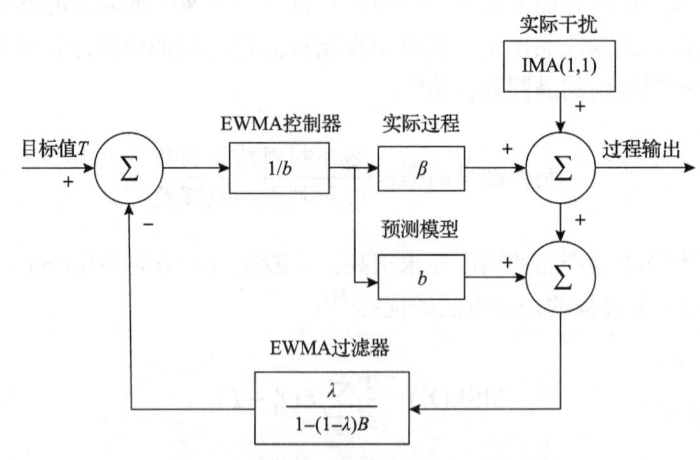

图 2.5　EWMA 控制器的系统制程框图

假设过程输出 Y_t 可以表示成控制器输入 x_t 的线性函数关系[159]：

$$Y_t = \alpha + \beta x_t + \eta_t \tag{2.4}$$

式中，$\{\eta_t\}$为产品的制程干扰；α、β为制程模式中的未知参数。

若要求产品产出的目标值为T，则可先建立一个制程的预测模式：

$$\hat{Y}_t = a_0 + bx_t \tag{2.5}$$

式中，a_0、b分别为初始截距和模型增益，即未知参数α、β的初始估计值。

图 2.6 描述了 EWMA 控制器的系统控制流程。EWMA 控制器就是通过模型预测调整控制器的输入，根据实际过程的输出与目标值的差值来不断调整预测模型，改变制程控制中的控制器输入x_t，使过程输出值稳定在目标值T。EWMA 控制器的表达式为

$$a_t = \lambda(Y_t - bx_t) + (1-\lambda)a_{t-1} \tag{2.6}$$

$$x_t = (T - a_{t-1})/b \tag{2.7}$$

式中，λ为折扣因子，一般设$0 \leqslant \lambda \leqslant 1$。

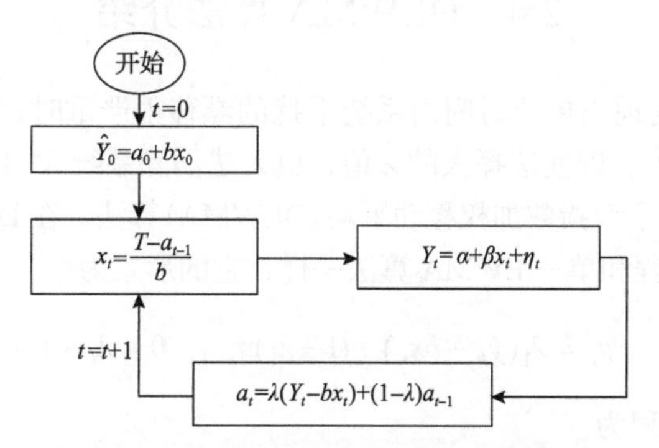

图 2.6 EWMA 控制器的系统控制流程图

将式(2.4)代入式(2.6)，可得化简的 EWMA 控制器的表达式为

$$a_t = \lambda(Y_t - bx_t) + (1-\lambda)a_{t-1} = \sum_{k=0}^{t-1} \lambda\varphi^k \eta_{t-k} + \sum_{k=0}^{t-1} r\varphi^k + \varphi^t a_0 \tag{2.8}$$

式中，$\varphi = 1 - \xi\lambda$，$\xi = \beta / b$。

将式(2.7)代入式(2.4)，可得控制器输入与制程输出的关系式为

$$Y_t = \alpha + \beta x_t + \eta_t = \alpha + \beta \frac{T - a_{t-1}}{b} + \eta_t = \alpha + \xi T - \xi a_{t-1} + \eta_t \tag{2.9}$$

由式(2.8)和式(2.9)可得制程输出表达式为

$$Y_t = \alpha + \xi T - \xi \varphi^{t-1} a_0 - \xi \sum_{k=1}^{t-1} r\varphi^{k-1} + \eta_t - \sum_{k=1}^{t-1} (1-\varphi)\varphi^{k-1} \eta_{t-k} \tag{2.10}$$

令 $W_t = \eta_t - \sum_{k=1}^{t-1}(1-\varphi)\varphi^{k-1}\eta_{t-k}$, $\varGamma_0 = \alpha + \beta \dfrac{T-a_0}{b} - T$ ，则式(2.10)可化为

$$Y_t = \alpha + \xi T - \xi \varphi^{t-1} a_0 - \xi \sum_{k=1}^{t-1} r\varphi^{k-1} + W_t = T + \varGamma_0 \varphi^{t-1} + W_t \tag{2.11}$$

式中，$\varGamma_0$ 为过程的初始值，由最初的模型预测值决定。

由式(2.11)可知系统稳定的充要条件为

$$|1-\lambda\xi| < 1 \tag{2.12}$$

式中，$\xi = \beta / b$ 为系统实际增益与预测模型增益之间的不匹配参数。

2.4 DEWMA 算法介绍

Butler 等[12]发现当单位时间内系统干扰的漂移很严重时，式(2.11)右侧含有 W_t 项的部分会太大，即使选择大的 λ 值，也无法消除系统大的偏差。为了避免这种情况，他们提出了双指数加权移动平均(DEWMA)算法。在 DEWMA 控制器中，第一个 EWMA 方程和单一 EWMA 算法一样，它的形式为

$$a_k = \lambda_1 (y_k - bx_k) + (1-\lambda_1) a_{k-1},\ 0 \leqslant \lambda_1 \leqslant 1 \tag{2.13}$$

第二个 EWMA 方程为

$$D_k = \lambda_2 (y_k - bx_k - a_{k-1}) + (1-\lambda_2) D_{k-1},\ 0 \leqslant \lambda_2 \leqslant 1 \tag{2.14}$$

DEWMA 控制器由下式给出：

$$x_k = \frac{T - a_k - D_k}{b} \tag{2.15}$$

也称为预测校正控制器，是在反馈环上有两个 EWMA 滤波器的内模控制器。

Castillo[160]证明如果系统的干扰是任意的确定趋势干扰或者有漂移的随机游动，或者是 IMA(1,1)，那么采用 DEWMA 控制器的系统稳定的充要条件为

$$|1 - 0.5\xi(\lambda_1 + \lambda_2) + 0.5z| < 1 \tag{2.16}$$

且

$$|1-0.5\xi(\lambda_1+\lambda_2)-0.5z|<1 \tag{2.17}$$

式中，$z=\sqrt{\xi^2(\lambda_1+\lambda_2)^2-4\lambda_1\lambda_2\xi}$。

对上述的任意干扰，如果系统是稳定的，那么系统的输出会渐近达到目标值。如果已知实际过程的增益，即$\xi=1$，那么对于稳定系统，根据式(2.3)可以得到

$$\mathrm{AVar}(y_k)=\frac{\sigma^2}{(\lambda_1-\lambda_2)^2}\left[\frac{\lambda_1{}^2\lambda_2+\lambda_2(\lambda_1-\lambda_2)^2}{2-\lambda_2}+\frac{\lambda_1\lambda_2{}^2+\lambda_1(\lambda_1-\lambda_2)^2}{2-\lambda_1}\right]+\sigma^2 \tag{2.18}$$

从式(2.16)～式(2.18)可知，为了使稳定系统获得最小的渐近方差，应该选择小的λ_1和λ_2。关于DEWMA控制器折扣因子的选择详见文献[160]。

2.5 基于时间序列的干扰模型

2.5.1 时间序列模型

时间序列是根据时间顺序得到的一系列观测值。很多数据都是以时间序列的形式呈现的，如一个工厂装船货物数量的月度序列、一个半导体制造过程的每小时观测值序列等。时间序列的典型特征是相邻观测值之间具有相互依赖性。N个顺次观察值$y(1),y(2),\cdots,y(N)$的时间序列被视为随机过程所产生的时间序列无限总体中的一个样本实现[130]。因此，在实际制造过程中，基于数据的模型多为时间序列模型。时间序列模型利用历史时间序列拟合的数学模型来描述物理现象。通常用来描述平稳时间序列的模型有自回归(autoregressive, AR)模型、移动平均(moving average, MA)模型、自回归移动平均(autoregressive integrated moving average, ARMA)模型、带额外输入的自回归移动平均模型(autoregressive moving average model with exogenous input, ARMAX)等。

AR是一种应用广泛的随机模型。在模型中，过程的当前值$y(t)$表示为p个过程先前值$y(t-1),y(t-2),\cdots,y(t-p)$的线性组合和一个白噪声$\varepsilon(t)$的和。记$\mu$为过程$y(t)$的均值，令$\overline{y}(t)=y(t)-\mu$，那么

$$\overline{y}(t)=\phi_1\overline{y}(t-1)+\phi_2\overline{y}(t-2)+\cdots+\phi_p\overline{y}(t-p)+\varepsilon(t) \tag{2.19}$$

为p阶自回归模型。

如式(2.19)所示，$\overline{y}(t)$可以表示为p个过去值的有限加权和白噪声$\varepsilon(t)$的和，等价地，也可以表示为白噪声$\varepsilon(t),\varepsilon(t-1),\cdots,\varepsilon(t-q)$的加权和。于是

$$\bar{y}(t)=\varepsilon(t)+\rho_1\varepsilon(t-1)+\rho_2\varepsilon(t-2)+\cdots+\rho_q\varepsilon(t-q) \tag{2.20}$$

为 q 阶 MA 模型。由于白噪声 $\varepsilon(t)$ 是未知的，在实际应用中必须先估计出来。

为了使实际中拟合的时间序列更加全面、更具灵活性，提出了组合 AR 模型和 MA 模型的 ARMA 模型(2.21)以及加入额外输入 $x(t)$ 的 ARMAX 模型(2.22)：

$$\begin{aligned}\bar{y}(t)=&\phi_1\bar{y}(t-1)+\phi_2\bar{y}(t-2)+\cdots+\phi_p\bar{y}(t-p)+\varepsilon(t)\\&+\rho_1\varepsilon(t-1)+\rho_2\varepsilon(t-2)+\cdots+\rho_q\varepsilon(t-q)\end{aligned} \tag{2.21}$$

$$\begin{aligned}\bar{y}(t)=&\phi_1\bar{y}(t-1)+\phi_2\bar{y}(t-2)+\cdots+\phi_p\bar{y}(t-p)+\psi_1x(t-1)+\cdots+\psi_rx(t-r)\\&+\varepsilon(t)+\rho_1\varepsilon(t-1)+\rho_2\varepsilon(t-2)+\cdots+\rho_q\varepsilon(t-q)\end{aligned} \tag{2.22}$$

式中，p、r 和 q 分别为 AR 部分、额外输入 $x(t)$ 部分和 MA 部分的阶次。

2.5.2 模型阶次的选择

模型阶次的选择是实现时序模型辨识的重要条件，赤池信息准则(Akaike information criterion, AIC)和贝叶斯信息准则(Bayesian information criterion, BIC)是目前比较有效的两种模型定阶的方法[161]。

AIC 准则是由日本统计学家赤池弘次提出的，它建立在熵的概念基础上，可以权衡所估计模型的复杂度和此模型拟合数据的优良性。

假设时序模型 ARMAX 阶次的上界为 R、S、K，依次选择模型阶次(r=1, 2, …, R；s=1, 2, …, S；k=1, 2, …, K)，计算出相应 ARMAX(r, s, k)模型的噪声方差的估计值 $\hat{\sigma}_{r,s,k}$。令 N 为样本数，则 ARMAX(r, s, k)模型的 AIC 函数是

$$\text{AIC}=\frac{2(r+s+k)}{N}+\ln\hat{\sigma}_{r,s,k} \tag{2.23}$$

通过比较选取不同 r、s、k 时模型 AIC 值的大小，就可以确定模型的阶次。满足 AIC 最小值的阶次，被选为模型的最优阶次。

BIC 准则是对 AIC 准则的改进，它在 AIC 的基础上引入了贝叶斯决策的思想。ARMAX(r, s, k)模型的 BIC 函数是

$$\text{BIC}=\frac{2(r+s+k)\ln\text{N}}{N}+\ln\hat{\sigma}^2_{r,s,k} \tag{2.24}$$

同样，满足 BIC 最小值的阶次，被选为模型的最优阶次。

2.5.3 制程干扰模型

在实际生产过程中，不管模型预测得多么精确，总会有干扰对过程的输出产

生不利的影响[162]。例如，在工业界稳定操作之下，仍然会存在着白噪声。当然，此干扰产生是机械设备或者电磁原因等造成的，是不可避免的。由于所采用的控制方法具有积分的效果，所以白噪声对过程输出的影响可以不做主要考虑。如2.2节所述，在晶圆生产过程中，使机台输出有明显偏差的干扰又可分为漂移干扰和平移干扰(图2.7)。由于工厂机器设备的老化、生产环境的改变或其他因素等，系统干扰出现一个缓慢而固定的变化，慢慢偏离目标值，形成漂移。不同于缓慢改变的漂移，平移干扰所造成的偏差则是大幅度的改变，例如有一个较大阶跃干扰，其原因可能是生产过程中机台参数有较大的变化(如更换零件等)、机台本身操作上的错误或不同机器设备操作员的操作等。

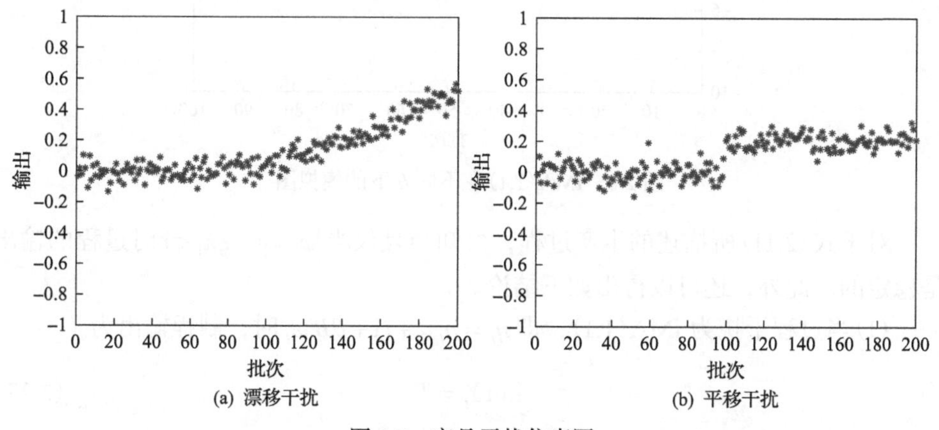

图2.7 产品干扰仿真图

针对半导体生产过程中的实际干扰类型，可针对不同的制程将干扰总结为几种常见的类型。一般情况下，使用IMA(1,1)的时间模式当作机台非稳态下的干扰[163]：

$$\mathrm{IMA}(c,q) \Rightarrow (1-\beta)^c \eta_t = (1-\theta_1\beta-\theta_2\beta^2-\cdots-\theta_q\beta^q)\varepsilon_t \tag{2.25}$$

$$\mathrm{IMA}(1,1) \Rightarrow (1-\beta)\eta_t = (1-\theta\beta)\varepsilon_t \tag{2.26}$$

式中，η_t为机台的干扰；ε_t为噪声；β为位移因子；θ为IMA(1,1)参数($|\theta|\leqslant 1$)。在IMA(1,1)的干扰中，值得注意的是θ的大小。如图2.8所示，当$\theta=1$时，非稳态的IMA(1,1)干扰将会变成稳态的噪声；当θ值越趋近于0时，IMA(1,1)干扰彼此间的相关性也就越强；当$\theta=0$时，非稳态的IMA(1,1)干扰将会变成随机游走噪声。

在EWMA算法中，预测模型的b为过程增益，一般假定其不变，通常用最小平方算法(least square algorithm, LSA)或试验设计(design of experiment, DOE)方法对模型进行估计得到。在批间控制过程中，根据对过程的预测来计算第一个批次控制器的输入。

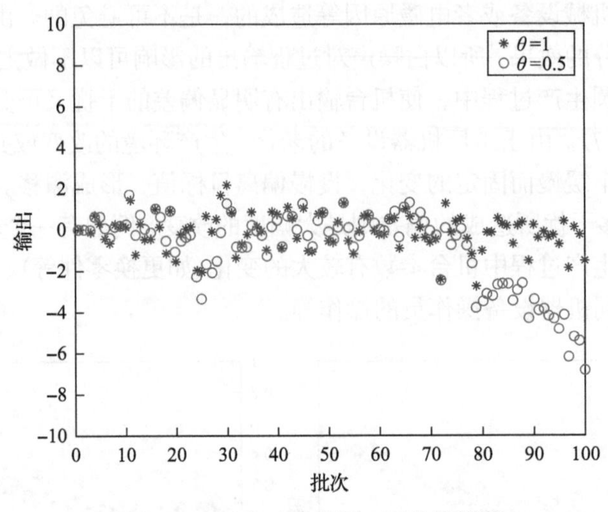

图 2.8 IMA(1,1)在不同 θ 下的模拟图

对于式(2.11)所描述的生产过程，可知当且仅当 $|\varphi| = |1-\xi\lambda| < 1$ 时过程的输出是稳定的。此外，还可以得出如下结论。

(1)当过程干扰为 IMA(1,1)，即 $\eta_t = \eta_{t-1} + (1+\theta B)\varepsilon_t$ 时，制程输出为

$$\lim_{t\to\infty} Y_t = T \tag{2.27}$$

(2)当过程干扰为 $\eta_t = \delta t$ 时，制程输出为

$$\lim_{t\to\infty} Y_t = T + \delta / (1-\varphi) \tag{2.28}$$

式中，δ 为机台的确定性干扰(如磨损率等)。

2.6 本章小结

本章介绍了批间控制方法的历史和控制器设计原则，阐述了批间控制中最常用的 EWMA 和 DEWMA 算法的原理，并对两种控制算法进行稳定性分析；介绍了时间序列模型及其阶次判定方法，并仿真了半导体制程的多种干扰模式。

第3章　控制性能和制造过程监控

3.1　引　言

随着全球工业化的迅速发展，先进控制器被广泛用于制造业、化工过程、大型核能发电等领域。为了应对日益激烈的市场竞争和不断提高的消费者需求等方面的压力，先进控制系统正在朝着规模化、智能化和复杂化方向发展。为了保证工业过程的稳定性，现代工业中加入了各种反馈、前馈控制技术以减小外界因素的影响。这种反馈、前馈控制技术又称为自动过程控制或者工程过程控制(engineering process control, EPC)。常见的自动过程控制器有比例积分微分(PID)控制器和指数加权移动平均(EWMA)控制器。在半导体批次过程中，通常采用EWMA控制器进行批间控制。

先进控制系统不仅帮助企业降低了生产成本、提高了经济效益，而且节约了能源、减少了污染物的排放；但是也产生了不少问题，如系统性能下降、失控、不稳定、崩溃等。研究人员曾针对过程工业中的控制回路进行调查，结果显示超过60%的控制回路出现了性能退化的现象[164]。随着系统的运行，产品特性和原材料的改变、工厂设备的老化及损耗以及不可测干扰的出现，原先设计的控制系统难以持续高效地工作，导致控制系统的性能不断降低。因此，对工业控制系统的性能进行评估，及时诊断性能退化的原因，对整个工业系统运行的安全、可靠性和经济效益的提高具有至关重要的作用。在过去的十几年中，控制系统性能评估与诊断技术在工业界和学术界受到了广泛关注。

控制性能诊断的主要工作是检测引起控制性能退化的原因，主要包括控制器参数调节不合理、外界干扰不可测、模型失配和传感器/执行器发生故障等问题。在基于模型控制器的闭环控制系统中，系统的控制性能很大程度上取决于模型失配情况。因此，模型失配是造成控制性能退化的主要因素。模型失配指设计控制器时所建立的模型与实际对象之间存在差异。系统在投入运行一段时间后，由于现场条件的变化和产品特性的改变，被控对象的动态性也会改变，实际的工业控制系统中不可避免地存在过程模型失配。过程模型失配会对系统中的执行器、控制器和传感器这些单元产生影响，严重时需要重新设计整个控制系统。因此，检测和诊断闭环工业系统的模型失配是当前研究的重点和热点。

随着现代化工业生产的规模越来越大，复杂性越来越高，工业系统出现故障的可能性也不断增大。以汽车芯片制造为例，因缺陷导致故障而无法使用的产品损失极大，在 1ppm(百万分之一)情况下，企业损失可以达到每年 2.19 亿美元。因此，提高工业过程的过程监测能力是一件迫在眉睫的事情。

故障是工业过程中发生的不正常现象，为系统中至少有一个特性或变量的一种不允许的偏离[165]。从影响程度上考虑，它可能会使系统中某些部分的性能降低，甚至完全崩溃。故障按来源可以分为传感器故障、执行器故障、过程参数故障、干扰参数故障[166]。工业过程监控技术即故障诊断技术，主要对工业过程中出现的故障进行监测、分离，即监测故障是否发生，定位故障发生的部位，以及确定故障的大小和发生的时间等[167]。故障诊断技术在过去的几十年中受到了国内外学者的广泛关注，一些创新的理论成果已经得到了成功的应用。

故障诊断技术通常包括基于解析模型的方法和基于数据的方法。基于数据的方法依赖于过程数据，通用性比较强，已经成为工业领域的研究热点和发展方向。它泛指一类不需要知道系统的数学模型，仅利用实时采集的数据和各种数据处理技术、统计建模方法，就能实现工业过程的故障诊断和容错控制的方法[167]。对于该方法的研究不仅有诸多理论意义，而且有着广泛的应用背景，是未来故障诊断技术的重要发展方向。

统计过程控制(SPC)已广泛应用于工业过程中的故障监测。单变量 SPC 主要是以控制图为基础来进行故障监测，常见的控制图有 Shewhart 控制图、EWMA 控制图、CUSUM 控制图[168]。单变量 SPC 只适用于监测某一个过程变量的某一采样时刻的情况，若被监测的工业过程变量相关性很强，就会存在很大的局限性，造成故障的误报和漏报。SPM 则克服了这个问题，它利用一些投影和降维方法，把过程数据从高维数据空间投影到低维特征空间，不但保留了原始数据的主要特征，而且消除了变量间的关联[169]。最常用的 SPM 有主元分析、偏最小二乘、费希尔判别式分析等。随着技术的不断发展和完善，SPM 在工业生产中得到了深入的应用。

当系统输入输出关系和外界的干扰发生微小的变化时，一个比较好的控制器总能保证系统的输出与原始的稳定状态保持一致。然而，如果这种微不足道的变化发展成某种不能由控制器处理的故障，那么将导致系统的不稳定。此外，由于季节的变换、工业过程的排空和灌装周期、吞吐量的变化、不可测量的干扰以及过程本身不稳定等因素，工业过程的数据很少处于平稳的状态。因此，对于自动过程控制系统，针对非平稳数据发展有效的统计过程监控技术具有重要的意义。

3.2　控制性能监控方法

3.2.1　控制性能监控的目的

控制系统(图 3.1)在投入运行的初期一般能够满足企业给出的控制目标和生

产目标，但是随着系统的运行，系统的控制效果会不断下降。要想保证工业系统持续高效且安全地运行，系统维护必不可少。工业系统一般包含成百上千的控制回路，如果仅靠现场工程师逐一检查每个控制回路的控制性能，则意味着需要增加更多的控制人员。而当今企业面临着非常严峻的市场竞争压力，对人员的精简是降低生产成本的必要选择。另外，不可能同时维护工业系统的多个控制回路，也不能频繁地对工业系统进行停产检修[170]。控制性能评估、监控和诊断技术可以解决上述难题，它主要是根据控制性能评估基准实时监控工业控制系统的控制性能，诊断并找到控制性能退化的原因，并向工程师提供指导意见，使其可以及时地对有缺陷的控制回路进行检查，从而避免不必要的停产检修，提高工业系统的维护效率和安全性能[171]。

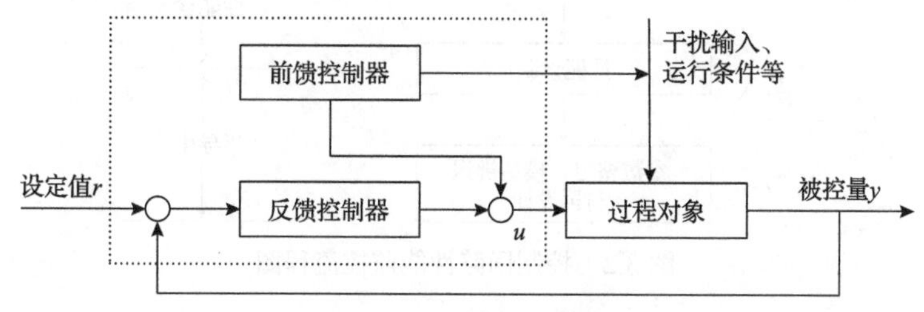

图 3.1　控制系统原理图

通常，控制回路的性能监控总体流程如图 3.2 所示[172]，包括确定性能基准、性能评估、性能诊断、指导生产 4 个部分。若采用数据驱动的方法实现控制性能监控，则可以把控制器性能评估与监控总结为如图 3.3 所示的具体流程，其中 r 为系统运行设定点，y 为系统输出，u 为控制输入。

由图 3.2 和图 3.3 可知，控制器性能评估与监控任务主要有以下四个方面。

(1) 评估控制器针对控制系统的控制能力。根据现有系统的模型，依据过程的历史运行数据，得到模型残差等形式的数据并采用相关算法进行分析计算，对控制器的控制能力制定合理的评价策略。

(2) 确立性能评估基准并实时在线监测系统。根据已有的性能评估策略，利用过程运行数据和已有的系统性能先验知识分析控制效果的好坏，根据分析的方法确立性能评估基准，并对系统进行在线监测。

(3) 诊断并定位出导致控制性能变坏的原因。根据性能评估基准以及对系统运行过程的在线监测，诊断并定位出控制性能变坏的原因，通常情况下主要有原材料、催化剂特性和季节变化以及设备老化等引起的对象的变化，外界干扰的变化，软硬约束的变化，传感器/执行器特性的变化等。

(4) 改进控制器性能。根据诊断定位出的导致控制性能变坏的原因，进行数据、图形曲线的分析，进而采取相应改进措施来恢复控制器的最佳控制效果。

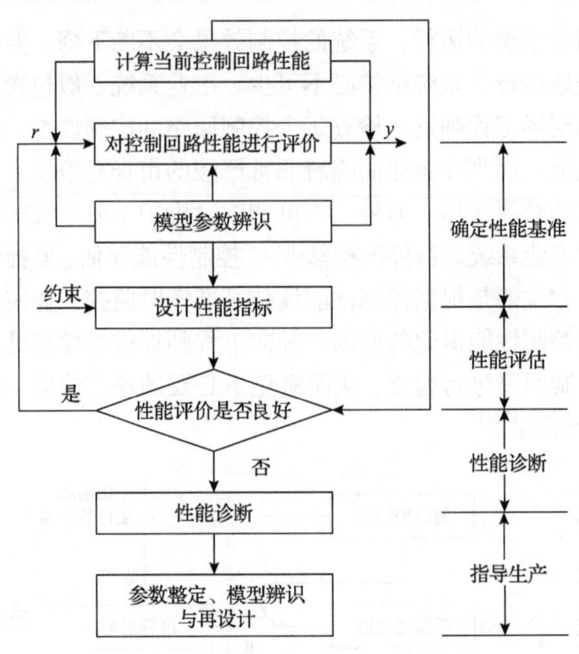

图 3.2　控制回路性能监控流程图

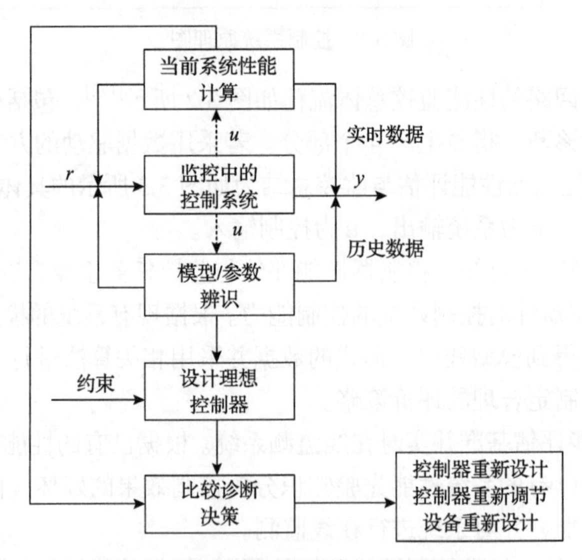

图 3.3　控制器性能评估与监控流程图

3.2.2　性能评估基准

自从 Harris[77]在 1989 年首次使用最小方差控制(minimum variance control, MVC)基准评估单输入单输出控制系统的控制性能以来，控制性能的评估、监控与诊断受到了国内外学者的广泛关注[173]。近年来，涌现了多种性能评估和监控方法。下面将分类阐述主流的性能评估与诊断方法。

1)最小方差控制基准

最小方差控制基准是最受欢迎的一种控制性能评估方法。Harris 根据最小方差控制的思想提出了最小方差指标(minimum variance index, MVI)，评估了单变量闭环控制系统的控制性能。最小方差指标是最小方差控制器作用下的输出方差与实际系统的输出方差的比值，它的取值范围是(0,1]，越接近于 1，说明控制系统的控制性能越接近于最优；越接近于 0，则控制性能变得越差。MVI 的提出在控制系统性能评估与监控领域具有里程碑的意义，之后的很多研究都是基于这个指标展开的。

由于 PID 控制系统通常达不到最小方差控制器的控制性能，Ko 等[174]提出了一种以 PID 控制器的最小可达方差作为性能评估基准的方法。Fu 等[175]采用带有非凸约束的凸规划方法估计了 PID 控制系统的最小可获得输出方差，取得良好的性能评估结果。Xia 等[176]应用动态数据调整技术来抑制高斯和非高斯分布的测量噪声的影响，提高分数阶 PID 的最小方差控制性能。Chen 等[85]分析了晶圆生产中批间控制的最小方差性能和最优可实现性能的解析表达式，采用闭环识别方法，通过常规的操作数据来估计噪声动态，并利用数值优化来计算批间控制回路的边界。Ma 等[177]对 DEWMA 控制器的折扣因子进行回归，在此基础上提出了一种迭代方法来获得最佳性能。Yu 等[178,179]将最小方差基准扩展应用到多循环控制和多变量 MPC 系统，并通过两种多元贡献方法确定了控制循环或控制变量对性能退化或性能改进的影响。Harrison 等[180]将基于最小方差控制的性能评估方法推广到带有约束的 MPC 系统中，设计了带有约束的最小方差控制器；考虑到 MPC 器约束的存在，利用多参数二次规划的方法计算了每个状态空间划分区域的最小输出方差，进而提出了最小方差性能图。另外，Qin 等[181]分析了多变量控制器的性能评估方法。由于在实际工业过程中，控制系统受到的干扰可能是时变的，Xu 等[182]提出了多输入多输出的时变干扰系统性能评估方法。张巍等[183]针对多时变干扰系统的性能评估问题，通过将多个最小方差控制器进行混合，提出了一种基于多模型混合策略的性能评估方法。

过程时延是使用最小方差指标评估控制性能时所需要的唯一先验信息。Wang 等[184]利用最小绝对收缩和选择算子(least absolute shrinkage and selection operator, LASSO)方法估计了过程时延，采用统计过程监测技术在线监测最小方差指标。多变量控制系统的过程时延信息通常用交互矩阵来表示，而只有知道过程模型的完整信息，才能得到交互矩阵。因而，交互矩阵的估计很复杂，且不利于实际应用。国内外的学者提出了多种方法用来解决这一问题。Xia 等[185]指出交互矩阵的阶次是一个很容易获得的物理量，使用关联矩阵的阶次建立了一个次优的最小方差控制基准，评估了多变量控制系统的性能。Yu 等[186]提出了组合的左、右对角交互矩阵用来表征多变量控制系统的时延信息，利用右对角交互矩阵计算了多输入多输出系统的最小方差基准。

由于间歇过程的特殊性，传统的性能评估方法不能直接在间歇过程中使用。Chen 等[187]使用最小方差控制的思想评估了基于迭代学习控制(iterative learning control, ILC)的间歇过程的控制性能，提出了一种估计间歇控制系统的最小方差界限和可实现方差界限的新方法，计算了确定性信号和随机性信号分别作用下的系统输出的最小方差的界限，但是没有考虑确定性信号和随机性信号对输出方差的交互影响。Farasat 等[188]考虑了这两种信号的交互作用，提出了一种在确定性控制性能与随机性控制性能两者之间进行折中的最小方差性能评估方法。

2) 用户自定义基准

最小方差控制基准只考虑了过程时延给控制性能带来的局限性，而实际的控制性能有很多其他的局限性，包括控制器阶次、结构和动作的局限性。因此，许多学者对最小控制方差基准进行推广，提出了许多更满足实际需要的指标，不仅考虑了系统时延，还考虑了用户的设计规范等。

Xu 等[189]在最小控制输出的方差上加入了用户自定义的部分。Yuan 等[190]提出了一种针对最小控制方差和开环输出方差的综合控制性能评估基准。Yu 等[191]把绝对误差积分的下限作为控制性能基准，评估了设定点变化时 PID 控制器的性能。Liu 等[192]考虑几种用户指定的性能要求，包括方差上限、极点位置、振幅峰值和带有约束的逼近模型，提出了这些性能要求下的控制性能评估方法。张泉灵等[193]根据最小方差控制理论，提出了两种改进的用户自定义指标。这两种改进策略均只需要过程运行数据以及对过程输入输出时延或关联矩阵阶次的估计便可以完成指标的计算，明显减少了计算量。为了实现性能评估和性能改进，Meng 等[194]提出了基于方差下限和上限的新的性能评估指标，并通过仿真示例说明了新性能指标的有效性。

3) GMV 基准和 LQG 基准

广义最小方差(general minimum variance, GMV)基准和线性二次高斯(linear quadratic Gaussian, LQG)基准是最小方差控制基准的推广。Zhao 等[195]研究了多变量广义最小方差基准，将多变量控制系统的反馈不变项用于评估系统的控制性能。Wang 等[196]提出了一种基于通用最小方差的级联控制系统性能评估基准，将控制变量与误差操作变量和控制权重相结合作为广义输出。李大字等[197]针对时变干扰对广义多变量系统的影响，将时变干扰分解成三类定常干扰，剖析了各类干扰的性质和对各回路性能的影响程度，用加权的输出方差上下限值来约束闭环输出方差。Liu 等[198]提出了一种包含系统状态和系统输入的广义最小方差基准，评估了分散控制系统的性能。

由于输入方差可能超过某一阈值，LQG 基准确定了允许的最小输出方差。然而 LQG 基准的性能评估需要知道过程模型和干扰模型，这两个模型在实际中很难得到。为了避免复杂方程的求解，Zhao 等[199]将 LQG 基准用于评估先进过程控制系统的经济性能。Pour 等[200]使用子空间的方法设计了先进监督管理控制系统的最优 LQG 控制器，得出 LQG 基准的平衡曲线。Liu 等[201]提出了一种基于等网格 LQG 基准的 MPC 系统经济性能评估的方法。Wang 等[202]提出了一种二维 LQG 基准，用于评估基于 ILC 的间歇过程的控制性能。

4）其他性能评估基准

Srinivasan 等[203]使用去趋势波动分析方法计算了广义赫斯特（Hurst）指数，提出了 Hurst 指标用于评估单输入单输出控制系统的性能，该指标的计算过程不需要回路参数的任何先验信息。Das 等[204]结合了基于 Hurst 指数的控制性能评估方法与马氏距离的思想，开发了一种适用于多输入多输出系统的控制性能评估指标，该指标不需要交互矩阵或系统描述。为了突出前馈补偿器的优点，Guzmán 等[205]提出了用于评估负载干扰补偿问题的两种前馈控制结构的控制性能基准。Yan 等[206]通过对输出协方差矩阵的等价性进行假设检验，提出了一种适用于多变量控制系统的控制性能评估的多目标规划方法。Zagrobelny 等[207]提出了关键性能指标（key perforamance indicator, KPI）。Schäfer 等[208]提出了性能评估指标与诊断指标，并结合基于知识的实时系统初步分析了可能导致控制性能退化的原因。

3.2.3　控制性能评估/监控的基本方法

1）单变量控制系统

图 3.4 为单变量闭环控制原理图。其中，G_p 为过程对象传递函数，G_N 为干扰传递函数，G_c 为控制器传递函数，e_t 为零均值白噪声，y_t 为系统输出，d 为滞后时间。

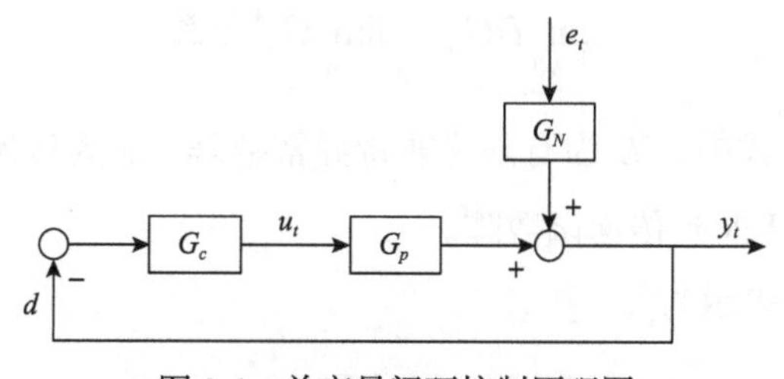

图 3.4　单变量闭环控制原理图

经典 SISO 闭环控制系统模型可表示为

$$y_t = \frac{G_N}{1+z^{-d}G_pG_c}e_t \tag{3.1}$$

那么，最小方差控制性能评估步骤如下所示。

第一步　估计控制过程的时延 d 。利用控制系统性能评估方法，对闭环回路时延 d 进行估计，延迟时间估计(time-delay estimation，TDE)公式可表示为

$$\hat{d} = \max_d E\{y(k)u(k-d)\} \approx \max_d \sum_k y(k)u(k-d) \tag{3.2}$$

第二步　建立闭环控制回路数学模型。利用时间序列分析法对闭环控制回路建立从干扰 e_t 到输出 y_t 的数学模型，该模型可为 ARMA 或其他时间序列模型。

第三步　获取干扰噪声或者模型残差的方差。

第四步　估计过程输出的最小方差 σ_{mv}^2。

第五步　在线采集被控系统的运行输出数据，进而得到实际输出的方差 σ_y^2。

第六步　将 σ_{mv}^2 和 σ_y^2 进行比较，获取控制系统的性能指标 $\eta = \sigma_{\mathrm{mv}}^2 / \sigma_y^2$。

将比值 η 作为控制器性能评估指标，且 $0 \leqslant \eta \leqslant 1$ 。η 的值越接近于 0，说明控制器的控制效果越差，此时需要采取相应举措来改善控制器的性能，如对控制器参数进行整定、重新设计控制器等；η 的值越接近于 1，说明控制器的控制效果越好。

2) 多变量控制系统

在控制器性能评估与监控中，时延起着至关重要的作用。相对于单输入单输出系统，在多输入多输出系统中各回路的时延通常不同，为简化数据分析，可以采用关联矩阵的方式来表达，通过模型或者部分马尔可夫参数来确定关联矩阵。

定义 3.1　对于每一个 $p \times m$ 正则、有理多项式传递函数阵 G_p ，存在一个唯一、非奇异的 $p \times p$ 下三角多项式矩阵 D ，如果矩阵 D 满足 $|D| = q^r$ 且有

$$\lim_{q^{-1}\to 0} DG_p = \lim_{q^{-1}\to 0} G_p^{\ *} = K \tag{3.3}$$

则 D 为关联矩阵。式中，K 为有限维非奇异常数阵；r 为传递函数阵 G_p 无穷零点的个数；$G_p^{\ *}$ 为无时延传递函数阵。

关联矩阵 D 可表示为

$$D = D_0q^d + D_1q^{d-1} + \cdots + D_{d-1}q \tag{3.4}$$

式中，d 为关联矩阵 D 的阶次。如果关联矩阵满足

$$D^{\mathrm{T}}(q^{-1})D(q)=I \tag{3.5}$$

则称 D 为单位关联矩阵。

针对一个标准的 MIMO 过程模型，其输出可表示为

$$Y_t = G_p u_t + G_N e_t \tag{3.6}$$

式中，Y_t 是系统在多变量模型作用下的输出；u_t 是系统在多变量模型作用下的输入；e_t 为零均值白噪声；G_p 和 G_N 分别为 $n\times m$ 传递函数矩阵和 $n\times n$ 干扰传递函数矩阵。采用最小方差控制标准即过滤和关联分析算法来评价多变量控制系统[209]，其实施步骤如下。

第一步　求取过程的关联矩阵 D。

第二步　计算经过滤波后的输出：

$$Y_t^* = q^{-d} D Y_t \tag{3.7}$$

第三步　估计噪声序列：

$$e_t = A(q^{-1})Y_t^* \tag{3.8}$$

第四步　计算最小方差基准下输出的方差：

$$\Sigma_{Y^*}(i) = E[(Y_t^* - EY_t^*)e_{t-i}^{\mathrm{T}}] = F_i \Sigma_e \tag{3.9}$$

式中，$\Sigma_e = E\left(e_t e_t^{\mathrm{T}}\right)$。

第五步　在最小方差控制作用下的系统模型可表示为

$$q^{-d} D Y_t |_{\mathrm{mv}} = Y_t^* |_{\mathrm{mv}} = F_0 e_t + F_1 e_{t-1} + \cdots + F_{d-1} e_{t-d+1} \tag{3.10}$$

可得

$$Y_t |_{\mathrm{mv}} = q^d D^{-1}(F_0 e_t + F_1 e_{t-1} + \cdots + F_{d-1} e_{t-d+1}) \tag{3.11}$$

通过单位关联矩阵可得

$$[E_0, E_1, \cdots, E_{d-1}] = [D_0^{\mathrm{T}}, D_1^{\mathrm{T}}, \cdots, D_{d-1}^{\mathrm{T}}]\begin{bmatrix} F_0 & F_1 & \cdots & F_{d-2} & F_{d-1} \\ F_1 & F_2 & \cdots & F_{d-1} & \\ \vdots & \vdots & & & \\ \vdots & F_{d-1} & & & \\ F_{d-1} & & & & \end{bmatrix} \tag{3.12}$$

将式(3.12)整理为以下形式：

$$X=[D_0^{\mathrm{T}},D_1^{\mathrm{T}},\cdots,D_{d-1}^{\mathrm{T}}]\Sigma_{Y^*e}(1)\Sigma_e^{1/2}$$

$$\cdot\begin{bmatrix} \Sigma_{Y^*e}(0)\Sigma_e^{1/2} & \Sigma_{Y^*e}(1)\Sigma_e^{1/2} & \cdots & \Sigma_{Y^*e}(d-2)\Sigma_e^{1/2} & \Sigma_{Y^*e}(d-1)\Sigma_e^{1/2} \\ \Sigma_{Y^*e}(1)\Sigma_e^{1/2} & \Sigma_{Y^*e}(2)\Sigma_e^{1/2} & \cdots & \Sigma_{Y^*e}(d-1)\Sigma_e^{1/2} & \\ \vdots & \vdots & & & \\ \Sigma_{Y^*e}(d-2)\Sigma_e^{1/2} & \Sigma_{Y^*e}(d-1)\Sigma_e^{1/2} & & & \\ \Sigma_{Y^*e}(d-1)\Sigma_e^{1/2} & & & & \end{bmatrix}$$

第六步　计算控制器性能指标：

$$\eta=\frac{\mathrm{trace}\left(\Sigma_{\mathrm{mv}}\right)}{\mathrm{trace}\left(\Sigma_{\tilde{\phi}}\right)}=\frac{\mathrm{trace}(XX^{\mathrm{T}})}{\mathrm{trace}\left(\Sigma_{\tilde{\phi}}\right)} \tag{3.13}$$

3.3　制造过程监测方法

3.3.1　Shewhart 控制图

Shewhart 控制图是最经典的 SPC 控制图，是由 Shewhart 于 1920 年在贝尔实验室提出的。在控制图中，控制线的制定非常重要，它是基于正常过程变量的波动性制定的。任何导致工业过程意想不到的变化都会超出控制线的范围。

Shewhart 控制图中有三条控制线，分别是中心线(central line, CL)、控制上限(upper control limit, UCL)和控制下限(lower control limit, LCL)。其中，中心线是所监控统计量的平均值，控制上限和控制下限与中心线相距数倍标准差。一般在画图的过程中只考虑控制上限和控制下限。

当系统处于平稳状态时，其过程数据的分布一般符合正态分布。由正态分布的特性可以得出过程数据出现在平均值的正负三个标准差($\mu\pm3\sigma$)之外的概率为0.27%。根据概率论“视小概率事件为实际上不可能”的原理，可知出现在 $\mu\pm3\sigma$ 区间外的数据是不正常的数据，是异常原因使其总体的分布偏离了正常位置。图 3.5 给出了一个基本的 Shewhart 控制图，若控制图中的数据落在 UCL 与 LCL 之外，则表明过程异常。

3.3.2　主元分析

主元分析是一种典型的多元数据统计分析方法，广泛应用于过程控制、过程监控、故障诊断等领域[169]。令 $x\in\mathbf{R}^m$ 为一个包含 m 个传感器的测量样本，每个传感器包含 n 个采样值，构造了测量矩阵 $X=[x_1,x_2,\cdots,x_n]^{\mathrm{T}}\in\mathbf{R}^{n\times m}$。在建立 PCA

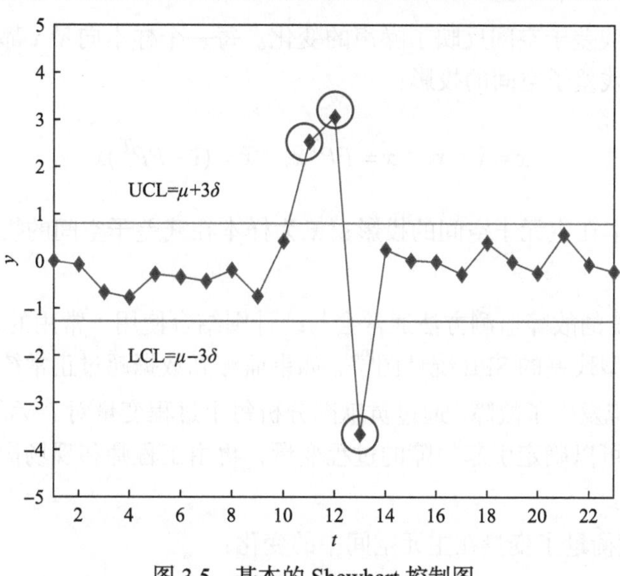

图 3.5　基本的 Shewhart 控制图

模型之前，需要对 X 进行预处理，即将 X 的每一列减去相应的变量均值且除以相应的变量标准差。令预处理后的样本 x 的协方差矩阵为 $S=\mathrm{cov}(x)\approx\dfrac{1}{n-1}X^{\mathrm{T}}X$，对其进行特征值分解，再按照特征值的大小进行降序排列，得到 S 的特征值为 $\lambda_1 \geqslant \lambda_2 \geqslant \cdots \geqslant \lambda_m \geqslant 0$，$S$ 的特征向量为 $p_1, p_2, \cdots, p_m$。

PCA 模型对 X 的分解如下：

$$X=\hat{X}+E=KP^{\mathrm{T}}+E,\quad K=XP \tag{3.14}$$

式中，P 是由 S 的前 A 个特征向量组成的负载矩阵，$P=[p_1,p_2,\cdots,p_A]\in\mathbf{R}^{m\times A}$；$K\in\mathbf{R}^{n\times A}$ 是得分矩阵，K 的每一列都是主元变量，A 是主元个数，一般使用累计方差准则来选取主元的个数。累计方差准则根据主元方差的累计和百分比来确定主元个数，它可以表示为

$$\left(\sum_{i=1}^{A}\lambda_i \Big/ \sum_{i=1}^{m}\lambda_i\right)\times 100\% > g,\quad 65\% < g < 90\% \tag{3.15}$$

通常认为在前 A 个主元的累积贡献率超过 85%时，主元模型包含了足够多的原数据信息。

PCA 模型把变量空间划分为两个正交补的子空间，其中由负载矩阵 P 组成的空间为主元子空间，主元子空间的正交补为残差子空间。主元子空间反映了数据

主体的变化，残差子空间反映了噪声的变化。每一个样本向量x都可以分解为在主元子空间和残差子空间的投影：

$$x=\hat{x}+\overline{x},\quad \hat{x}=PP^{\mathrm{T}}x,\quad \overline{x}=(1-PP^{\mathrm{T}})x \tag{3.16}$$

式中，$\hat{x}$为样本在主元子空间的投影；$\overline{x}$为样本在残差子空间的投影。二者的关系为$\hat{x}^{\mathrm{T}}\overline{x}=0$。

基于 PCA 的故障监测方法通常会与统计图结合使用。常用的统计图有T^2统计图和基于模型残差的 SPE 统计图[96]。如果监测到数据超过正常统计模型的控制限，就说明系统发生了故障。通过贡献图分析每个过程变量对T^2和 SPE 统计量的贡献大小，就可以确定引起故障的过程变量，再由工程师和现场操作工人具体判断故障的原因。

T^2统计量衡量了变量在主元空间中的变化：

$$T^2=x^{\mathrm{T}}P\Lambda^{-1}P^{\mathrm{T}}x\leqslant T_{\alpha}^2,\quad T_{\alpha}^2=\frac{A(n^2-1)}{n(n-A)}F_{\alpha}(A,n-A) \tag{3.17}$$

式中，$\Lambda=\mathrm{diag}\{\lambda_1,\cdots,\lambda_A\}$；$T_{\alpha}^2$表示置信度为$\alpha$的$T^2$控制限；$F_{\alpha}(A,n-A)$为带有$A$和$n-A$个自由度、置信水平为$\alpha$的$F$分布临界值。当$T^2$位于控制限内时，认为过程是正常的。

SPE 指标衡量了变量在残差空间中的变化：

$$\mathrm{SPE}=\left\|(I-PP^{\mathrm{T}})x\right\|^2\leqslant\delta_{\alpha}^2,\quad \delta_{\alpha}^2=\gamma_1\left[\frac{C_{\alpha}\sqrt{2\gamma_2h_0^2}}{\gamma_1}+1+\frac{\gamma_2h_0(h_0-1)}{\gamma_1^2}\right]^{1/h_0} \tag{3.18}$$

式中，δ_{α}^2表示置信水平为α的控制限；$\gamma_i=\sum\limits_{j=a+1}^{m}\lambda_j^i,\ i=1,2,3$；$h_0=1-2\gamma_1\gamma_3/\left(3\gamma_2^2\right)$；$C_{\alpha}$为标准正态分布在置信水平$\alpha$的阈值。

3.4 本章小结

本章介绍了半导体制造过程监控的相关方法，包括控制性能评估和故障诊断方法。控制性能评估方法包括多种基准，本章着重介绍了最小方差基础框架下单变量和多变量控制系统的评估方法。故障诊断方法包括单变量监控和多变量监控方法，本章详细介绍了 Shewhart 控制图和主元分析 PCA 方法。

第4章　双产品制程的 EWMA 批间控制

4.1　引　言

如前所述，批间控制在半导体行业中应用后取得了显著的效果。越来越多的学者对批间控制展开进一步的研究，发展出更为复杂、精密的控制方法，如针对特定操作化学机械研磨和黄光制程等[210]的批间控制方法。然而，大部分批间控制方面的研究都是假设在一条生产线只生产单一种产品，而现实工厂操作都是一条生产线生产许多不同种的产品。

在实际的生产过程中，同时在线生产的产品有很多种，也并非是相同种类的产品在一个生产线上生产完成以后才开始生产其他种类的产品。这种情况主要由以下几个方面原因所致：

(1)生产产品的机台非常昂贵，为将生产机台的利用率达到最大化，尽可能地降低机台空闲时间，同一种产品可能在不同机台上生产，同一个机台又会生产各种各样的产品。

(2)制造商接到的订单来自各个不同的设计商，并且每个时间段接到订单的数量和种类不尽相同。为了使利益最大化，制造商只能根据接到订单的具体要求来决定每个批次生产的产品的种类。

这种产品混合且标准不一致的生产过程中，一条生产线的产品往往是以少量、多样(不同型号、不同规格的产品)的形式出现，称为混合产品制程。下面以某公司某时段机台的生产情形为例。如图 4.1(a)所示，有超过 70%的产品其生产情形少于 10 批次；图 4.1(b)中可以看出，只有一些产品的生产总数超过 50%，其余是一些偶尔生产的产品。

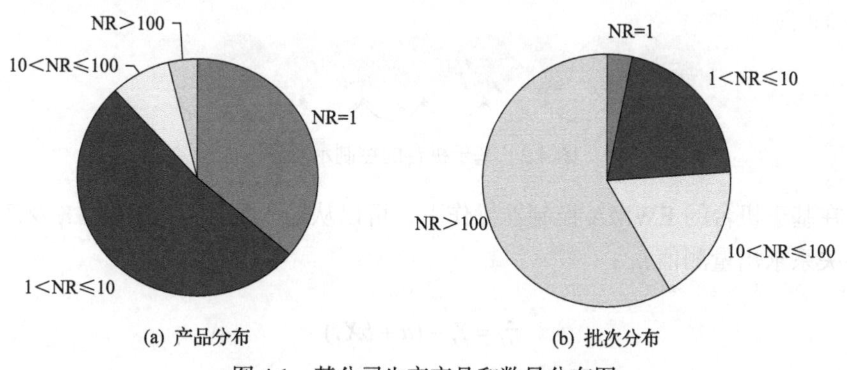

(a) 产品分布　　(b) 批次分布

图 4.1　某公司生产产品和数量分布图

一直以来，只有少量学者对混合产品制程进行研究。Patel 等[15]提出了一种控制机制，该机制对特定制程如化学机械研磨制程而言，可以补偿由机台所引发的、产品所引发的或外来的干扰。Firth 等[54]探讨批间控制在处理高混合制程时的问题，针对覆盖层(overlay)制程提出一套称为即时自适应干扰估计(JADE)的控制方案，仍将干扰分成四部分：现时机台、现时产品、先前参照的机台及先前参照的产品，此控制方法比控制动作决定于前批产品的控制方法有相当的改进。

在制程控制时，有很多因素会造成产品品质上的变动。一些因素源于机械设备的老化，可以归类为机台的干扰；还有一些因素可能与生产产品的物理化学性质有关，可以归类为产品的干扰。在批间控制时，常采用静态增益模型，但它仅仅提供输入输出的关系，而过程干扰因素是不能被解释、量测的。模型误差对单一产品在批间控制下稳定性的影响，已被完善地验证过，但是对高混合制程的系统稳定性问题，却未有学者进行研究。本章就单一产品制程和双产品制程归纳出两种不同的控制方法，即基于机台的控制和基于产品的控制，并对两者进行详尽的理论分析推导及控制结果模拟。

4.2 EWMA 批间控制方法

4.2.1 基于机台的控制方法

基于机台的 EWMA 控制器的特点是不考虑个别产品的差异，即在同一个机台上不同产品的操作动作共享一个经 EWMA 控制器估算出 X_t 的干扰 $\bar{\eta}_t$ 。如图 4.2 所示，基于机台的控制方法中每个产品所使用的量测值 $\hat{\eta}_t$ ，是根据前一批次生产的产品估计的，而不管是否为同一种产品。

$$\bar{\eta}_t = \lambda \hat{\eta}_t + (1-\lambda)\bar{\eta}_{t-1} \tag{4.1}$$

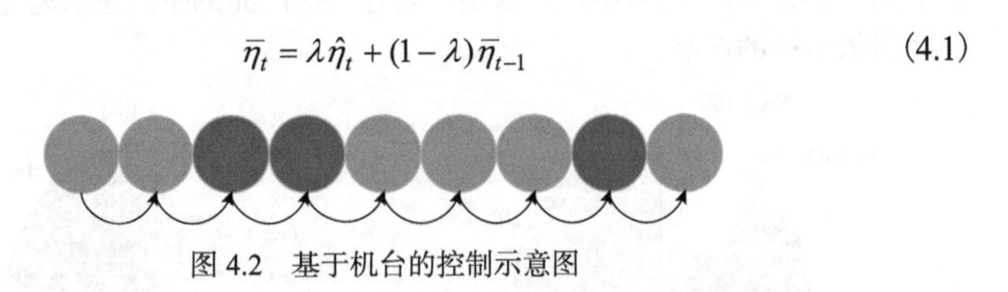

图 4.2 基于机台的控制示意图

在基于机台的 EWMA 控制器操作下，可以从输入值 X_t 和输出值 Y_t 及产品的线性关系求出量测值 $\hat{\eta}_t$ ：

$$\hat{\eta}_t = Y_t - (a + bX_t) \tag{4.2}$$

式中，a 和 b 分别为产品模型的截距和斜率。

当制程为单一产品时，操作动作 X_t 可由目标值 T_t、产品模式的斜率 b_t 和截距 a_t 及经 EWMA 控制器估算出的干扰 $\overline{\eta}_{t-1}$ 计算得到：

$$X_t = \frac{T_t - a_t - \overline{\eta}_{t-1}}{b_t} \tag{4.3}$$

当制程为多种产品时，其操作动作可由多种产品目标值 $T_{i,t}$ 、多种产品的产品模式的斜率 $b_{i,t}$ 和截距 $a_{i,t}$ 及经 EWMA 控制器估算出的干扰 $\overline{\eta}_{t-1}$ 计算得到：

$$X_t = \frac{T_{i,t} - a_{i,t} - \overline{\eta}_{t-1}}{b_{i,t}} \tag{4.4}$$

式中，下标 i 表示产品的类别。

4.2.2　基于产品的控制方法

基于产品的 EWMA 控制器的特点是同一个机台上不同产品间不共享一个经 EWMA 控制器估算的干扰。在基于产品的 EWMA 控制器操作下，其控制动作的干扰并不是前一批次的干扰，而是同一个产品的前一批制程的干扰(图 4.3)。

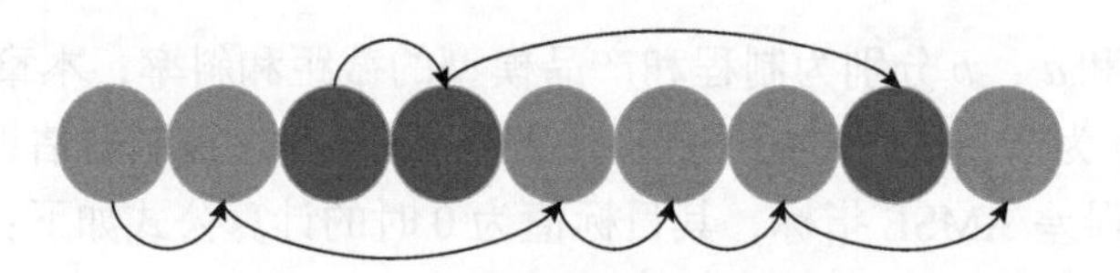

图 4.3　基于产品的控制示意图

因此，在基于产品的控制方法中，对于每一个批次 t，只有该批次生产的产品会得到新的量测值 $\hat{\eta}_{t,j}$ ，并产生新的估算干扰 $\overline{\eta}_{t,j}$ ，其他产品的估算干扰会维持一定值。

$$\overline{\eta}_{t,j} = \begin{cases} \lambda \hat{\eta}_{t,j} + (1-\lambda)\overline{\eta}_{t-1,j}, & j \neq i(t) \\ \overline{\eta}_{t-1,j}, & j = i(t) \end{cases} \tag{4.5}$$

式中，t 表示批次数；$i(t)$ 表示第 t 批次产品种类；j 表示量测干扰 $\hat{\eta}_{t,j}$ 与估算干扰 $\overline{\eta}_{t,j}$ 的产品种类。当有该产品生产时(即 $j = i(t)$)，$\overline{\eta}_{t,j}$ 才会被更新；否则将维持一定值(即 $j \neq i(t)$)。而操作动作 X_t 可由目标值 $T_{i,t}$ ，以及不同产品模式的截距 $a_{i,t}$ 、斜率 $b_{i,t}$ 计算得到：

$$X_t = \frac{T_{i,t} - a_{i,t} - \overline{\eta}_{i,t-1}}{b_{i,t}} \tag{4.6}$$

4.3 单一产品制程

本节简单考虑单一产品的制程。如图 4.4 所示，在单一机台上生产同一种产品，即产品 1。

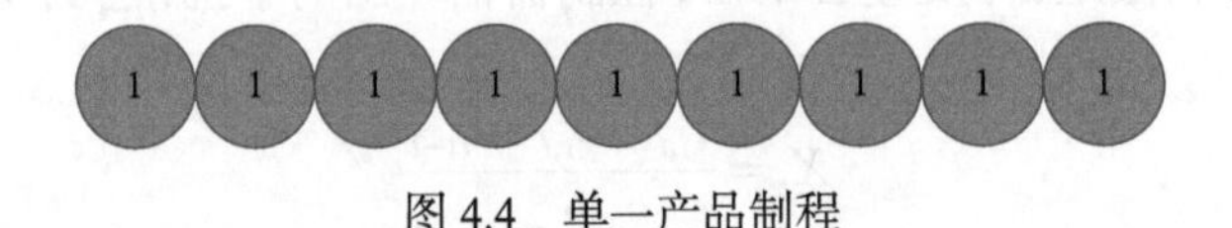

图 4.4　单一产品制程

单一产品制程和产品模型分别表示如下：

$$\begin{cases} Y_t = \alpha + \beta X_t + \eta_t\text{，对象} \\ Y_t = a + bX_t + \overline{\eta}_{t-1}\text{，模型} \\ X_t = \dfrac{0 - a - \overline{\eta}_{t-1}}{b}\text{，控制器} \end{cases} \tag{4.7}$$

式中，α、β 和 a、b 分别为制程和产品模型的截距和斜率；本章中 Y_t 的目标值均假设为 0；η 为产品制程中的干扰；$\overline{\eta}$ 为经由 EWMA 控制器估算出的干扰。在使用渐近均方误差 AMSE 指标，其目标值为 0 时的计算公式如下：

$$\text{AMSE}(Y_t) = \lim_{t\to\infty} E\left(Y_t^2\right) \tag{4.8}$$

将式(4.7)作数学上的运算处理，得到

$$Y_t = \alpha + \beta \frac{0 - a - \overline{\eta}_{t-1}}{b} + \eta_t = \alpha - \xi \overline{\eta}_{t-1} + \eta_t \tag{4.9}$$

如第 2 章所述，$\xi = \beta/b$ 为模型不匹配参数。

再将式(4.9)代入 EWMA 控制器(4.5)，得到

$$\begin{aligned} \overline{\eta}_{t-1} &= \lambda(Y_{t-1} - bX_{t-1} - a) + (1-\lambda)\overline{\eta}_{t-2} \\ &= \lambda(Y_{t-1} + \overline{\eta}_{t-2}) + (1-\lambda)\overline{\eta}_{t-2} \\ &= \lambda Y_{t-1} + \overline{\eta}_{t-2} \end{aligned} \tag{4.10}$$

$$\begin{aligned} Y_t &= (1-\lambda\xi)Y_{t-1}+\eta_t-\eta_{t-1} \\ &= (1-\lambda\xi)^2 Y_{t-1}+\eta_t-\eta_{t-1}+(1-\lambda\xi)(\eta_{t-1}-\eta_{t-2}) \\ &= (1-\lambda\xi)^t Y_0+\sum_{k=0}^{t-1}(1-\lambda\xi)^k(\eta_{t-k}-\eta_{t-2}) \\ &= \sum_{k=0}^{t-1}(1-\lambda\xi)^k(\eta_{t-k}-\eta_{t-2}) \end{aligned} \tag{4.11}$$

$$Y_t^2=\sum_{k'=0}^{t-1}\sum_{k=0}^{t-1}(1-\lambda\xi)^{k+k'}(\eta_{t-k}-\eta_{t-1-k})(\eta_{t-k'}-\eta_{t-1-k'}) \tag{4.12}$$

因此，可以推导出单一产品制程在任何干扰模式下的 AMSE 通式：

$$\lim_{x\to\infty}E\left(Y_t^2\right)=\sum_{k'=0}^{t-1}\sum_{k=0}^{t-1}(1-\lambda\xi)^{k+k'}\lim_{x\to\infty}E[(\eta_{t-k}-\eta_{t-1-k})(\eta_{t-k'}-\eta_{t-1-k'})] \tag{4.13}$$

接下来，分别就白噪声干扰和 IMA(1,1)干扰，对式(4.13)进行进一步的探讨。

4.3.1　制程干扰为白噪声

当制程干扰为白噪声时，$\eta_t=\varepsilon_t$，将其代入式(4.13)，得到

$$\begin{aligned} \lim_{x\to\infty}E\left(Y_t^2\right) &= \sum_{k'=0}^{t-1}\sum_{k=0}^{t-1}(1-\lambda\xi)^{k+k'}\lim_{x\to\infty}E[(\eta_{t-k}-\eta_{t-1-k})(\eta_{t-k'}-\eta_{t-1-k'})] \\ &= \sum_{k'=0}^{t-1}\sum_{k=0}^{t-1}(1-\lambda\xi)^{k+k'}\lim_{x\to\infty}E[(\varepsilon_{t-k}-\varepsilon_{t-1-k})(\varepsilon_{t-k'}-\varepsilon_{t-1-k'})] \end{aligned} \tag{4.14}$$

根据式(4.14)，有如下三种情况。

1) $k=k'$

$$\lim_{t\to\infty}E\left[(\varepsilon_{t-k}-\varepsilon_{t-1-k})(\varepsilon_{t-k}-\varepsilon_{t-1-k})\right]=\lim_{t\to\infty}E\,(\varepsilon_{t-k}^2+\varepsilon_{t-1-k}^2-2\varepsilon_{t-k}\varepsilon_{t-1-k})=2\sigma^2$$

式中，σ 为白噪声干扰的标准差。

2) $|k-k'|=1$

$$\begin{aligned} &\lim_{t\to\infty}E\left[(\varepsilon_{t-k}-\varepsilon_{t-1-k})(\varepsilon_{t+1-k}-\varepsilon_{t-k})\right] \\ &=\lim_{t\to\infty}E[-\varepsilon_{t-k}^2-\varepsilon_{t-1-k}\varepsilon_{t+1-k}+\varepsilon_{t-k}\varepsilon_{t-1-k}+\varepsilon_{t-k}\varepsilon_{t+1-k}]=-\sigma^2 \end{aligned}$$

3) $|k-k'|\geqslant 2$

$$\begin{aligned} &\lim_{t\to\infty}E\left[(\varepsilon_{t-k}-\varepsilon_{t-1-k})(\varepsilon_{t-k'}-\varepsilon_{t-1-k'})\right] \\ &=\lim_{t\to\infty}E(\varepsilon_{t-k}\varepsilon_{t-k'}-\varepsilon_{t-k}\varepsilon_{t-1-k'}-\varepsilon_{t-1-k}\varepsilon_{t-k'}+\varepsilon_{t-1-k}\varepsilon_{t-1-k'})=0 \end{aligned}$$

综合上述结果，可以得到单一产品制程中白噪声干扰作用下的 AMSE 公式：

$$\begin{aligned}\lim_{t\to\infty} E\left(Y_t^2\right) &= \sum_{k'=0}^{\infty}\sum_{k=0}^{\infty}(1-\lambda\xi)^{k+k'}\lim_{t\to\infty} E[(\varepsilon_{t-k}-\varepsilon_{t-1-k})(\varepsilon_{t-k'}-\varepsilon_{t-1-k'})] \\ &= \sum_{k=0}^{\infty}(1-\lambda\xi)^{2k}2\sigma^2+\sum_{k=0}^{\infty}(1-\lambda\xi)^{2k+1}(-2\sigma^2) \\ &= [1-(1-\lambda\xi)]\frac{1}{1-(1-\lambda\xi)^2}2\sigma^2 \\ &= \frac{2}{2-\lambda\xi}\sigma^2\end{aligned} \tag{4.15}$$

图 4.5 显示了式(4.15)在白噪声干扰($\sigma=1$)作用以及不同模型不匹配参数ξ下 EWMA 控制器参数λ的调控对 AMSE 的影响。可以发现模拟的结果和推导出的公式结论相同，在白噪声干扰作用下，批间控制似乎没有使用的必要，因为最小的 AMSE 都落在$\lambda=0$上。

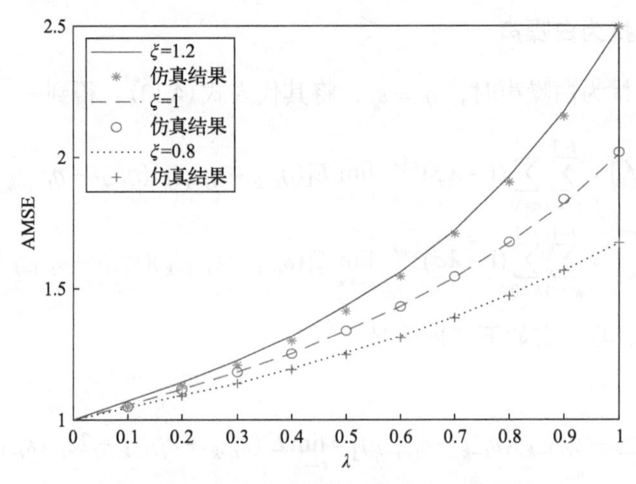

图 4.5　单一产品制程中白噪声干扰作用下产品的 AMSE

4.3.2　制程干扰为带有漂移的 IMA(1,1)

当制程干扰为带有漂移的 IMA(1,1)时，即

$$\eta_t=\eta_{t-1}-\theta\varepsilon_{t-1}+\varepsilon_t+\delta \tag{4.16}$$

式中，θ是 IMA(1,1)的参数，并且$|\theta|\leqslant 1$；ε_t是独立同分布的随机变量，并且$\varepsilon_t\sim N(0,\sigma^2)$。将其代入式(4.13)，可将单一产品制程带有漂移的 IMA(1,1)干扰作用下的 AMSE 表示成

$$\lim_{t\to\infty}E\left(Y_t^2\right)=\sum_{k'=0}^{\infty}\sum_{k=0}^{\infty}(1-\lambda\xi)^{k+k'}\lim_{t\to\infty}E\left[(\delta+\varepsilon_{t-k}-\theta\varepsilon_{t-1-k})(\delta+\varepsilon_{t-k'}-\theta\varepsilon_{t-1-k'})\right] \tag{4.17}$$

根据k和k'的大小，有如下三种情况。

1) $k=k'$

$$\begin{aligned}&\lim_{t\to\infty}E\left[(\delta+\varepsilon_{t-k}-\theta\varepsilon_{t-1-k})(\delta+\varepsilon_{t-k}-\theta\varepsilon_{t-1-k})\right]\\&=\lim_{t\to\infty}E\Big(\delta^2+\delta\varepsilon_{t-k}-\delta\theta\varepsilon_{t-1-k}+\delta\varepsilon_{t-k}+\varepsilon_{t-k}^2\\&\quad-\theta\varepsilon_{t-k}\varepsilon_{t-1-k}-\delta\theta\varepsilon_{t-1-k}-\theta\varepsilon_{t-1-k}\varepsilon_{t-k}+\theta^2\varepsilon_{t-1-k}^2\Big)\\&=\delta^2+\sigma^2+\theta^2\sigma^2\end{aligned}$$

2) $|k-k'|=1$

$$\begin{aligned}&\lim_{t\to\infty}E\left[(\delta+\varepsilon_{t-k}-\theta\varepsilon_{t-1-k})(\delta+\varepsilon_{t+1-k}-\theta\varepsilon_{t-k})\right]\\&=\lim_{t\to\infty}E\Big(\delta^2+\delta\varepsilon_{t+1-k}-\delta\theta\varepsilon_{t-k}+\delta\varepsilon_{t-k}+\varepsilon_{t-k}\varepsilon_{t+1-k}\\&\quad+\theta\varepsilon_{t-k}^2-\delta\theta\varepsilon_{t-1-k}-\theta\varepsilon_{t-1-k}\varepsilon_{t+1-k}+\theta^2\varepsilon_{t-1-k}\varepsilon_{t-k}\Big)\\&=\delta^2-\theta\sigma^2\end{aligned}$$

3) $|k-k'|\geqslant 2$

$$\begin{aligned}&\lim_{t\to\infty}E\left[(\delta+\varepsilon_{t-k}-\theta\varepsilon_{t-1-k})(\delta+\varepsilon_{t-k'}-\theta\varepsilon_{t-1-k'})\right]\\&=\lim_{t\to\infty}E\Big(\delta^2+\delta\varepsilon_{t-k'}-\delta\theta\varepsilon_{t-1-k'}+\delta\varepsilon_{t-k}+\varepsilon_{t-k}\varepsilon_{t-k'}\\&\quad-\theta\varepsilon_{t-k}\varepsilon_{t-1-k'}-\delta\theta\varepsilon_{t-1-k}-\theta\varepsilon_{t-1-k}\varepsilon_{t-k'}+\theta^2\varepsilon_{t-1-k}\varepsilon_{t-1-k'}\Big)\\&=\delta^2\end{aligned}$$

综合上述结果，可以得到

$$\begin{aligned}\lim_{t\to\infty}E\left(Y_t^2\right)&=\sum_{k'=0}^{\infty}\sum_{k=0}^{\infty}(1-\lambda\xi)^{k+k'}\lim_{t\to\infty}E\left[(\varepsilon_{t-k}-\varepsilon_{t-1-k})(\varepsilon_{t-k'}-\varepsilon_{t-1-k'})\right]\\&=\sum_{k=0}^{\infty}(1-\lambda\xi)^{2k}(\delta^2+\sigma^2+\theta^2\sigma^2)+\sum_{k=0}^{\infty}(1-\lambda\xi)^{2k+1}(2\delta^2-2\theta\sigma^2)\\&\quad+2\delta^2\left[\sum_{k=0}^{t-3}(1-\lambda\xi)^{2k+2}+\sum_{k=0}^{t-4}(1-\lambda\xi)^{2k+3}+\cdots\right]\\&=\frac{1+\theta^2-2\theta(1-\lambda\xi)}{\lambda\xi(2-\lambda\xi)}\sigma^2+\left(\frac{\delta}{\lambda\xi}\right)^2\end{aligned} \tag{4.18}$$

图 4.6 显示了式(4.18)在带有漂移的 IMA(1,1)干扰($\sigma=1,\ \theta=0.8,\ \delta=0.01$),以及不同模型不匹配参数 ξ 下 EWMA 控制器参数 λ 的调控对 AMSE 的影响。可以发现模拟的结果和推导出的公式结论相同,与图 4.4 相比,当产品制程有非稳态的干扰时,批间控制确实可以发挥作用($\lambda_{\text{opt}}=0.2$)。

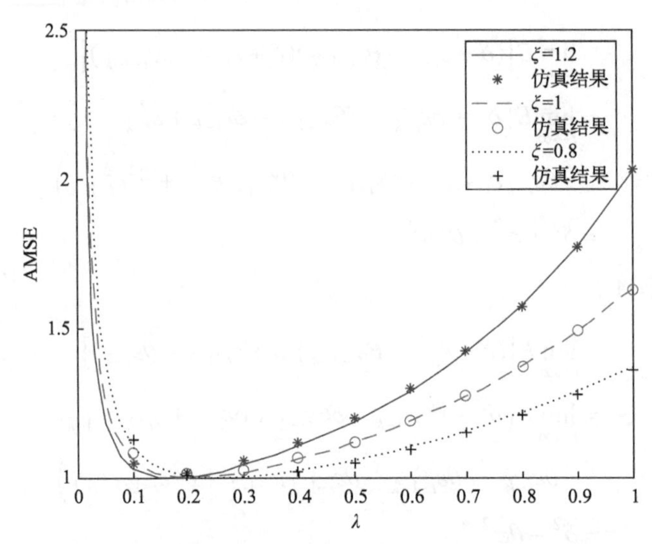

图 4.6 单一产品制程中 IMA(1,1)干扰作用下产品的 AMSE

4.4 具有简单规律的双产品制程

批间控制在处理单一制程非稳态干扰时,能够降低制程输出的偏差,达到最佳的控制效果。但在现实的工厂操作中,大多是属于“少量多样”的高混合(high-mix)制程。为了模拟“少量多样”的制程,先探讨具有简单规律性质排列的双产品制程,产品排序如图 4.7 所示。

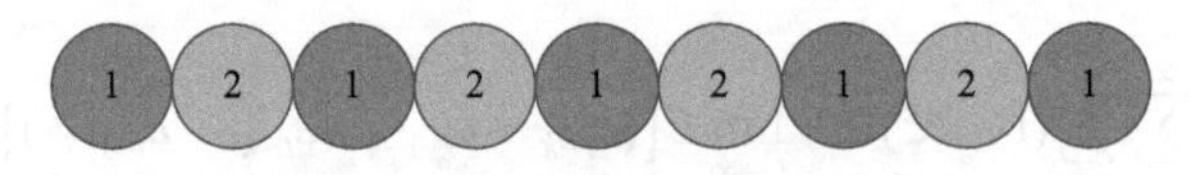

图 4.7 具有简单规律的双产品制程

下面分别就基于机台和基于产品的控制方法作详细的分析。

4.4.1 基于机台的控制方法

如前所述,基于机台的 EWMA 控制器不考虑个别产品的差异,在同一个机台上不同产品的操作动作 X_t 共享一个经 EWMA 控制器估算出的干扰 $\bar{\eta}_t$。图 4.7 中的制程模型如下所示:

$$对象:\begin{cases} Y_{2t+1}=\alpha_1+\beta_1 X_{2t+1}+\eta_{2t+1} \\ Y_{2t+2}=\alpha_2+\beta_2 X_{2t+2}+\eta_{2t+2} \end{cases},\ t=0,1,2\cdots \tag{4.19}$$

$$模型:\begin{cases} Y_{2t+1}=\alpha_1+b_1 X_{2t+1}+\overline{\eta}_{2t+1} \\ Y_{2t+2}=\alpha_2+b_2 X_{2t+2}+\overline{\eta}_{2t+2} \end{cases},\ t=0,1,2\cdots \tag{4.20}$$

$$控制器:\begin{cases} X_{2t+1}=\dfrac{0-a_1-\overline{\eta}_{2t}}{b_1} \\ X_{2t+2}=\dfrac{0-a_2-\overline{\eta}_{2t+1}}{b_2} \end{cases},\ t=0,1,2\cdots \tag{4.21}$$

由式(4.19)～式(4.21)可得

$$\begin{cases} Y_{2t+1}=\alpha_1+\beta_1\dfrac{0-a_1-\overline{\eta}_{2t}}{b_1}+\eta_{2t+1}=\alpha_1-\xi_1 a_1-\xi_1 a\overline{\eta}_{2t}+\eta_{2t+1} \\ Y_{2t+2}=\alpha_2+\beta_2\dfrac{0-a_2-\overline{\eta}_{2t+1}}{b_2}+\eta_{2t+2}=\alpha_2-\xi_2 a_2-\xi_2 a\overline{\eta}_{2t+1}+\eta_{2t+2} \end{cases} \tag{4.22}$$

式中，$\xi_1=\beta_1/b_1$ 和 $\xi_2=\beta_2/b_2$ 分别为制程一、二和产品一、二模型之间的不匹配参数。

再将式(4.22)代入 EWMA 控制器(2.4)，可得

$$\begin{cases} \overline{\eta}_{2t}=\lambda(Y_{2t}-b_2 X_{2t}-a_2)+(1-\lambda)\overline{\eta}_{2t-1}=\lambda Y_{2t}+\overline{\eta}_{2t-1} \\ \overline{\eta}_{2t+1}=\lambda(Y_{2t+1}-b_1 X_{2t+1}-a_1)+(1-\lambda)\overline{\eta}_{2t}=\lambda Y_{2t+1}+\overline{\eta}_{2t} \end{cases} \tag{4.23}$$

有

$$\begin{aligned} Y_{2t+2}-Y_{2t+1}&=\alpha_2-\alpha_1+\xi_1 a_1-\xi_2 a_2+\xi_1\overline{\eta}_{2t}-\xi_2\overline{\eta}_{2t+1}+n_{2t+2}-n_{2t+1} \\ &=\alpha_2-\alpha_1+\xi_1 a_1-\xi_2 a_2-\lambda\xi_2 Y_{2t+1}+(\xi_1-\xi_2)\left(\frac{\alpha_1+\eta_{2t+1}-Y_{2t+1}}{\xi_1}-a_1\right) \\ &\quad+\eta_{2t+2}-\eta_{2t+1} \end{aligned}$$

$$\Rightarrow\begin{cases} Y_{2t+2}=\dfrac{\xi_2-\lambda\xi_1\xi_2}{\xi_1}Y_{2t+1}+\dfrac{\xi_1\alpha_2-\xi_2\alpha_1+\xi_1\xi_2(a_1-a_2)-\xi_2\eta_{2t+1}+\xi_1\eta_{2t+2}}{\xi_1} \\ Y_{2t+3}=\dfrac{\xi_1-\lambda\xi_1\xi_2}{\xi_2}Y_{2t+2}+\dfrac{\xi_2\alpha_1-\xi_1\alpha_2+\xi_1\xi_2(a_2-a_1)-\xi_1\eta_{2t+2}+\xi_2\eta_{2t+3}}{\xi_2} \end{cases}$$

$$\begin{aligned} Y_{2t+3}&=(1-\lambda\xi_1)(1-\lambda\xi_2)Y_{2t+1} \\ &\quad+\left\{\left[\lambda\xi_2\alpha_1-\lambda\xi_1\xi_2-\lambda\xi_1\xi_2(a_1-a_2)\right]+\left[\eta_{2t+3}-\lambda\xi_1\eta_{2t+2}-(1-\lambda\xi_2)\eta_{2t+1}\right]\right\} \\ &=q^{t+1}Y_1+\sum_{k=0}^{t}q^k p+\sum_{k=0}^{t}q^j\left[\eta_{2t+3-2k}-\lambda\xi_1\eta_{2t+2-2k}-(1-\lambda\xi_2)\eta_{2t+1-2k}\right] \end{aligned} \tag{4.24}$$

式中，$q=(1-\lambda\xi_1)(1-\lambda\xi_2)$，$p=\lambda\xi_2\alpha_1-\lambda\xi_1\alpha_2-\lambda\xi_1\xi_2(a_1-a_2)$。

当$|q|<1$时，有$\lim\limits_{t\to\infty}Y_{2t+3}=\dfrac{p}{1-q}+\sum\limits_{k=0}^{t}q^k[\eta_{2t+3-2k}-\lambda\xi_1\eta_{2t+2-2k}-(1-\lambda\xi_2)\eta_{2t+1-2k}]$，可推导出具有简单规律的双产品制程使用基于机台的控制方法时在任何干扰模式下的 AMSE 通式：

$$\begin{aligned}&\lim_{t\to\infty}E\left(Y_{2t+3}^2\right)\\&=\sum_{k=0}^{\infty}\sum_{k'=0}^{\infty}q^{k+k'}\lim_{t\to\infty}E\{[\eta_{2t+3-2k}-\lambda\xi_1\eta_{2t+2-2k}-(1-\lambda\xi_2)\eta_{2t+1-2k}]\\&\quad\times[\eta_{2t+3-2k'}-\lambda\xi_1\eta_{2t+2-2k'}-(1-\lambda\xi_2)\eta_{2t+1-2k'}]\}+\left(\frac{p}{1-q}\right)^2\end{aligned}\tag{4.25}$$

接下来，分别就白噪声干扰和 IMA(1,1) 干扰，对式(4.25)进行进一步的探讨。

1)制程干扰为白噪声

当制程干扰为白噪声时，$\eta_t=\varepsilon_t$，将其代入式(4.25)，得到

$$\begin{aligned}&\lim_{t\to\infty}E\left(Y_{2t+3}^2\right)\\&=\sum_{k=0}^{\infty}\sum_{k'=0}^{\infty}q^{k+k'}\lim_{t\to\infty}E\{[\eta_{2t+3-2k}-\lambda\xi_1\eta_{2t+2-2k}-(1-\lambda\xi_2)\eta_{2t+1-2k}]\\&\quad\times[\eta_{2t+3-2k'}-\lambda\xi_1\eta_{2t+2-2k'}-(1-\lambda\xi_2)\eta_{2t+1-2k'}]\}+\left(\frac{p}{1-q}\right)^2\\&=\sum_{k=0}^{\infty}\sum_{k'=0}^{\infty}q^{k+k'}\lim_{t\to\infty}E\{[\varepsilon_{2t+3-2k}-\lambda\xi_1\varepsilon_{2t+2-2k}-(1-\lambda\xi_2)\varepsilon_{2t+1-2k}]\\&\quad\times[\varepsilon_{2t+3-2k'}-\lambda\xi_1\varepsilon_{2t+2-2k'}-(1-\lambda\xi_2)\varepsilon_{2t+1-2k'}]\}+\left(\frac{p}{1-q}\right)^2\end{aligned}$$

其中

$$\begin{aligned}&\lim_{t\to\infty}E\{[\varepsilon_{2t+3-2k}-\lambda\xi_1\varepsilon_{2t+2-2k}-(1-\lambda\xi_2)\varepsilon_{2t+1-2k}]\\&\times[\varepsilon_{2t+3-2k'}-\lambda\xi_1\varepsilon_{2t+2-2k'}-(1-\lambda\xi_2)\varepsilon_{2t+1-2k'}]\}\\&=\begin{cases}\sigma^2+\lambda^2\xi_1{}^2\sigma^2+(1-\lambda\xi_2)^2\sigma^2, & k=k'\\-(1-\lambda\xi_2)\sigma^2, & |k-k'|=1\\0, & |k-k'|\geqslant 2\end{cases}\end{aligned}$$

综合上述结果，可将具有简单规律的双产品制程使用基于机台的控制方法

时，在白噪声干扰作用下的 AMSE 表示成

$$\begin{aligned}
&\lim_{t\to\infty} E\left(Y_{2t+3}^2\right) \\
&=\left(\frac{p}{1-p}\right)^2+\sum_{k=0}^{\infty} q^{2k}\left[\sigma^2+\lambda^2\xi_1{}^2\sigma^2+(1-\lambda\xi_2)^2\sigma^2\right]+2\sum_{k=0}^{\infty} q^{2k+1}\left[-(1-\lambda\xi_2)\sigma^2\right] \\
&=\left(\frac{p}{1-p}\right)^2+\frac{1+\lambda^2\xi_1^2-(1-\lambda\xi_2)^2+2\lambda\xi_1(1-\lambda\xi_2)^2}{1-q^2}\sigma^2
\end{aligned} \tag{4.26}$$

图 4.8 显示了式(4.26)在白噪声干扰（$\sigma=1$），以及不同模型不匹配参数 ξ_1 和 ξ_2 下 EWMA 控制器参数 λ 的调控对 AMSE 的影响。可以发现模拟的结果和推导出的公式结论相符，在白噪声干扰作用下，批间控制似乎也没有使用的必要，最小的 AMSE 都落在 $\lambda=0$ 上。

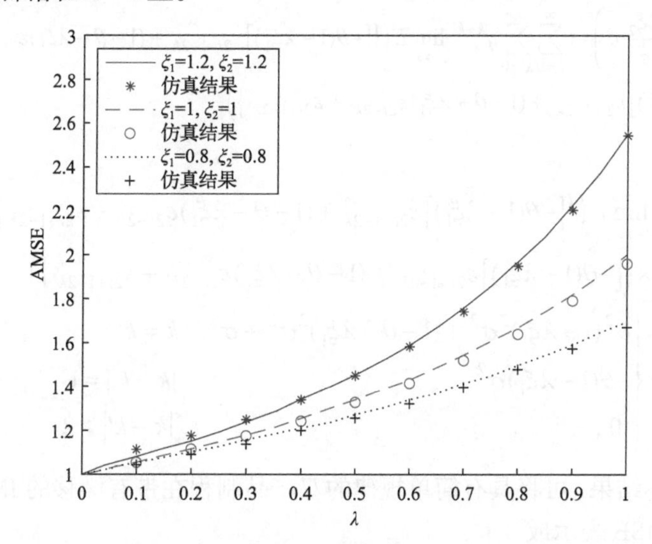

图 4.8　具有简单规律的双产品制程使用基于机台的控制方法时在白噪声作用下产品 1 的 AMSE

2）制程干扰为带有漂移的 IMA(1,1)

当制程干扰为带有漂移的 IMA(1,1)时，$\eta_t=\eta_{t-1}-\theta\varepsilon_{t-1}+\varepsilon_t+\delta$，可以将制程干扰展开成下式：

$$\eta_t=t\delta+(1-\theta)(\varepsilon_1+\varepsilon_2+\cdots+\varepsilon_{t-1})+\varepsilon_t \tag{4.27}$$

$$\begin{aligned}
&\eta_{2t+3-2k}-\lambda\xi_1\eta_{2t+2-2k}-(1-\lambda\xi_2)\eta_{2t+1-2k} \\
&=(2t+3-2k)\delta+(1-\theta)(\varepsilon_1+\cdots+\varepsilon_{2t+2-2k})+\varepsilon_{2t+3-2k} \\
&\quad-\lambda\xi_1[(2t+2-2k)\delta+(1-\theta)(\varepsilon_1+\cdots+\varepsilon_{2t+1-2k})+\varepsilon_{2t+2-2k}]
\end{aligned}$$

$$
\begin{aligned}
&-(1-\lambda\xi_2)[(2t+1-2k)\delta+(1-\theta)(\varepsilon_1+\cdots+\varepsilon_{2t-2k})+\varepsilon_{2t+2-2k}]\\
&=[(2-\lambda\xi_2)+2(t+1-k)(\lambda\xi_2-\lambda\xi_1)]\delta+\lambda(\xi_2-\xi_1)(1-\theta)(\varepsilon_1+\cdots+\varepsilon_{2t-2-2k})\\
&\quad+[(\lambda\xi_2-\lambda\xi_1)-\theta(1-\lambda\xi_1)]\varepsilon_{2t-1-2k}+(1-\theta-\lambda\xi_1)\varepsilon_{2t-2k}+\varepsilon_{2t+1-2k}
\end{aligned} \tag{4.28}
$$

根据式(4.28)，在处理非稳态干扰时，假如$\xi_1\neq\xi_2$，当$t\to\infty$时，$Y_{2t+3}^2\to\infty$，即最后结果会发散，使得系统输出不能稳定。

当$\xi_1=\xi_2$时，$\eta_{2t+3-2k}-\lambda\xi_1\eta_{2t+2-2k}-(1-\lambda\xi_2)\eta_{2t+1-2k}=(2-\lambda\xi_2)\delta+[-\theta(1-\lambda\xi_1)]\times\varepsilon_{2t-1-2k}+(1-\theta-\lambda\xi_1)\varepsilon_{2t-2k}+\varepsilon_{2t+1-2k}$，可以得到

$$
\begin{aligned}
&\lim_{t\to\infty}E\left(Y_{2t+3}^2\right)\\
&=\left(\frac{p}{1-q}\right)^2+\sum_{k=0}^{\infty}\sum_{k'=0}^{\infty}q^{k+k'}\lim_{t\to\infty}E\{[\eta_{2t+3-2k}-\lambda\xi_1\eta_{2t+2-2k}-(1-\lambda\xi_2)\eta_{2t+1-2k}]\\
&\quad\times[\eta_{2t+3-2k'}-\lambda\xi_1\eta_{2t+2-2k'}-(1-\lambda\xi_2)\eta_{2t+1-2k'}]\}\\
&=\left(\frac{p}{1-q}+\frac{2-\lambda\xi_2}{1-q}\delta\right)^2+\sum_{k=0}^{\infty}\sum_{k'=0}^{\infty}q^{k+k'}\lim_{t\to\infty}E\left(\{[-\theta(1-\lambda\xi_1)]\varepsilon_{2t-1-2k}+(1-\theta-\lambda\xi_1)\varepsilon_{2t-2k}+\varepsilon_{2t+1-2k}\}\right.\\
&\quad\left.\times\{[-\theta(1-\lambda\xi_1)]\varepsilon_{2t-1-2k'}+(1-\theta-\lambda\xi_1)\varepsilon_{2t-2k'}+\varepsilon_{2t+1-2k'}\}\right)
\end{aligned}
$$

并且有

$$
\begin{aligned}
&\lim_{t\to\infty}E\left(\{[-\theta(1-\lambda\xi_1)]\varepsilon_{2t-1-2k}+(1-\theta-\lambda\xi_1)\varepsilon_{2t-2k}+\varepsilon_{2t+1-2k}\}\right.\\
&\quad\left.\times\{[-\theta(1-\lambda\xi_1)]\varepsilon_{2t-1-2k'}+(1-\theta-\lambda\xi_1)\varepsilon_{2t-2k'}+\varepsilon_{2t+1-2k'}\}\right)\\
&=\begin{cases}\theta^2(1-\lambda\xi_1)^2\sigma^2+(1-\theta-\lambda\xi_1)^2\sigma^2+\sigma^2, & k=k'\\ -\theta(1-\lambda\xi_1)\sigma^2, & |k-k'|=1\\ 0, & |k-k'|\geqslant 2\end{cases}
\end{aligned}
$$

综合上述结果，可将具有简单规律的双产品制程在带有漂移的 IMA(1,1) 干扰作用下的 AMSE 表示成

$$
\begin{aligned}
&\lim_{t\to\infty}E\left(Y_{2t+3}^2\right)\\
&=\left(\frac{p}{1-q}+\frac{2-\lambda\xi_2}{1-q}\delta\right)^2+\sum_{k=0}^{\infty}q^{2k}\left[\theta^2(1-\lambda\xi_1)^2\sigma^2+(1-\theta-\lambda\xi_1)^2\sigma^2+\sigma^2\right]\\
&\quad-2\sum_{k=0}^{\infty}q^{2k+1}\left[\theta(1-\lambda\xi_1)\sigma^2\right]\\
&=\left(\frac{p}{1-q}+\frac{2-\lambda\xi_2}{1-q}\delta\right)^2+\frac{\theta^2(1-\lambda\xi_1)^2+(1-\lambda\xi_2-\theta)^2-2\theta q(1-\lambda\xi_1)+1}{1-q^2}\sigma^2
\end{aligned} \tag{4.29}
$$

图 4.9 显示了式(4.29)在带有漂移的 IMA(1,1) 干扰（$\sigma=1,\ \theta=0.8,\ \delta=0.01$）

作用,以及在不同模型不匹配参数 ξ_1 和 ξ_2 下 EWMA 控制器参数 λ 的调控对 AMSE 的影响。可以发现模拟的结果和推导出的公式结论相符，与图 4.8 相比，当产品制程有非稳态的干扰时，批间控制确实可以发挥作用($\lambda_{\text{opt}}=0.18$)。

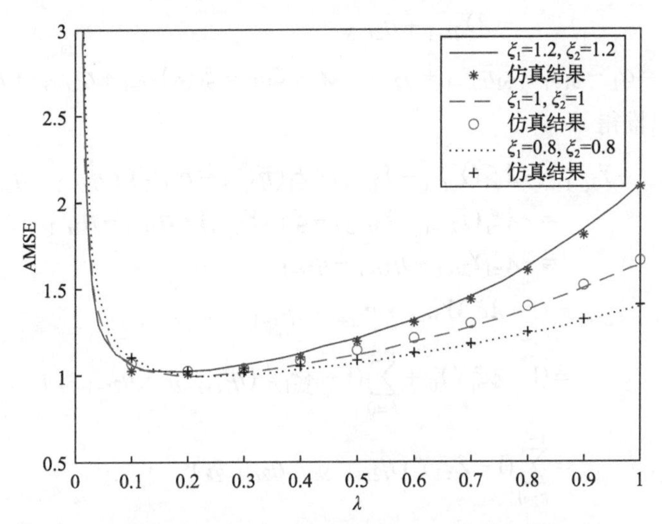

图 4.9　具有简单规律的双产品制程使用基于机台的控制方法时在 IMA(1,1)干扰作用下产品 1 的 AMSE

4.4.2　基于产品的控制方法

如前所述，基于产品的控制方法意味着同一个机台上不同产品间不共享一个经 EWMA 控制器估算的干扰。在该控制器操作下，其控制动作的干扰是同一个产品的前一批制程干扰。

$$\text{对象}:\begin{cases}Y_{2t+1}=\alpha_1+\beta_1 X_{2t+1}+\eta_{2t+1}\\ Y_{2t+2}=\alpha_2+\beta_2 X_{2t+2}+\eta_{2t+2}\end{cases},\quad t=0,1,2\cdots \tag{4.30}$$

$$\text{模型}:\begin{cases}Y_{2t+1}=a_1+b_1 X_{2t+1}+\overline{\eta}_{2t-1}\\ Y_{2t+2}=a_2+b_2 X_{2t+2}+\overline{\eta}_{2t}\end{cases},\quad t=0,1,2\cdots \tag{4.31}$$

$$\text{控制器}:\begin{cases}X_{2t+1}=\dfrac{0-a_1-\overline{\eta}_{2t-1}}{b_1}\\[2ex] X_{2t+2}=\dfrac{0-a_2-\overline{\eta}_{2t}}{b_2}\end{cases},\quad t=0,1,2\cdots \tag{4.32}$$

由式(4.30)～式(4.32)可得

$$Y_{2t+1}=\alpha_1+\beta_1\frac{0-a_1-\overline{\eta}_{2t-1}}{b_1}+\eta_{2t+1}=\alpha_1-\xi_1 a_1-\xi_1\overline{\eta}_{2t-1}+\eta_{2t+1}$$

再将上式代入 EWMA 控制器，得到

$$\begin{aligned}\overline{\eta}_{2t-1} &= \lambda(Y_{2t-1} - b_1 X_{2t-1} - a_1) + (1-\lambda)\overline{\eta}_{2t-3} \\ &= \lambda(Y_{2t-1} + \overline{\eta}_{2t-3}) + (1-\lambda)\overline{\eta}_{2t-3} \\ &= \lambda Y_{2t-1} + \overline{\eta}_{2t-3}\end{aligned}$$

$$Y_{2t+1} = \alpha_1 - \xi_1 a_1 - \xi_1 \overline{\eta}_{2t-1} + \eta_{2t+1} = \alpha_1 - \xi_1 a_1 - \xi_1(\lambda Y_{2t-1} + \overline{\eta}_{2t-3}) + \eta_{2t+1}$$

由此可以推得

$$\begin{aligned}Y_{2t+1} - Y_{2t-1} &= -\lambda\xi_1(Y_{2t-1} - Y_{2t-3}) - \xi_1(\overline{\eta}_{2t-3} - \overline{\eta}_{2t-5}) + \eta_{2t+1} - \eta_{2t-1} \\ &= -\lambda\xi_1(Y_{2t-1} - Y_{2t-3}) - \xi_1(\lambda Y_{2t-3}) + \eta_{2t+1} - \eta_{2t-1} \\ &= -\lambda\xi_1 Y_{2t-1} + \eta_{2t+1} - \eta_{2t-1}\end{aligned}$$

$$\begin{aligned}Y_{2t+1} &= (1-\lambda\xi_1)Y_{2t-1} + \eta_{2t+1} - \eta_{2t-1} \\ &= (1-\lambda\xi_1)^t Y_0 + \sum_{k=0}^{t-1}(1-\lambda\xi_1)^k(\eta_{2t+1-2k} - \eta_{2t-1-2k}) \\ &= \sum_{k=0}^{t-1}(1-\lambda\xi_1)^k(\eta_{2t+1-2k} - \eta_{2t-1-2k})\end{aligned}$$

$$Y_{2t+1}^2 = \sum_{k=0}^{t-1}\sum_{k'=0}^{t-1}(1-\lambda\xi_1)^{k+k'}(\eta_{2t+1-2k} - \eta_{2t-1-2k})(\eta_{2t+1-2k'} - \eta_{2t-1-2k'})$$

因此，可以推导出具有简单规律的双产品制程使用基于产品的控制方法时在任何干扰模式下的 AMSE 通式：

$$\lim_{t\to\infty} E\left(Y_{2t+1}^2\right) = \sum_{k=0}^{\infty}\sum_{k'=0}^{\infty}(1-\lambda\xi_1)^{k+k'}\lim_{t\to\infty} E\left[(\eta_{2t+1-2k} - \eta_{2t-1-2k})(\eta_{2t+1-2k} - \eta_{2t-1-2k'})\right] \tag{4.33}$$

接下来，分别就白噪声干扰和 IMA(1,1) 干扰，对式(4.33)进行进一步的探讨。

1) 制程干扰为白噪声

当制程干扰为噪声时，$\eta_t = \varepsilon_t$，将其代入式(4.33)，得到

$$\lim_{t\to\infty} E\left(Y_{2t+1}^2\right) = \sum_{k=0}^{\infty}\sum_{k'=0}^{\infty}(1-\lambda\xi_1)^{k+k'}\lim_{t\to\infty} E\left[(\varepsilon_{2t+1-2k} - \varepsilon_{2t-1-2k})(\varepsilon_{2t+1-2k} - \varepsilon_{2t-1-2k'})\right]$$

和

$$\lim_{t\to\infty} E\left[(\varepsilon_{2t+1-2k} - \varepsilon_{2t-1-2k})(\varepsilon_{2t+1-2k} - \varepsilon_{2t-1-2k'})\right] = \begin{cases} 2\sigma^2, & k = k' \\ -\sigma^2, & |k-k'| = 1 \\ 0, & |k-k'| \geqslant 2 \end{cases}$$

综合上述结果，可将具有简单规律的双产品制程使用基于产品的控制方法时在白噪声干扰作用下的 AMSE 表示如下：

$$\lim_{t\to\infty} E\left(Y_{2t+1}^2\right)=\sum_{k=0}^{\infty}(1-\lambda\xi_1)^{2k}2\sigma^2+\sum_{k=0}^{\infty}(1-\lambda\xi_1)(-2\sigma^2)=\frac{2}{2-\lambda\xi_1}\sigma^2 \tag{4.34}$$

图 4.10 显示了式(4.34)在白噪声干扰（$\sigma=1$）作用，以及不同模型不匹配参数 ξ_1 下 EWMA 控制器参数 λ 的调控对 AMSE 的影响。可以发现模拟的结果和推导出的公式结论相符合，在白噪声干扰下，批间控制似乎也没有使用的必要，最小的 AMSE 都落在 $\lambda=0$ 上。

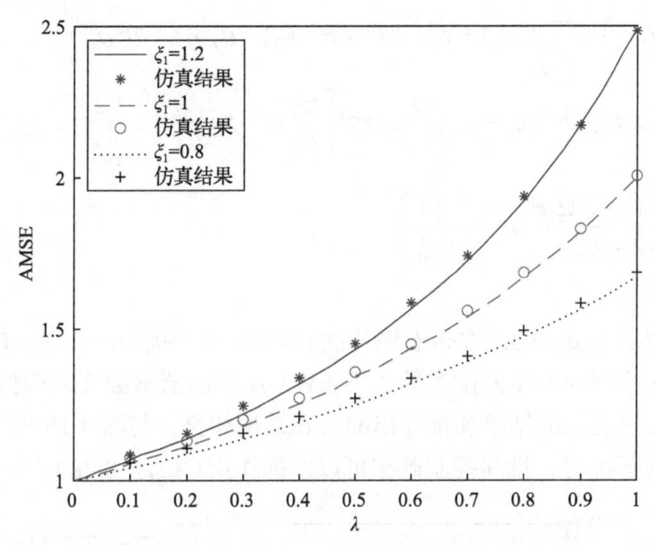

图 4.10　具有简易规律的双产品制程使用基于产品的控制方法时在白噪声作用下产品 1 的 AMSE

2）制程干扰为带有漂移的 IMA(1,1)

当制程干扰为带有漂移的 IMA(1,1)时，$\eta_t=\eta_{t-1}-\theta\varepsilon_{t-1}+\varepsilon_t+\delta$，那么有

$$\begin{aligned}&(\eta_{2t+1-2k}-\eta_{2t-1-2k})(\eta_{2t+1-2k'}-\eta_{2t-1-2k'})\\=&\left[2\sigma+\varepsilon_{2t+1-2k}+(1-\theta)\varepsilon_{2t-2k}-\theta\varepsilon_{2t-1-2k}\right]\left[2\sigma+\varepsilon_{2t+1-2k'}+(1-\theta)\varepsilon_{2t-2k'}-\theta\varepsilon_{2t-1-2k'}\right]\end{aligned}$$

将其代入式(4.33)，得到

$$\begin{aligned}\lim_{t\to\infty} E\left(Y_{2t+1}^2\right)=&\sum_{k=0}^{\infty}\sum_{k'=0}^{\infty}(1-\lambda\xi_1)^{k+k'}\lim_{t\to\infty}E\left\{\left[2\delta+\varepsilon_{2t+1-2k}+(1-\theta)\varepsilon_{2t-2k}-\theta\varepsilon_{2t-1-2k}\right]\right.\\&\left.\times\left[2\delta+\varepsilon_{2t+1-2k'}+(1-\theta)\varepsilon_{2t-2k'}-\theta\varepsilon_{2t-1-2k'}\right]\right\}\end{aligned}$$

和

$$\lim_{t\to\infty} E\left\{\left[2\delta+\varepsilon_{2t+1-2k}+(1-\theta)\varepsilon_{2t-2k}-\theta\varepsilon_{2t-1-2k}\right]\right.$$
$$\left.\times\left[2\delta+\varepsilon_{2t+1-2k'}+(1-\theta)\varepsilon_{2t-2k'}-\theta\varepsilon_{2t-1-2k'}\right]\right\}$$
$$=\begin{cases}4\delta^2+\sigma^2+(1-\theta)^2\sigma^2, & k=k'\\ 4\delta^2-\theta\sigma^2, & |k-k'|=1\\ 0, & |k-k'|\geqslant 2\end{cases}$$

综合上述结果，可将具有简单规律的双产品制程使用基于产品的控制方法时在带有漂移的 IMA(1,1) 干扰作用下的 AMSE 表示成

$$\lim_{t\to\infty} E\left(Y_{2t+1}^2\right)=\sum_{k=0}^{\infty}(1-\lambda\xi_1)^{2k}\left[4\delta^2+\sigma^2+(1-\theta)^2\sigma^2+\theta^2\sigma^2\right]$$
$$+2\sum_{k=0}^{\infty}(1-\lambda\xi_1)^{2k+1}(4\delta^2-\theta\sigma^2)+8\delta^2\left[\sum_{k=0}^{t-2}(1-\lambda\xi_1)^{2k+1}+\sum_{k=0}^{t-3}(1-\lambda\xi_1)^{2k+1}+\cdots\right]$$
$$=\frac{2(1-\theta)^2+2\lambda\xi_1\theta}{\lambda\xi_1(2-\lambda\xi_1)}\sigma^2+\left(\frac{2\delta}{\lambda\xi_1}\right)^2 \tag{4.35}$$

图 4.11 显示了式(4.35)在带有漂移的 IMA(1,1)干扰($\sigma=1,\ \theta=0.8,\ \delta=0.01$)作用，以及在不同模型不匹配参数 ξ_1 下 EWMA 控制器参数 λ 的调控对 AMSE 的影响。可以发现模拟的结果和推导出的公式结论相符，与图 4.10 相比，当产品制程有非稳态的干扰时，批间控制确实可以发挥作用($\lambda_{\text{opt}}=0.28$)。

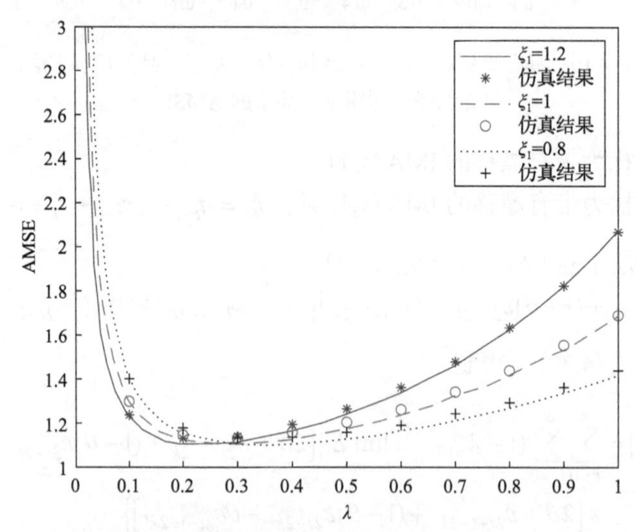

图 4.11　具有简易规律的双产品制程使用基于产品的控制方法时在 IMA(1,1) 干扰作用下产品 1 的 AMSE

4.5　具有复杂规律的双产品制程

本节讨论的是两个不同的产品在单一的机台上生产，而且其生产顺序呈现周期性的排列。如图 4.12 所示，假设产品生产周期是以 i 个产品为一个周期，其前 j 个产品定义为产品 1，后面 $i-j$ 个产品定义为产品 2。

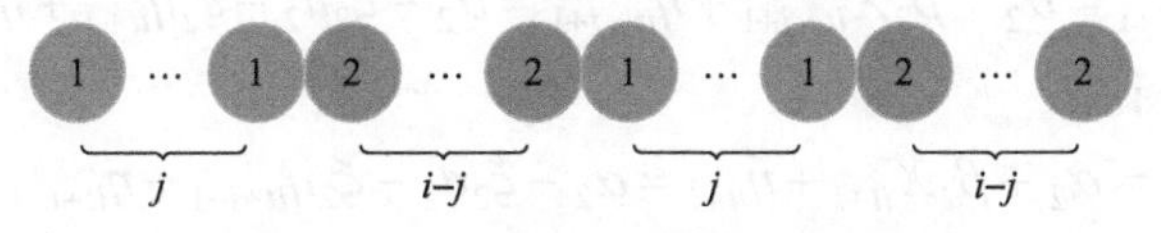

图 4.12　复杂规律性的双产品制程

下面就复杂的双产品制程，针对基于机台的控制方法和基于产品的控制方法进行详细分析。

4.5.1　基于机台的控制方法

在基于机台的控制方法中，系统的数学表达式为

$$\text{对象:}\begin{cases} Y_{it+1} = \alpha_1 + \beta_1 X_{it+1} + \eta_{it+1} \\ \quad\vdots \\ Y_{it+j} = \alpha_1 + \beta_1 X_{it+j} + \eta_{it+j} \\ Y_{it+j+1} = \alpha_2 + \beta_2 X_{it+j+1} + \eta_{it+j+1} \\ \quad\vdots \\ Y_{it+i} = \alpha_2 + \beta_2 X_{it+i} + \eta_{it+i} \end{cases} \tag{4.36}$$

$$\text{模型:}\begin{cases} Y_{it+1} = a_1 + b_1 X_{it+1} + \overline{\eta}_{it} \\ \quad\vdots \\ Y_{it+j} = a_1 + b_1 X_{it+j} + \overline{\eta}_{it+j-1} \\ Y_{it+j+1} = a_2 + b_2 X_{it+j+1} + \overline{\eta}_{it+j} \\ \quad\vdots \\ Y_{it+i} = a_2 + b_2 X_{it+i} + \overline{\eta}_{it+i-1} \end{cases} \tag{4.37}$$

$$\text{控制器:}\ X_{it+n} = \begin{cases} \dfrac{0 - a_1 - \overline{\eta}_{it+n-1}}{b_1}, & n = 1,2,\cdots,j \\ \dfrac{0 - a_2 - \overline{\eta}_{it+n-1}}{b_2}, & n = j+1,2,\cdots,i \end{cases} \tag{4.38}$$

式中，$t=0,1,2,\cdots$ 表示周期数。

由式(4.36)～式(4.38)可以得到

$$\begin{cases} Y_{it+1}=\alpha_1+\beta_1 X_{it+1}+\eta_{it+1}=\alpha_1-\xi_1 a_1-\xi_1\bar{\eta}_{it}+\eta_{it+1} \\ \vdots \\ Y_{it+j}=\alpha_1+\beta_1 X_{it+j}+\eta_{it+j}=\alpha_1-\xi_1 a_1-\xi_1\bar{\eta}_{it+j-1}+\eta_{it+j} \\ Y_{it+j+1}=\alpha_2+\beta_2 X_{it+j+1}+\eta_{it+j+1}=\alpha_2-\xi_2 a_2-\xi_2\bar{\eta}_{it+j}+\eta_{it+j+1} \\ \vdots \\ Y_{it+i}=\alpha_2+\beta_2 X_{it+i}+\eta_{it+i}=\alpha_2-\xi_2 a_2-\xi_2\bar{\eta}_{it+i-1}+\eta_{it+i} \end{cases}$$

而 EWMA 控制器为

$$\bar{\eta}_{it+n}=\begin{cases} \lambda\left(Y_{it+n}-b_1 X_{it+n}-a_1\right)+(1-\lambda)\bar{\eta}_{it+n-1}=\lambda Y_{it+n}+\bar{\eta}_{it+n-1}, & n=1,2,\cdots,j \\ \lambda\left(Y_{it+n}-b_2 X_{it+n}-a_2\right)+(1-\lambda)\bar{\eta}_{it+n-1}=\lambda Y_{it+n}+\bar{\eta}_{it+n-1}, & n=j+1,\cdots,i \end{cases} \tag{4.39}$$

按照 4.4 节的方法，可以分别推导出 Y_{it+j}、Y_{it+j+1}、Y_{it+i}、Y_{it+i+1} 如下：

$$\begin{aligned} & Y_{it+j}-Y_{it+j-1}=-\xi_1\left(\bar{\eta}_{it+j-1}-\bar{\eta}_{it+j-2}\right)+\eta_{it+j}-\eta_{it+j-1}=-\lambda\xi_1 Y_{it+j-1}+\eta_{it+j}-\eta_{it+j-1} \\ \Rightarrow & Y_{it+j}=\left(1-\lambda\xi_1\right)Y_{it-j-1}+\eta_{it+j}-\eta_{it+j-1} \\ & \quad=\left(1-\lambda\xi_1\right)^{j-1}Y_{it+1}+\sum_{m=0}^{j-2}\left(1-\lambda\xi_1\right)^m\left(\eta_{it+j-m}-\eta_{it+j-1-m}\right) \end{aligned} \tag{4.40}$$

$$\begin{aligned} & Y_{it+j+1}-Y_{it+j}=\left(\alpha_2-\alpha_1\right)-\left(\xi_2 a_2-\xi_1 a_1\right)-\xi_2\bar{\eta}_{it+j}+\xi_1\bar{\eta}_{it+j-1}+\eta_{it+j+1}-\eta_{it+j} \\ & =\left(\alpha_2-\alpha_1\right)-\left(\xi_2 a_2-\xi_1 a_1\right)-\lambda\xi_1 Y_{it+j} \\ & \quad+\left(\xi_2-\xi_1\right)\left(\frac{Y_{it+j+1}-\alpha_2+\xi_2 a_2-\eta_{it+j+1}}{\xi_2}\right)+\eta_{it+j+1}-\eta_{it+j} \\ & \Rightarrow Y_{it+j+1}=\frac{\xi_2\left(1-\lambda\xi_1\right)}{\xi_1}Y_{it+j}+\frac{\xi_1\alpha_2-\xi_2\alpha_1+\xi_1\xi_2\left(a_1-a_2\right)+\xi_1\eta_{it+j+1}-\xi_2\eta_{it+j}}{\xi_1} \end{aligned} \tag{4.41}$$

$$\begin{aligned} & Y_{it+j}-Y_{it+i-1}=-\xi_2\left(\bar{\eta}_{it+i-1}-\bar{\eta}_{it+i-2}\right)+\eta_{it+i}-\eta_{it+i-1}=-\lambda\xi_2 Y_{it+i-1}+\eta_{it+i}-\eta_{it+i-1} \\ \Rightarrow & Y_{it+i}=\left(1-\lambda\xi_2\right)Y_{it+i-1}+\eta_{it+i}-\eta_{it+i-1} \\ & \quad=\left(1-\lambda\xi_2\right)^{i-j-1}Y_{it+j+1}+\sum_{m=0}^{i-j-2}\left(1-\lambda\xi_2\right)^m\left(\eta_{it+i-m}-\eta_{it+i-1-m}\right) \end{aligned} \tag{4.42}$$

$$
\begin{aligned}
Y_{it+i+1}-Y_{it+i} &= (\alpha_1-\alpha_2)-(\xi_1 a_1-\xi_2 a_2)-\xi_1\bar{\eta}_{it+i}+\xi_2\bar{\eta}_{it+i-1}+\eta_{it+i+1}-\eta_{it+i} \\
&= (\alpha_1-\alpha_2)-(\xi_1 a_1-\xi_2 a_2)-\lambda\xi_2 Y_{it+i} \\
&\quad +(\xi_1-\xi_2)\left(\frac{Y_{it+i+1}-\alpha_1+\xi_1 a_1-\eta_{it+i+1}}{\xi_1}\right)+\eta_{it+i+1}-\eta_{it+i}
\end{aligned}
\tag{4.43}
$$

$$
\Rightarrow Y_{it+i+1}=\frac{\xi_1(1-\lambda\xi_2)}{\xi_2}Y_{it+i}+\frac{\xi_2\alpha_1-\xi_1\alpha_2+\xi_1\xi_2(a_2-a_1)+\xi_2\eta_{it+i+1}-\xi_1\eta_{it+i}}{\xi_2}
$$

综合式(4.40)～式(4.43)，可得到

$$
Y_{it+i+1}=\frac{\xi_1(1-\lambda\xi_2)}{\xi_2}Y_{it+i}+\frac{\xi_2\alpha_1-\xi_1\alpha_2+\xi_1\xi_2(a_2-a_1)+\xi_2\eta_{it+i+1}-\xi_1\eta_{it+i}}{\xi_2}
$$

$$
\begin{aligned}
Y_{it+j+1} &= \frac{\xi_2}{\xi_1}(1-\lambda\xi_1)^j Y_{it+1}+\frac{\xi_2}{\xi_1}\sum_{m=0}^{j-2}(1-\lambda\xi_1)^{m+1}\left(\eta_{it+j-m}-\eta_{it+j-1-m}\right) \\
&\quad +\frac{\xi_1\alpha_2-\xi_2\alpha_1+\xi_1\xi_2(a_1-a_2)+\xi_1\eta_{it+j+1}-\xi_2\eta_{it+j}}{\xi_1}
\end{aligned}
$$

$$
\begin{aligned}
Y_{it+i} &= \frac{\xi_2}{\xi_1}(1-\lambda\xi_1)^j(1-\lambda\xi_2)^{i-j-1}Y_{it+1}+\frac{\xi_2}{\xi_1}(1-\lambda\xi_2)^{i-j-1}\sum_{m=0}^{j-2}(1-\lambda\xi_1)^{m+1}(\eta_{it+j-m}-\eta_{it+j-1-m}) \\
&\quad +(1-\lambda\xi_2)^{i-j-1}\frac{\xi_1\alpha_2-\xi_2\alpha_1+\xi_1\xi_2(a_1-a_2)}{\xi_1}+(1-\lambda\xi_2)^{i-j-1}\left(\eta_{it+j+1}-\frac{\xi_2}{\xi_1}\eta_{it+j}\right) \\
&\quad +\sum_{m=0}^{i-j-2}(1-\lambda\xi_2)^m(\eta_{it+i-m}-\eta_{it+i-1-m})
\end{aligned}
$$

$$
\begin{aligned}
Y_{it+i+1} &= (1-\lambda\xi_1)^j(1-\lambda\xi_2)^{i-j}Y_{it+1}+(1-\lambda\xi_2)^{i-j}\sum_{m=0}^{j-2}(1-\lambda\xi_1)^{m+1}(\eta_{it+j-m}-\eta_{it+j-1-m}) \\
&\quad +(1-\lambda\xi_2)^{i-j}\frac{\xi_1\alpha_2-\xi_2\alpha_1+\xi_1\xi_2(a_1-a_2)}{\xi_2}+(1-\lambda\xi_2)^{i-j}\left(\frac{\xi_1}{\xi_2}\eta_{it+j+1}-\eta_{it+j}\right) \\
&\quad +\frac{\xi_1}{\xi_2}\sum_{m=0}^{i-j-2}(1-\lambda\xi_2)^{m+1}(\eta_{it+i-m}-\eta_{it+i-1-m}) \\
&\quad +\frac{\xi_2\alpha_1-\xi_1\alpha_2+\xi_1\xi_2(a_2-a_1)+\xi_2\eta_{it+i+1}-\xi_1\eta_{it+i}}{\xi_2}
\end{aligned}
$$

假设 $q_1=1-\lambda\xi_1$，$q_2=1-\lambda\xi_2$，$Q={q_2}^{i-j}{q_1}^{j}$，$p_{tw}=(1-\lambda\xi_2)^{i-j}\left[\frac{\xi_1\alpha_2-\xi_2\alpha_1}{\xi_2}+\xi_1(a_1-a_2)\right]+\frac{\xi_2\alpha_1-\xi_1\alpha_2}{\xi_2}-\xi_1(a_1-a_2)$，则可以推导出使用基于机台的控制方法

时在任何干扰模式下的 AMSE 通式：

$$
\begin{aligned}
Y_{it+i+1} &= p_{tw} + QY_{it+1} + q_2^{i-j}\sum_{m=0}^{j-2} q_1^{m+1}\left(\eta_{it+j-m} - \eta_{it+j-1-m}\right) + \frac{\xi_1}{\xi_2} q_2^{i-j}\left(\eta_{it+j+1} - \frac{\xi_2}{\xi_1}\eta_{it+j}\right) \\
&\quad + \frac{\xi_1}{\xi_2}\sum_{m=0}^{i-j-2} q_2^{m+1}\left(\eta_{it+j-m} - \eta_{it+j-m-1}\right) + \left(\eta_{it+i+1} - \frac{\xi_1}{\xi_2}\eta_{it+i}\right) \\
&= QY_1 + \sum_{k=0}^{t-1} Q^k p_{tw} + \sum_{k=0}^{t-1} Q^k \Bigg[q_2^{i-j}\sum_{m=0}^{j-2} q_1^{m+1}\left(\eta_{it+j-m-ki} - \eta_{it+j-m-1-ki}\right) \\
&\quad + \frac{\xi_1}{\xi_2} q_2^{i-j}\left(\eta_{it+j+1-ki} - \frac{\xi_2}{\xi_1}\eta_{it+j-ki}\right) + \frac{\xi_1}{\xi_2}\sum_{m=0}^{i-j-2} q_2^{m+1}\left(\eta_{it+j-m-ki} - \eta_{it+j-m-1-ki}\right) \\
&\quad + \left(\eta_{it+i+1-ki} - \frac{\xi_1}{\xi_2}\eta_{it+i-ki}\right)\Bigg] \\
&= \frac{p_{tw}}{1-Q} + \sum_{k=0}^{t-1} Q^k \Bigg\{ q_2^{i-j}\sum_{m=0}^{j-2}\Bigg[q_1^{m+1}\left(\eta_{it+j-m-ki} - \eta_{it+j-m-1-ki}\right) \\
&\quad + \frac{\xi_1}{\xi_2} q_2^{i-j}\left(\eta_{it+j+1-ki} - \frac{\xi_2}{\xi_1}\eta_{it+j-ki}\right) \\
&\quad + \frac{\xi_1}{\xi_2}\sum_{m=0}^{i-j-2} q_2^{m+1}\left(\eta_{it+j-m-ki} - \eta_{it+j-m-1-ki}\right) + \left(\eta_{it+i+1-ki} - \frac{\xi_1}{\xi_2}\eta_{it+i-ki}\right)\Bigg]\Bigg\}
\end{aligned}
\tag{4.44}
$$

接下来，分别就噪声干扰和 IMA(1,1) 干扰，对式(4.44)进行进一步的探讨。

1) 制程干扰为白噪声

当制程干扰为噪声时，$\eta_t = \varepsilon_t$，将其代入式(4.44)，得到

$$
\begin{aligned}
& Y_{it+i+1} \\
&= \frac{p_{tw}}{1-Q} + \sum_{k=0}^{t-1} Q^k \Bigg[q_2^{i-j}\sum_{m=0}^{j-2} q_1^{m+1}\left(\eta_{it+j-m-ki} - \eta_{it+j-m-1-ki}\right) + \frac{\xi_1}{\xi_2} q_2^{i-j}\left(\eta_{it+j+1-ki} - \frac{\xi_2}{\xi_1}\eta_{it+j-ki}\right) \\
&\quad + \frac{\xi_1}{\xi_2}\sum_{m=0}^{i-j-2} q_2^{m+1}\left(\eta_{it+j-m-ki} - \eta_{it+j-m-1-ki}\right) + \left(\eta_{it+i+1-ki} - \frac{\xi_1}{\xi_2}\eta_{it+i-ki}\right)\Bigg] \\
&= \frac{p_{tw}}{1-Q} + \sum_{k=0}^{t-1} Q^k \Bigg[q_2^{i-j}\sum_{m=0}^{j-2} q_1^{m+1}\left(\varepsilon_{it+j-m-ki} - \varepsilon_{it+j-m-1-ki}\right) + \frac{\xi_1}{\xi_2} q_2^{i-j}\left(\varepsilon_{it+j+1-ki} - \frac{\xi_2}{\xi_1}\varepsilon_{it+j-ki}\right) \\
&\quad + \frac{\xi_1}{\xi_2}\sum_{m=0}^{i-j-2} q_2^{m+1}\left(\varepsilon_{it+j-m-ki} - \varepsilon_{it+j-m-1-ki}\right) + \left(\varepsilon_{it+i+1-ki} - \frac{\xi_1}{\xi_2}\varepsilon_{it+i-ki}\right)\Bigg]
\end{aligned}
$$

$$=\frac{p_{tw}}{1-Q}+\sum_{k=0}^{t-1}Q^k\left\{q_2^{i-j}\left[-\gamma_1 q_1^{j-1}\varepsilon_{it+1-ki}+\sum_{m=1}^{j-2}q_1^m(q_1-1)\varepsilon_{it+j-m-ki}+(\gamma_1 q_1-1)\varepsilon_{it+j-ki}\right]\right.$$
$$\left.+\frac{\xi_1}{\xi_2}\left[q_2^{i-j-1}(q_2-\gamma_2)\varepsilon_{it+j+1-ki}+\sum_{m=1}^{i-j-2}q_2^m(q_2-1)\varepsilon_{it+i-m-ki}+(\gamma_2 q_2-1)\varepsilon_{it+i-ki}\right]+\varepsilon_{it+i+1-ki}\right\}$$

式中，$\gamma_1=\begin{cases}1, & j\geqslant 2\\ 0, & j<2\end{cases}$；$\gamma_2=\begin{cases}1, & i-j\geqslant 2\\ 0, & i-j<2\end{cases}$。那么，有

$$\lim_{t\to\infty}E\left(Y_{it+i+1}^2\right)$$
$$=\left(\frac{p_{tw}}{1-Q}\right)^2+\sum_{k=0}^{\infty}\sum_{k'=0}^{\infty}Q^{k+k'}\lim_{t\to\infty}E\left(\left\{q_2^{i-j}\left[-\gamma_1 q_1^{j-1}\varepsilon_{it+1-ki}+\sum_{m=1}^{j-2}q_1^m(q_1-1)\varepsilon_{it+j-m-ki}+(\gamma_1 q_1-1)\varepsilon_{it+j-ki}\right]\right.\right.$$
$$+\frac{\xi_1}{\xi_2}\left[q_2^{i-j-1}(q_2-\gamma_2)\varepsilon_{it+j+1-ki}+\sum_{m=1}^{i-j-2}q_2^m(q_2-1)\varepsilon_{it+i-m-ki}+(\gamma_2 q_2-1)\varepsilon_{it+i-ki}\right]$$
$$\left.+\varepsilon_{it+i+1-ki}\right\}\left\{q_2^{i-j}\left[-\gamma_1 q_1^{j-1}\varepsilon_{it+1-k'i}+\sum_{m=1}^{j-2}q_1^m(q_1-1)\varepsilon_{it+j-m-k'i}+(\gamma_1 q_1-1)\varepsilon_{it+j-k'i}\right]\right.$$
$$\left.\left.+\frac{\xi_1}{\xi_2}\left[q_2^{i-j-1}(q_2-\gamma_2)\varepsilon_{it+j+1-k'i}+\sum_{m=1}^{i-j-2}q_2^m(q_2-1)\varepsilon_{it+i-m-k'i}+(\gamma_2 q_2-1)\varepsilon_{it+i-k'i}\right]+\varepsilon_{it+i+1-k'i}\right\}\right)$$

$$\lim_{t\to\infty}E\left(\left\{q_2^{i-j}\left[-\gamma_1 q_1^{j-1}\varepsilon_{it+1-ki}+\sum_{m=1}^{j-2}q_1^m(q_1-1)\varepsilon_{it+j-m-ki}+(\gamma_1 q_1-1)\varepsilon_{it+j-ki}\right]\right.\right.$$
$$+\frac{\xi_1}{\xi_2}\left[q_2^{i-j-1}(q_2-\gamma_2)\varepsilon_{it+j+1-ki}+\sum_{m=1}^{i-j-2}q_2^m(q_2-1)\varepsilon_{it+i-m-ki}+(\gamma_2 q_2-1)\varepsilon_{it+i-ki}\right]$$
$$\left.+\varepsilon_{it+i+1-ki}\right\}\left\{q_2^{i-j}\left[-\gamma_1 q_1^{j-1}\varepsilon_{it+1-k'i}+\sum_{m=1}^{j-2}q_1^m(q_1-1)\varepsilon_{it+j-m-k'i}+(\gamma_1 q_1-1)\varepsilon_{it+j-k'i}\right]\right.$$
$$+\frac{\xi_1}{\xi_2}\left[q_2^{i-j-1}(q_2-\gamma_2)\varepsilon_{it+j+1-k'i}+\sum_{m=1}^{i-j-2}q_2^m(q_2-1)\varepsilon_{it+i-m-k'i}+(\gamma_2 q_2-1)\varepsilon_{it+i-k'i}\right]$$
$$\left.\left.+\varepsilon_{it+i+1-k'i}\right\}\right)$$
$$=\begin{cases}S_w\sigma^2, & k=k'\\ -q_2^{i-j}q_1^{j-1}\sigma^2, & |k-k'|=1\\ 0, & |k-k'|\geqslant 2\end{cases}$$

式中，

$$S_w = q_2^{2i-2j}\left[1+2\gamma_1\frac{q_1\left(q_1^{2j-1}-1\right)}{1+q_1}\right]+\left(\frac{\xi_1}{\xi_2}\right)^2\left[1+q_2^{2i-2j}-(1-\gamma_2)q_2^{i-j}-2\gamma_2\frac{q_2\left(1+q_2^{2i-2j-1}\right)}{1+q_2}\right]+1$$

综合上述结果，可将具有复杂规律的双产品制程使用基于机台的控制方法时，在白噪声干扰作用下的 AMSE 表示成

$$\begin{aligned}\lim_{t\to\infty}E\left(Y_{it+i+1}^2\right)&=\left(\frac{p_{tw}}{1-Q}\right)^2+\sum_{k=0}^{\infty}Q^{2k}\left(S_w\sigma^2\right)+\sum_{k=0}^{\infty}Q^{2k+1}\left(-2q_2^{i-j}q_1^{j-1}\sigma^2\right)\\&=\left(\frac{P_{tw}}{1-Q}\right)^2+\frac{S_w}{1-Q^2}\sigma^2-2\frac{q_2^{i-j}q_1^{j-1}Q}{1-Q^2}\sigma^2\\&=\left(\frac{P_{tw}}{1-Q}\right)^2+\frac{S_w-2q_2^{i-j}q_1^{j-1}Q}{1-Q^2}\sigma^2\end{aligned}\tag{4.45}$$

图 4.13 显示了式(4.45)在白噪声干扰（$\sigma=1$）作用，以及不同模型不匹配参数 ξ_1 和 ξ_2 下 EWMA 控制器参数 λ 的调控对 AMSE 的影响（$i=10, j=7$）。可以发现模拟的结果和推导出的公式结论相符，在白噪声干扰下，批间控制似乎也没有使用的必要，最小的 AMSE 都落在 $\lambda=0$ 上。

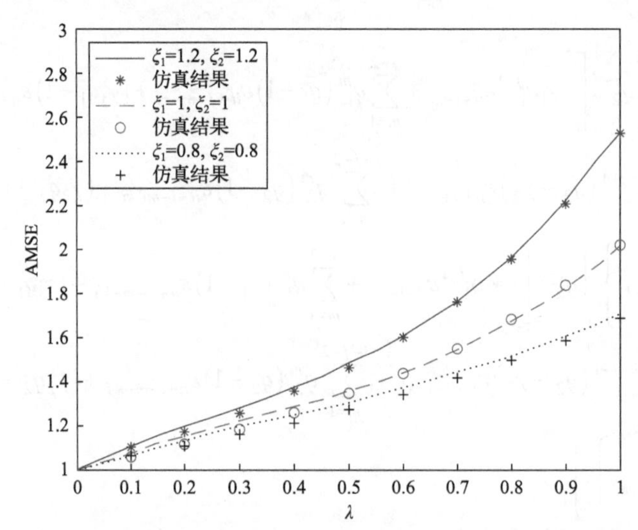

图 4.13 具有复杂规律的双产品制程使用基于机台的控制方法时在白噪声作用下产品 1 的 AMSE（$i=10, j=7$）

2）制程干扰为带有漂移的 IMA(1,1)

当制程干扰为带有漂移的 IMA(1,1)时，$\eta_t=\eta_{t-1}-\theta\varepsilon_{t-1}+\varepsilon_t+\delta$，假设 $\eta_0=0$，可以将制程干扰展开成

$$\eta_t = t\delta + (1-\theta)(\varepsilon_1 + \varepsilon_2 + \cdots + \varepsilon_{t-1}) + \varepsilon_t \tag{4.46}$$

所以，有

$$\begin{aligned}
\eta_{it+j+1-ki} - \frac{\xi_2}{\xi_1}\eta_{it+j-ki} &= \frac{1}{\xi_1}\left(\xi_1\eta_{it+j+1-ki} - \xi_2\eta_{it+j-ki}\right) \\
&= \frac{1}{\xi_1}\Big[(it+j+1-ki)\xi_1\delta + (1-\theta)\xi_1\left(\xi_1+\xi_2+\cdots+\xi_{it+j-ki}\right) \\
&\quad + \xi_1\varepsilon_{it+j-ki+1} - (it+j-ki)\xi_2\delta + (1-\theta)\xi_2\left(\xi_1+\xi_2+\cdots\right. \\
&\quad \left.+\xi_{it+j-ki-1}\right) + \xi_1\varepsilon_{it+j-ki+1}\Big] \\
&= \frac{1}{\xi_1}\Big\{\left[(it+j-ki)\left(\xi_1-\xi_2\right)+\xi_1\right]\delta \\
&\quad + (1-\theta)\left(\xi_1-\xi_2\right)\left(\varepsilon_1+\varepsilon_2+\cdots+\varepsilon_{it+j-ki-1}\right) \\
&\quad + \left[(1-\theta)\xi_1 - \xi_2\right]\varepsilon_{it+j-ki} + \xi_1\varepsilon_{it+j-ki-1}\Big\}
\end{aligned} \tag{4.47}$$

当 $\xi_1 \neq \xi_2$ 时，$t\to\infty$，$\eta_{it+j+1-ki} - \frac{\xi_2}{\xi_1}\eta_{it+j-ki} \to \infty$，$Y_{it+i+1}\to\infty$，$Y_{it+i+1}\to\infty$，即最后结果会发散，使得系统输出不能稳定。当 $\xi_1 = \xi_2$ 时，可推得定理 4.1。

定理 4.1 当 $\xi_1 = \xi_2$ 时，具有复杂规律的双产品制程使用基于机台的控制方法，在带有漂移的 IMA(1,1) 干扰作用下每次循环的第 1 个产品的 AMSE 可以表示成

$$\lim_{t\to\infty} E\left(Y_{it+i+1}^2\right) = \left(\frac{p_{tw} + S_{id}\delta}{1-Q}\right)^2 + \frac{S_i - 2q_2^{i-j}q_1^{j-1}Q\theta}{1-Q^2}\sigma^2 \tag{4.48}$$

式中，$q_1 = 1-\lambda\xi_1$，$q_2 = 1-\lambda\xi_2$，$Q = q_2^{i-j}q_1^j$，$p_{tw} = (1-\lambda\xi_2)^{i-j}\left[\frac{\xi_1\alpha_2 - \xi_2\alpha_1}{\xi_2} + \xi_1(a_1 - a_2)\right] + \frac{\xi_2\alpha_1 - \xi_1\alpha_2}{\xi_2} - \xi_1(a_1 - a_2)$，$S_i = q_2^{2i-2j}\left[\gamma_1 q_1^{2j-2}\theta^2 + \gamma_1\frac{(q_1-\theta)^2\left(q_1^2 - q_1^{2j-2}\right)}{1-q_1^2} + (\gamma_1 q_1 - \theta)^2 + \left(\frac{q_2 - \gamma_2\theta}{q_2}\right)^2\right] + \gamma_2\frac{(q_2-\theta)^2\left(q_2^2 - q_2^{2i-2j-2}\right)}{1-q_2^2} + (\gamma_2 q_2 - \theta)^2 + 1$，$\gamma_1 = \begin{cases}1, & j \geqslant 2\\ 0, & j < 2\end{cases}$，$\gamma_2 = \begin{cases}1, & i-j \geqslant 2\\ 0, & i-j < 2\end{cases}$。

证明 当 $\xi_1 = \xi_2$ 时，得到

$$
\begin{aligned}
Y_{it+i+1} &= \frac{p_{tw}}{1-Q} + \sum_{k=0}^{t-1} Q^k \left[q_2^{i-j} \sum_{m=0}^{j-2} q_1^{m+1} \left(\eta_{it+j-m-ki} - \eta_{it+j-m-1-ki} \right) \right. \\
&\quad + \frac{\xi_1}{\xi_2} q_2^{i-j} \left(\eta_{it+j+1-ki} - \frac{\xi_2}{\xi_1} \eta_{it+j-ki} \right) + \frac{\xi_1}{\xi_2} \sum_{m=0}^{i-j-2} q_2^{m+1} \left(\eta_{it+j-m-ki} - \eta_{it+j-m-1-ki} \right) \\
&\quad \left. + \left(\eta_{it+i+1-ki} - \frac{\xi_1}{\xi_2} \eta_{it+i-ki} \right) \right] \\
&= \frac{p_{tw}}{1-Q} + \sum_{k=0}^{t-1} Q^k \left[\left(q_2^{i-j} \frac{1-q_1^j}{1-q_1} + \frac{1-q_2^{i-j}}{1-q_2} \right) \delta \right. \\
&\quad + q_2^{i-j} \sum_{m=0}^{j-2} q_1^{m+1} \left(\varepsilon_{it+j-m-ki} - \theta \varepsilon_{it+j-m-1-ki} \right) + q_2^{i-j} \left(\varepsilon_{it+j+1-ki} - \theta \varepsilon_{it+j-ki} \right) \\
&\quad \left. + \sum_{m=0}^{i-j-2} q_2^{m+1} \left(\varepsilon_{it+i-m-ki} - \theta \varepsilon_{it+i-m-1-ki} \right) + \left(\varepsilon_{it+i+1-ki} - \theta \varepsilon_{it+i-ki} \right) \right] \\
&= \frac{p_{tw}}{1-Q} + \sum_{k=0}^{t-1} Q^k \left\{ \left(q_2^{i-j} \frac{1-q_1^j}{1-q_1} + \frac{1-q_2^{i-j}}{1-q_2} \right) \delta + q_2^{i-j} \left[-\gamma_1 q_1^{j-1} \theta \varepsilon_{it+1-ki} \right. \right. \\
&\quad \left. + \sum_{m=1}^{j-2} q_1^m \left(q_1 - \theta \right) \varepsilon_{it+j-m-ki} \right] + q_2^{i-j} \left(\gamma_1 q_1 - \theta \right) \varepsilon_{it+j-ki} + q_2^{i-j-1} \left(q_2 - \gamma_2 \theta \right) \varepsilon_{it+j+1-ki} \\
&\quad \left. + \sum_{m=1}^{i-j-2} q_2^m \left(q_2 - \theta \right) \varepsilon_{it+i-m-ki} + \left(\gamma_2 q_2 - \theta \right) \varepsilon_{it+i-ki} + \varepsilon_{it+i+1-ki} \right\}
\end{aligned}
$$

令 $S_{id} = q_2^{i-j} \dfrac{1-q_1^j}{1-q_1} + \dfrac{1-q_2^{i-j}}{1-q_2}$，有

$$
\begin{aligned}
&\lim_{t\to\infty} E\left(Y_{it+i+1}^2 \right) \\
&= \left(\frac{p_{tw} + S_{id}\delta}{1-Q} \right)^2 + \sum_{k=0}^{\infty} \sum_{k'=0}^{\infty} Q^{k+k'} \lim_{t\to\infty} E\left(\left\{ q_2^{i-j} \left[-\gamma_1 q_1^{j-1} \theta \varepsilon_{it+1-ki} + \sum_{m=1}^{j-2} q_1^m \left(q_1 - \theta \right) \varepsilon_{it+j-m-ki} \right. \right. \right. \\
&\quad \left. + q_2^{i-j} \left(\gamma_1 q_1 - \theta \right) \varepsilon_{it+j-ki} \right] + q_2^{i-j-1} \left(q_2 - \gamma_2 \theta \right) \varepsilon_{it+j+1-ki} + \sum_{m=1}^{i-j-2} q_2^m \left(q_2 - \theta \right) \varepsilon_{it+i-m-ki} \\
&\quad \left. + \left(\gamma_2 q_2 - \theta \right) \varepsilon_{it+i-ki} + \varepsilon_{it+i+1-ki} \right\} \left\{ q_2^{i-j} \left[-\gamma_1 q_1^{j-1} \theta \varepsilon_{it+1-k'i} + \sum_{m=1}^{j-2} q_1^m \left(q_1 - \theta \right) \varepsilon_{it+j-m-k'i} \right. \right. \\
&\quad \left. + q_2^{i-j} \left(\gamma_1 q_1 - \theta \right) \varepsilon_{it+j-k'i} \right] + q_2^{i-j-1} \left(q_2 - \gamma_2 \theta \right) \varepsilon_{it+j+1-k'i}
\end{aligned}
$$

$$+\sum_{m=1}^{i-j-2} q_2^m (q_2-\theta)\varepsilon_{it+i-m-k'i} + (\gamma_2 q_2-\theta)\varepsilon_{it+i-k'i} + \varepsilon_{it+i+1-k'i}\Bigg\}\Bigg)$$

$$\lim_{t\to\infty} E\Bigg(\Bigg\{q_2^{i-j}\left[-\gamma_1 q_1^{j-1}\theta\varepsilon_{it+1-ki} + \sum_{m=1}^{j-2} q_1^m (q_1-\theta)\varepsilon_{it+j-m-ki} + q_2^{i-j}(\gamma_1 q_1-\theta)\varepsilon_{it+j-ki}\right]$$

$$+q_2^{i-j-1}(q_2-\gamma_2\theta)\varepsilon_{it+j+1-ki} + \sum_{m=1}^{i-j-2} q_2^m (q_2-\theta)\varepsilon_{it+i-m-ki} + (\gamma_2 q_2-\theta)\varepsilon_{it+i-ki}$$

$$+\varepsilon_{it+i+1-ki}\Bigg\}\Bigg\{q_2^{i-j}\left[-\gamma_1 q_1^{j-1}\theta\varepsilon_{it+1-k'i} + \sum_{m=1}^{j-2} q_1^m (q_1-\theta)\varepsilon_{it+j-m-k'i}\right]$$

$$+q_2^{i-j}(\gamma_1 q_1-\theta)\varepsilon_{it+j-k'i} + q_2^{i-j-1}(q_2-\gamma_2\theta)\varepsilon_{it+j+1-k'i}$$

$$+\sum_{m=1}^{i-j-2} q_2^m (q_2-\theta)\varepsilon_{it+i-m-k'i} + (\gamma_2 q_2-\theta)\varepsilon_{it+i-k'i} + \varepsilon_{it+i+1-k'i}\Bigg\}\Bigg)$$

$$=\begin{cases} S_i\sigma^2, & k=k' \\ -q_2^{i-j} q_1^{j-1}\theta\sigma^2, & |k-k'|=1 \\ 0, & |k-k'|\geqslant 2 \end{cases}$$

式中，

$$S_i = q_2^{2i-2j}\left[\gamma_1 q_1^{2j-2}\theta^2 + \gamma_1 \frac{(q_1-\theta)^2\left(q_1^2-q_1^{2j-2}\right)}{1-q_1^2} + (\gamma_1 q_1-\theta)^2 + \left(\frac{q_2-\gamma_2\theta}{q_2}\right)^2\right]$$

$$+\gamma_2 \frac{(q_2-\theta)^2\left(q_2^2-q_2^{2i-2j-2}\right)}{1-q_2^2} + (\gamma_2 q_2-\theta)^2 + 1$$

$$\gamma_1 = \begin{cases} 1, & j\geqslant 2 \\ 0, & j<2 \end{cases},\quad \gamma_2 = \begin{cases} 1, & i-j\geqslant 2 \\ 0, & i-j<2 \end{cases}$$

综合上述结果，可以得到

$$\lim_{t\to\infty} E\left(Y_{it+i+1}^2\right) = \left(\frac{p_{tw}+S_{id}\delta}{1-Q}\right)^2 + \sum_{t=0}^{t-1} Q^{2k}\left(S_i\sigma^2\right) + \sum_{k=0}^{t-2} Q^{2k+1}\left(-2q_2^{i-j} q_1^{j-1}\theta\sigma^2\right)$$

$$= \left(\frac{p_{tw}+S_{id}\delta}{1-Q}\right)^2 + \frac{S_i}{1-Q^2}\sigma^2 - 2\times\frac{q_2^{i-j} q_1^{j-1} Q}{1-Q^2}\theta\sigma^2$$

$$= \left(\frac{p_{tw}+S_{id}\delta}{1-Q}\right)^2 + \frac{S_i - 2q_2^{i-j} q_1^{j-1} Q\theta}{1-Q^2}\sigma^2$$

图 4.14 显示了式(4.16)在带有漂移的 IMA(1,1) 干扰($\sigma=1,\ \theta=0.5,\ \delta=0.01$)作用，以及不同模型不匹配参数 ξ_1 和 ξ_2 下 EWMA 控制器参数 λ 的调控对 AMSE 的影响($i=10, j=7$)。可以发现模拟的结果和推导出的公式结论相同，与图 4.13 相比，当产品制程有非稳态的干扰时，批间控制确实可以发挥作用($\lambda_{\mathrm{opt}}=0.5$)。

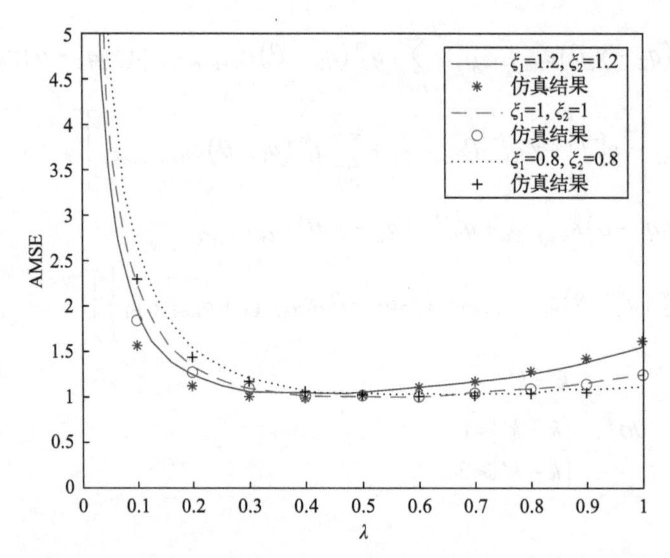

图 4.14 具有复杂规律的双产品制程使用基于机台的控制方法时在 IMA(1,1) 干扰作用下产品 1 的 AMSE($i=10, j=7$)

之前的讨论都是以每个产品循环的第 1 个产品来进行控制。接下来，对产品循环的第 $n(1\leqslant n\leqslant j)$ 个产品进行控制，求出其输出的数学通式，比较两者的控制结果是否相同。

定理 4.2 产品循环的第 $n(1\leqslant n\leqslant j)$ 个产品的 AMSE 可以表示为

$$\lim_{t\to\infty}E\left(Y_{it+i+n}^2\right)=\left[\frac{p_{tw}q_1^{n-1}}{1-Q}+\left(\frac{1-q_1^{n-1}}{1-q_1}+\frac{q_1^{n-1}S_{id}}{1-Q}\right)\delta\right]^2+\gamma_3\left[1+\left(q_1-\theta\right)^2\frac{1-q_1^{2n-4}}{1-q_1^2}\right.$$
$$\left.+q_1^{2n-4}\theta^2-2q_1^{2n-3}\theta\right]\sigma^2+\frac{q_1^{2n-2}S_{ti}-2q_1^{i+2n-3}Q\theta}{1-Q^2}\sigma^2 \tag{4.49}$$

式中，$q_1=1-\lambda\xi_1$，$q_2=1-\lambda\xi_2$，$Q=q_2^{i-j}q_1^j$，

$$p_{tw} = (1-\lambda\xi_2)^{i-j}\left[\frac{\xi_1\alpha_2 - \xi_2\alpha_1}{\xi_2} + \xi_1(a_1 - a_2)\right] + \frac{\xi_2\alpha_1 - \xi_1\alpha_2}{\xi_2} - \xi_1(a_1 - a_2)$$

$$S_{ti} = q_1^{2i-2j}\left[\gamma_1 q_1^{2j-2}\theta^2 + \gamma_1\frac{(q_1-\theta)^2\left(q_1^2 - q_1^{2j-2}\right)}{1-q_1^2} + (\gamma_1 q_1 - \theta)^2 + \left(\frac{q_1 - \gamma_2\theta}{q_1}\right)^2\right]$$
$$+\gamma_2\frac{(q_1-\theta)^2\left(q_1^2 - q_1^{2i-2j-2}\right)}{1-q_1^2} + (\gamma_2 q_1 - \theta)^2 + 1$$

$$\gamma_1 = \begin{cases}1, & j \geqslant 2\\ 0, & j < 2\end{cases},\quad \gamma_2 = \begin{cases}1, & i-j \geqslant 2\\ 0, & i-j < 2\end{cases},\quad \gamma_3 = \begin{cases}1, & n \geqslant 2\\ 0, & n < 2\end{cases}$$

证明　由定理 4.1 的证明得知

$$\begin{aligned}
&Y_{it+i+1}\\
&= \frac{p_{tw} + S_{id}\delta}{1-Q} + \sum_{k=0}^{t-1} Q^k \left\{ q_2^{i-j}\left[-\gamma_1 q_1^{j-1}\theta\varepsilon_{it+1-ki} + \sum_{m=1}^{j-2} q_1^m (q_1-\theta)\varepsilon_{it+j-m-ki}\right]\right.\\
&\quad + q_2^{i-j}(\gamma_1 q_1 - \theta)\varepsilon_{it+j-ki} + q_2^{i-j-1}(q_2 - \gamma_2\theta)\varepsilon_{it+j+1-ki}\\
&\quad \left. + \sum_{m=1}^{i-j-2} q_2^m (q_2-\theta)\varepsilon_{it+i-m-ki} + (\gamma_2 q_2 - \theta)\varepsilon_{it+i-ki} + \varepsilon_{it+i+1-ki}\right\}
\end{aligned}$$

所以，有

$$\begin{aligned}
&Y_{it+i+n}\\
&= q_1^{n-1} Y_{it+i+1} + \sum_{m=0}^{n-2} q_1^m \left(\eta_{it+i+n-m} - \eta_{it+i+n-m-1}\right)\\
&= \frac{p_{tw} q_1^{n-1}}{1-Q} + \left(\frac{1-q_1^{n-1}}{1-q_1} + \frac{q_1^{n-1} S_{id}}{1-Q}\right)\delta + \gamma_3\varepsilon_{it+i+n-ki} + \sum_{m=0}^{n-3} q_1^m (q_1-\theta)\varepsilon_{it+i+n-1-m}\\
&\quad - \gamma_3 q_1^{n-2}\theta\varepsilon_{it+i+1} + q_1^{n-1}\sum_{k=0}^{t-1} Q^k \left\{ q_2^{i-j}\left[-\gamma_1 q_1^{j-1}\theta\varepsilon_{it+1-ki} + \sum_{m=1}^{j-2} q_1^m (q_1-\theta)\varepsilon_{it+j-m-ki}\right]\right.\\
&\quad + q_2^{i-j}(\gamma_1 q_1 - \theta)\varepsilon_{it+j-ki} + q_2^{i-j-1}(q_2 - \gamma_2\theta)\varepsilon_{it+j+1-ki} + \sum_{m=1}^{i-j-2} q_2^m (q_2-\theta)\varepsilon_{it+i-m-ki}\\
&\quad \left. + (\gamma_2 q_2 - \theta)\varepsilon_{it+i-ki} + \varepsilon_{it+i+1-ki}\right\}
\end{aligned}$$

$$
\begin{aligned}
&\lim_{t\to\infty} E\left(Y_{it+i+n}^2\right) \\
&=\left[\frac{p_{tw}q_1^{n-1}}{1-Q}+\left(\frac{1-q_1^{n-1}}{1-q_1}+\frac{q_1^{n-1}S_{id}}{1-Q}\right)\delta\right]^2+\gamma_3\left[1+(q_1-\theta)^2\frac{1-q_1^{2n-4}}{1-q_1^2}+q_1^{2n-4}\theta^2-2q_1^{2n-3}\theta\right]\sigma^2 \\
&+q_1^{2n-2}\sum_{k=0}^{t-1}\sum_{k'=0}^{t-1}Q^{k+k'}\lim_{t\to\infty}E\left\{q_2^{i-j}\left[-\gamma_1 q_1^{j-1}\theta\varepsilon_{it+1-ki}+\sum_{m=1}^{j-2}q_1^m(q_1-\theta)\varepsilon_{it+j-m-ki}\right]\right. \\
&+q_2^{i-j}(\gamma_1q_1-\theta)\varepsilon_{it+j-ki}+q_2^{i-j-1}(q_2-\gamma_2\theta)\varepsilon_{it+j+1-ki}+\sum_{m=1}^{i-j-2}q_2^m(q_2-\theta)\varepsilon_{it+i-m-ki} \\
&\left.+(\gamma_2q_2-\theta)\varepsilon_{it+i-ki}+\varepsilon_{it+i+1-ki}\right\}
\end{aligned}
$$

又由于

$$
\begin{aligned}
&\lim_{t\to\infty}E\left(\left\{q_2^{i-j}\left[-\gamma_1q_1^{j-1}\theta\varepsilon_{it+1-ki}+\sum_{m=1}^{j-2}q_1^m(q_1-\theta)\varepsilon_{it+j-m-ki}\right]+q_2^{i-j}(\gamma_1q_1-\theta)\varepsilon_{it+j-ki}\right.\right. \\
&\left.+q_2^{i-j-1}(q_2-\gamma_2\theta)\varepsilon_{it+j+1-ki}+\sum_{m=1}^{i-j-2}q_2^m(q_2-\theta)\varepsilon_{it+i-m-ki}+(\gamma_2q_2-\theta)\varepsilon_{it+i-ki}+\varepsilon_{it+i+1-ki}\right\} \\
&\times\left\{q_2^{i-j}\left[-\gamma_1q_1^{j-1}\theta\varepsilon_{it+1-k'i}+\sum_{m=1}^{j-2}q_1^m(q_1-\theta)\varepsilon_{it+j-m-k'i}\right]+q_2^{i-j}(\gamma_1q_1-\theta)\varepsilon_{it+j-k'i}\right. \\
&\left.\left.+q_2^{i-j-1}(q_2-\gamma_2\theta)\varepsilon_{it+j+1-k'i}+\sum_{m=1}^{i-j-2}q_2^m(q_2-\theta)\varepsilon_{it+i-m-k'i}+(\gamma_2q_2-\theta)\varepsilon_{it+i-k'i}+\varepsilon_{it+i+1-k'i}\right\}\right) \\
&=\begin{cases} S_{ti}\sigma^2, & k=k' \\ -q_1^{i-1}q_2^{i-j}\theta\sigma^2, & |k-k'|=1 \\ 0, & |k-k'|\geqslant 2 \end{cases}
\end{aligned}
$$

式中，

$$
\begin{aligned}
S_{ti}=q_1^{2i-2j}&\left[\gamma_1q_1^{2j-2}\theta^2+\gamma_1\frac{(q_1-\theta)^2\left(q_1^2-q_1^{2j-2}\right)}{1-q_1^2}+(\gamma_1q_1-\theta)^2+\left(\frac{q_1-\gamma_2\theta}{q_1}\right)^2\right] \\
&+\gamma_2\frac{(q_1-\theta)^2\left(q_1^2-q_1^{2i-2j-2}\right)}{1-q_1^2}+(\gamma_2q_1-\theta)^2+1
\end{aligned}
$$

综合上述结果，可以得到

$$\lim_{t\to\infty} E\left(Y_{it+i+n}^2\right)=\left[\frac{p_{tw}q_1^{n-1}}{1-Q}+\left(\frac{1-q_1^{n-1}}{1-q_1}+\frac{q_1^{n-1}S_{id}}{1-Q}\right)\delta\right]^2+\gamma_3\left[1+\left(q_1-\theta\right)^2\frac{1-q_1^{2n-4}}{1-q_1^2}\right.$$

$$\left.+q_1^{2n-4}\theta^2-2q_1^{2n-3}\theta\right]\sigma^2+q_1^{2n-2}\sum_{k=0}^{t-1}Q^{2k}\left(S_{ti}\sigma^2\right)$$

$$+q_1^{2n-2}\sum_{k=0}^{t-1}Q^{2k+1}\left(-2q_1^{i-1}q_2^{i-j}\theta\sigma^2\right)$$

$$=\left[\frac{p_{tw}q_1^{n-1}}{1-Q}+\left(\frac{1-q_1^{n-1}}{1-q_1}+\frac{q_1^{n-1}S_{id}}{1-Q}\right)\delta\right]^2+\gamma_3\left[1+\left(q_1-\theta\right)^2\frac{1-q_1^{2n-4}}{1-q_1^2}\right.$$

$$\left.+q_1^{2n-4}\theta^2-2q_1^{2n-3}\theta\right]\sigma^2+\frac{q_1^{2n-2}S_{ti}-2q_1^{i+2n-3}Q\theta}{1-Q^2}\sigma^2$$

图 4.15 显示了式(4.49)在带有漂移的 IMA(1,1)干扰($\sigma=1,\ \theta=0.5,\ \delta=0.01$)作用，以及不同模型不匹配参数 ξ_1 和 ξ_2 下 EWMA 控制器参数 λ 的调控对产品循环的第 3 个产品的 AMSE 的影响($i=10, j=7$)。可以发现模拟的结果和推导出的公式结论相符，与图 4.14($n=1$)相比，产品循环位置不同，也就是 n 的取值不同，所求得的 AMSE 也就不尽相同。

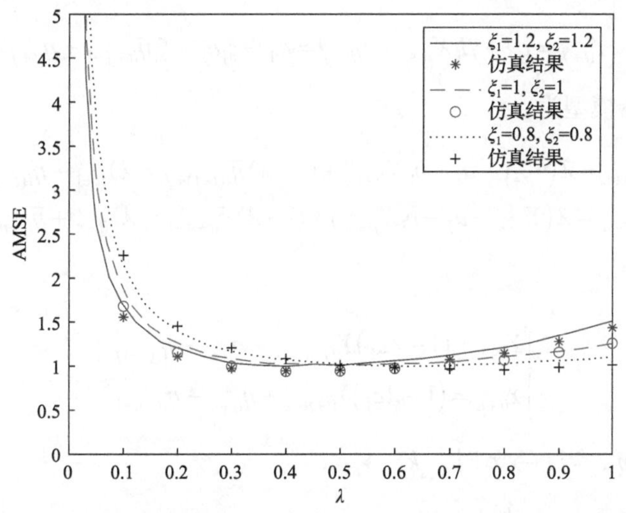

图 4.15　具有复杂规律的双产品制程使用基于机台的控制方法时在 IMA(1,1)干扰作用下产品 1($n=3$)的 AMSE($i=10, j=7$)

4.5.2　基于产品的控制方法

在基于产品的控制方法中，系统的数学表达式为

$$\text{对象}:\begin{cases} Y_{it+1}=\alpha_1+\beta_1 X_{it+1}+\eta_{it+1} \\ Y_{it+2}=\alpha_1+\beta_1 X_{it+2}+\eta_{it+2} \\ \vdots \\ Y_{it+j}=\alpha_1+\beta_1 X_{it+j}+\eta_{it+j} \end{cases} \tag{4.50}$$

$$\text{模型}:\begin{cases} Y_{it+1}=a_1+b_1 X_{it+1}+\overline{\eta}_{i(t-1)+j} \\ Y_{it+2}=a_1+b_1 X_{it+2}+\overline{\eta}_{it+1} \\ \vdots \\ Y_{it+j}=a_1+b_1 X_{it+j}+\overline{\eta}_{it+j-1} \end{cases} \tag{4.51}$$

$$\text{控制器}: X_{it+n}=\begin{cases} \dfrac{0-a_1-\overline{\eta}_{i(t-1)+j}}{b_1}, & n=1 \\ \dfrac{0-a_1-\overline{\eta}_{it+n-1}}{b_1}, & n=2,3,\cdots,j \end{cases} \tag{4.52}$$

综合式(4.50)～式(4.52)，得到

$$\begin{cases} Y_{it+1}=\alpha_1+\beta_1 X_{it+1}+\eta_{it+1}=\alpha_1-\xi_1 a_1-\xi_1\overline{\eta}_{i(t-1)+j}+\eta_{it+1} \\ Y_{it+2}=\alpha_1+\beta_1 X_{it+2}+\eta_{it+2}=\alpha_1-\xi_1 a_1-\xi_1\overline{\eta}_{it+1}+\eta_{it+2} \\ \vdots \\ Y_{it+j}=\alpha_1+\beta_1 X_{it+j}+\eta_{it+j}=\alpha_1-\xi_1 a_1-\xi_1\overline{\eta}_{it+j-1}+\eta_{it+j} \end{cases}$$

EWMA 控制器模型为

$$\begin{cases} \overline{\eta}_{it+1}=\lambda\left(Y_{it+1}-a_1-b_1 X_{it+1}\right)+(1-\lambda)\overline{\eta}_{i(t-1)+j}=\lambda Y_{it+1}+\overline{\eta}_{i(t-1)+j} \\ \overline{\eta}_{it+n}=\lambda\left(Y_{it+n}-a_1-b_1 X_{it+n}\right)+(1-\lambda)\overline{\eta}_{it+n-1}=\lambda Y_{it+n}+\overline{\eta}_{it+n-1} \end{cases} \tag{4.53}$$

可以得到

$$\begin{cases} Y_{it+1}=\left(1-\lambda\xi_1\right)Y_{i(t-1)+j}+\eta_{it+1}-\eta_{i(t-1)+j} \\ Y_{it+n}=\left(1-\lambda\xi_1\right)Y_{it+n-1}+\eta_{it+n}-\eta_{it+n-1} \end{cases}$$

假设 $k_0=jt+n$，当 $t\to\infty$ 时，$k_0\to\infty$，

$$\begin{aligned} Y_{it+n}&=\left(1-\lambda\xi_1\right)^{k_0}Y_0+\sum_{k=0}^{k_0-1}\left(1-\lambda\xi_1\right)^k\left(\eta_{it+n-(k/j)\times i-k\%j}-\eta_{it+n-(k/j)\times i-k\%j-m}\right) \\ &=\sum_{k=0}^{k_0-1}\left(1-\lambda\xi_1\right)^k\left(\eta_{f(k)}-\eta_{f(k)-m'}\right) \end{aligned} \tag{4.54}$$

式中，

$$\begin{cases} f(k)=it+n-(k/j)\times i-k\%j \\ m,m'=\begin{cases} i-j+1, & f(k)\%j=1 \\ 1, & f(k)\%j=0,2,3,\cdots,j-1 \end{cases} \end{cases}$$

那么，有

$$Y_{it+n}^2=\sum_{k=0}^{k_0-1}\sum_{k=0}^{k_0-1}(1-\lambda\xi_1)^{k+k'}\left(\eta_{f(k)}-\eta_{f(k)-m}\right)\left(\eta_{f(k')}-\eta_{f(k')-m'}\right) \tag{4.55}$$

因此，可以推导出具有复杂规律的双产品制程使用基于产品的控制方法时在任何干扰模式下的AMSE通式：

$$\lim_{k_0\to\infty}E\left(Y_{it+n}^2\right)=\sum_{k=0}^{\infty}\sum_{k'=0}^{\infty}(1-\lambda\xi_1)^{k+k'}\lim_{k_0\to\infty}E\left[\left(\eta_{f(k)}-\eta_{f(k)-m}\right)\left(\eta_{f(k')}-\eta_{f(k')-m'}\right)\right] \tag{4.56}$$

接下来，分别就噪声干扰和IMA(1,1)干扰，对式(4.56)进行进一步的探讨。

1)制程干扰为白噪声

当制程干扰为白噪声时，$\eta_t=\varepsilon_t$，将其代入式(4.56)，得到

$$\lim_{k_0\to\infty}E\left(Y_{it+n}^2\right)=\sum_{k=0}^{\infty}\sum_{k=0}^{\infty}(1-\lambda\xi_1)^{k+k'}\lim_{k_0\to\infty}E\left[\left(\varepsilon_{f(k)}-\varepsilon_{f(k)-m}\right)\left(\varepsilon_{f(k')}-\varepsilon_{f(k')-m'}\right)\right]$$

和

$$\lim_{k_0\to\infty}E\left[\left(\varepsilon_{f(k)}-\varepsilon_{f(k)-m}\right)\left(\varepsilon_{f(k')}-\varepsilon_{f(k')-m'}\right)\right]=\begin{cases} 2\sigma^2, & k=k' \\ -\sigma^2, & |k-k'|=1 \\ 0, & |k-k'|\geqslant 2 \end{cases}$$

综合上述结果，可将具有复杂规律的双产品制程使用基于产品的控制方法时在白噪声干扰下的AMSE表示如下：

$$\begin{aligned} \lim_{k_0\to\infty}E\left(Y_{it+n}^2\right)&=\sum_{k=0}^{\infty}\sum_{k=0}^{\infty}(1-\lambda\xi_1)^{k+k'}\lim_{k_0\to\infty}E\left[(\varepsilon_{f(k)}-\varepsilon_{f(k)-m})(\varepsilon_{f(k')}-\varepsilon_{f(k')-m'})\right] \\ &=\sum_{k=0}^{\infty}(1-\lambda\xi_1)^{2k}(2\sigma^2)+\sum_{k=0}^{\infty}(1-\lambda\xi_1)^{2k+1}(-2\sigma^2) \\ &=\frac{2}{2-\lambda\xi_1}\sigma^2 \end{aligned} \tag{4.57}$$

图4.16显示了式(4.57)在白噪声干扰($\sigma=1$)作用，以及不同模型不匹配参数ξ_1下EWMA控制器参数λ的调控对AMSE的影响($i=10, j=7$)。可以发现模拟

的结果和推导出的公式结论相符，在白噪声干扰下，批间控制似乎也没有使用的必要，最小的 AMSE 都落在 $\lambda=0$ 上。

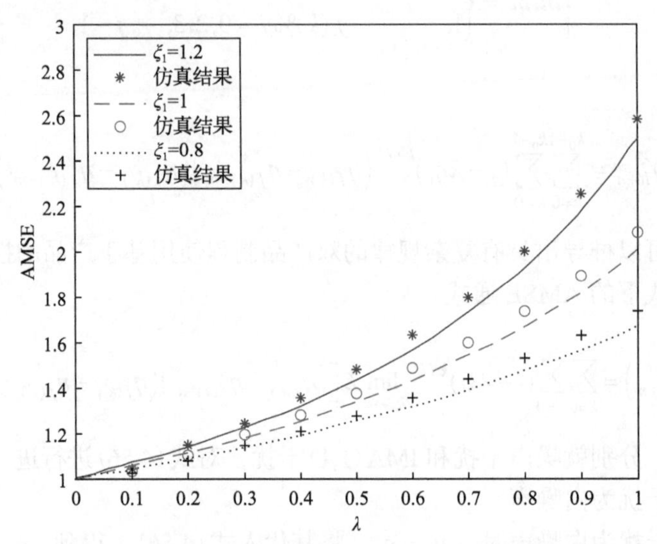

图 4.16　具有复杂规律的双产品制程使用基于产品的控制方法时在白噪声作用下产品 1 的 AMSE ($i=10, j=7$)

2) 制程干扰为带有漂移的 IMA(1,1)

当制程干扰为带有漂移的 IMA(1,1) 时，$\eta_t=\eta_{t-1}-\theta\varepsilon_{t-1}+\varepsilon_t+\delta$，有

$$\eta_{f(k)}-\eta_{f(k)-m}=\begin{cases}\delta+\varepsilon_{f(k)}-\theta\varepsilon_{f(k)-1}, & m=1\\ m\delta+\varepsilon_{f(k)}+(1-\theta)\varepsilon_{f(k)-1}+\cdots+(1-\theta)\varepsilon_{f(k)-m+1}-\theta\varepsilon_{f(k)-m}, & m\neq 1\end{cases} \tag{4.58}$$

定理 4.3　可将具有复杂规律的双产品制程使用基于产品的控制方法时，在带有漂移的 IMA(1,1) 干扰作用下每次循环的第 1 个产品的 AMSE 表示成

$$\lim_{t\to\infty}E\left(Y_{it+i+1}^2\right)=S_{pd1}\delta^2+\frac{S_{pi1}-2q_1^{2j-1}\theta}{1-q_1^{2j}}\sigma^2 \tag{4.59}$$

式中，

$$S_{pd1}=\left[\frac{(i-j+1)(1-q_1)+q_1(1-q_1^{j-1})}{(1-q_1^i)(1-q_1)}\right]^2$$

$$S_{pi1}=1+(1-\theta)^2(i-j)+\frac{(q_1-\theta)^2(1-q_1^{2j-2})}{1-q_1^2}+q_1^{2j-2}\theta^2$$

证明　由式(4.58)，假设$q_1 = 1-\lambda\xi_1$，可得

$$
\begin{aligned}
& Y_{it+i+1} \\
&= (1-\lambda\xi_1)^j Y_{it+1} + \left[\left(\eta_{it+i+1}-\eta_{it+j}\right) + \sum_{n=1}^{j-1}(1-\lambda\xi_1)^n\left(\eta_{it+i-n}-\eta_{it+j-n}\right)\right] \\
&= q_1^j Y_{it+1} + \left[(i-j+1)\delta + \varepsilon_{it+i+1} + (1-\theta)\varepsilon_{it+1} + \cdots + (1-\theta)\varepsilon_{it+j+1} - \theta\varepsilon_{it+j}\right. \\
&\quad \left. + q_1\left(\delta+\varepsilon_{it+j}-\theta\varepsilon_{it+j-1}\right) + q_1^2\left(\delta+\varepsilon_{it+j-1}-\theta\varepsilon_{it+j-2}\right) + \cdots + q_1^{j-1}\left(\delta+\varepsilon_{it+2}-\theta\varepsilon_{it+1}\right)\right] \\
&= q_1^j Y_{it+1} + \left\{\left[i-j+1+\frac{q_1\left(1-q_1^{j-1}\right)}{1-q_1}\right]\delta + \varepsilon_{it+i+1} + \sum_{n=j+1}^{i}(1-\theta)\varepsilon_{it+n}\right. \\
&\quad \left. + \sum_{n=0}^{j-2} q_1^n\left(q_1-\theta\right)\varepsilon_{it+j-n} - q_1^{j-1}\theta\varepsilon_{it+1}\right\} \\
&= q_1^{jt} Y_1 + \sum_{k=0}^{t} q_1^{jk}\left\{\left[i-j+1+\frac{q_1\left(1-q_1^{j-1}\right)}{1-q_1}\right]\delta + \varepsilon_{it+i+1-ki} + \sum_{n=j+1}^{i}(1-\theta)\varepsilon_{it+n-ki}\right. \\
&\quad \left. + \sum_{n=0}^{j-2} q_1^n\left(q_1-\theta\right)\varepsilon_{it+j-n-ki} - q_1^{j-1}\theta\varepsilon_{it+1-ki}\right\} \\
&= \frac{(i-j+1)(1-q_1)+q_1\left(1-q_1^{j-1}\right)}{\left(1-q_1^i\right)(1-q_1)}\delta + \sum_{k=0}^{t} q_1^{jk}\left\{\varepsilon_{it+i+1-ki} + \sum_{n=j+1}^{i}(1-\theta)\varepsilon_{it+n-ki}\right. \\
&\quad \left. + \sum_{n=0}^{j-2}\left[q_1^n\left(q_1-\theta\right)\varepsilon_{it+j-n-ki} - q_1^{j-1}\theta\varepsilon_{it+1-ki}\right]\right\}
\end{aligned}
$$

$$
\begin{aligned}
Y_{it+i+1}^2 &= \left[\frac{(i-j+1)(1-q_1)+q_1\left(1-q_1^{j-1}\right)}{\left(1-q_1^i\right)(1-q_1)}\delta\right]^2 \\
&\quad + \sum_{k=0}^{t}\sum_{k'}^{t} q_1^{j(k+k')}\left\{\left[\varepsilon_{it+i+1} + \sum_{n=j+1}^{i}(1-\theta)\varepsilon_{it+n-ki} + \sum_{n=0}^{j-2} q_1^n\left(q_1-\theta\right)\varepsilon_{it+j-n-ki}\right.\right. \\
&\quad \left. - q_1^{j-1}\theta\varepsilon_{it+1-ki}\right]\left[\varepsilon_{it+i+1-k'i} + \sum_{n=j+1}^{i}(1-\theta)\varepsilon_{it+n-k'i} + \sum_{n=0}^{j-2} q_1^n\left(q_1-\theta\right)\varepsilon_{it+j-n-k'i}\right. \\
&\quad \left.\left. - q_1^{j-1}\theta\varepsilon_{it+1-k'i}\right]\right\}
\end{aligned}
$$

$$\lim_{t\to\infty} E\left[\varepsilon_{it+i-ki} + \sum_{n=j+1}^{i}(1-\theta)\varepsilon_{it+n-ki} + \sum_{n=0}^{j-2} q_1^n (q_1-\theta)\varepsilon_{it+j-n-ki} - q_1^{j-1}\theta\varepsilon_{it+1-k'i}\right]$$

$$=\begin{cases}\left[1+(1-\theta)^2(i-j)+\dfrac{(q_1-\theta)^2\left(1-q_1^{2j-2}\right)}{1-q_1^2}+q_1^{2j-2}\theta^2\right]\sigma^2, & k=k' \\ -q_1^{j-1}\theta\sigma^2, & |k-k'|=1 \\ 0, & |k-k'|\geqslant 2\end{cases}$$

综合上述结果，将其代入式(4.56)，可以得到

$$\lim_{t\to\infty} E\left(Y_{it+i+1}^2\right) = \left[\frac{(i-j+1)(1-q_1)+q_1\left(1-q_1^{j-1}\right)}{\left(1-q_1^i\right)(1-q_1)}\delta\right]^2$$

$$+\sum_{t\to\infty}^{\infty}\sum_{k=0}^{\infty} q_1^{j(k+k')} \lim_{t\to\infty} E\left\{\left[\varepsilon_{it+i+1-ki} + \sum_{n=j+1}^{i}(1-\theta)\varepsilon_{it+n-ki}\right.\right.$$

$$\left.+\sum_{n=0}^{j-2} q_1^n (q_1-\theta)\varepsilon_{it+j-n-ki} - q_1^{j-1}\theta\varepsilon_{it+1-ki}\right]\left[\varepsilon_{it+i+1-k'i} + \sum_{n=j+1}^{i}(1-\theta)\varepsilon_{it+n-k'i}\right.$$

$$\left.\left.+\sum_{n=0}^{j-2} q_1^n (q_1-\theta)\varepsilon_{it+j-n-k'i} - q_1^{j-1}\theta\varepsilon_{it+1-k'i}\right]\right\}$$

$$= S_{pd1}\delta^2 + \sum_{k=0}^{\infty} q_1^{2kj}\left(S_{pi1}\sigma^2\right) + \sum_{k=0}^{\infty} q_1^{(2k+1)j}\left(-2q_1^{j-1}\theta\sigma^2\right)$$

$$= S_{pd1}\delta^2 + \frac{S_{pi1} - 2q_1^{2j-1}\theta}{1-q_1^{2j}}\sigma^2$$

式中，

$$\begin{cases} S_{pd1} = \left[\dfrac{(i-j+1)(1-q_1)+q_1\left(1-q_1^{j-1}\right)}{\left(1-q_1^i\right)(1-q_1)}\right]^2 \\ S_{pi1} = 1+(1-\theta)^2(i-j)+\dfrac{(q_1-\theta)^2\left(1-q_1^{2j-2}\right)}{1-q_1^2}+q_1^{2j-2}\theta^2 \end{cases}$$

图 4.17 显示了式(4.59)在带有漂移的 IMA(1,1) 干扰（$\sigma=1,\ \theta=0.5,\ \delta=0.01$）作用，以及不同模式不匹配参数 ξ_1 下 EWMA 控制器参数 λ 的调控对 AMSE 的影响。可以发现模拟的结果和推导出的公式结论相同，与图 4.16 相比，当产品制程

有非稳态的干扰时，批间控制确实可以发挥作用。

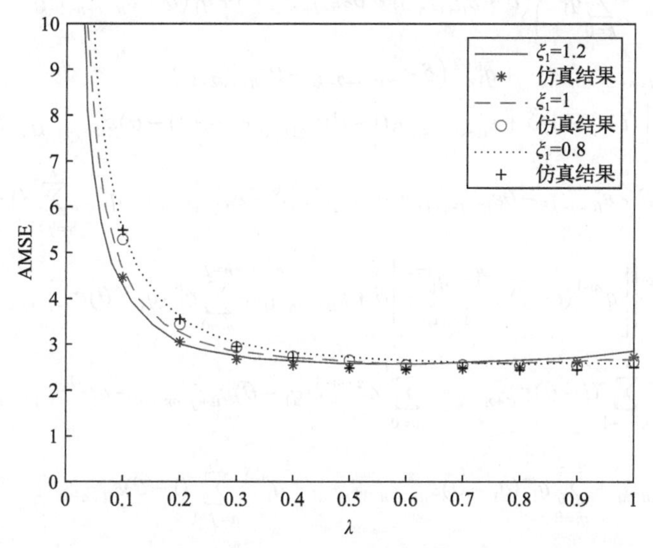

图 4.17　具有复杂规律的双产品制程使用基于产品的控制方法时在 IMA(1,1) 干扰作用下产品 1 的 AMSE($i=10, j=7$)

之前的讨论都是以每个产品循环的第 1 个产品来进行控制。接下来，对产品循环的第 $n(0 \leqslant n \leqslant j)$ 个产品进行控制，求出其数学通式，再比较两者的控制结果是否相同。

定理 4.4　可将具有复杂规律的双产品制程使用基于产品的控制方法时，在带有漂移的 IMA(1,1) 干扰作用下每次循环的第 $n(0 \leqslant n \leqslant j)$ 个产品的 AMSE 表示成

$$\lim_{t \to \infty} E\left(Y_{it+i+n}^2\right) = S_{pd}(n)\delta^2 + \frac{S_{pi}(n) - 2q_1^{2j-1}\theta}{1 - q_1^{2j}}\sigma^2 \tag{4.60}$$

式中，$q_1 = 1 - \lambda\xi_1$；$S_{pd}(n) = \left[q_1^{n-1}(i-j) + \frac{1 - q_1^{j-1}}{1 - q_1}\right]^2$；$S_{pi}(n) = 1 + \frac{(q_1 - \theta)^2\left(1 - q_1^{2j-2}\right)}{1 - q_1^2} + q_1^{2j-2}\theta^2 + q_1^{2n-2}(1-\theta)^2(i-j)$。

证明　由式(4.54)可知

$$\begin{aligned} Y_{it+n} &= (1 - \lambda\xi_1)^{k_0} Y_0 + \sum_{k=0}^{it+n-1} (1 - \lambda\xi_1)^k \left(\eta_{it+n-(k/j)\times i-k\%j} - \eta_{it+n-(k/j)\times i-k\%j-m}\right) \\ &= \sum_{k=0}^{it+n-1} q_1^k \left(\eta_{f(k)} - \eta_{f(k)-m'}\right) \end{aligned}$$

所以，有

$$Y_{it+i+n}=q_1^jY_{it+n}+\sum_{k=0}^{t}q_1^{jk}\Big\{\left(\delta+\varepsilon_{it+i+n-ki}-\theta\varepsilon_{it+i+n-1-ki}\right)+q_1\left(\delta+\varepsilon_{it+i+n-1-ki}\right.$$

$$\left.-\theta\varepsilon_{it+i+n-2-ki}\right)+\cdots+q_1^{n-2}\left(\delta+\varepsilon_{it+i+2-ki}-\theta\varepsilon_{it+i+2-ki}\right)$$

$$+q_1^{n-1}\left[(i-j+1)\delta+\varepsilon_{it+i+1-ki}+(1-\theta)\varepsilon_{it+i-ki}+\cdots+(1-\theta)\varepsilon_{it+j+i-ki}-\theta\varepsilon_{it+j-ki}\right]$$

$$+q_1^n\left[\delta+\varepsilon_{it+j-ki}-\theta\varepsilon_{it+j-1-ki}+\cdots+q_1^{j-1}\left(\delta+\varepsilon_{it+n+1-ki}\right)+q_1^{n-1}\sum_{n=j+1}^{i}(1-\theta)\varepsilon_{it+n-ki}\right]\Big\}$$

$$=\sum_{k=0}^{t}q_1^{jk}\left\{\left[q_1^{n-1}(i-j)+\frac{1-q_1^{j-1}}{1-q_1}\right]\delta+\varepsilon_{it+i+n-ki}+\sum_{m=0}^{n-2}q_1^m(q_1-\theta)\varepsilon_{it+i+n-m-ki}\right.$$

$$\left.+q_1^{n-1}\sum_{n=j+1}^{i}(i-\theta)\varepsilon_{it+n-ki}+\sum_{m=0}^{j-n-1}q_1^{n+m-1}(q_1-\theta)\varepsilon_{it+j-m-ki}-q_1^{j-1}\theta\varepsilon_{it+1-ki}\right\}$$

$$\left[\varepsilon_{it+i+n-ki}+\sum_{m=0}^{n-2}q_1^m(q_1-\theta)\varepsilon_{it+i+n-1-m-ki}+q_1^{n-1}\sum_{n=j+1}^{i}(1-\theta)\varepsilon_{it+n-ki}\right.$$

$$\left.+\sum_{m=0}^{j-n-1}q_1^{n+m-1}(q_1-\theta)\varepsilon_{it+j-m-ki}-q_1^{j-1}\theta\varepsilon_{it+1-ki}\right]$$

$$\times\left[\varepsilon_{it+i+n-k'i}+\sum_{m=0}^{n-2}q_1^m(q_1-\theta)\varepsilon_{it+i+n-1-m-k'i}+q_1^{n-1}\sum_{n=j+1}^{i}(1-\theta)\varepsilon_{it+n-k'i}\right.$$

$$\left.+\sum_{m=0}^{j-n-1}q_1^{n+m-1}(q_1-\theta)\varepsilon_{it+j-m-k'i}-q_1^{j-1}\theta\varepsilon_{it+1-k'i}\right]$$

$$=\begin{cases}\left[1+\dfrac{(q_1-\theta)^2(1-q_1^{2j-2})}{1-q_1^2}+q_1^{2j-2}\theta^2+q_1^{2n-2}(1-\theta)^2(i-j)\right]\sigma^2, & k'=k\\ -q^{j-1}\theta\sigma^2, & |k-k'|=1\\ 0, & |k-k'|\geqslant 2\end{cases}$$

假设

$$\begin{cases}S_{pd}(n)=\left[q_1^{n-1}(i-j)+\dfrac{1-q_1^{j-1}}{1-q_1}\right]^2\\ S_{pi}(n)=1+\dfrac{(q_1-\theta)^2(1-q_1^{2j-2})}{1-q_1^2}+q_1^{2j-2}\theta^2+q_1^{2n-2}(1-\theta)^2(i-j)\end{cases}$$

$$
\begin{aligned}
\lim_{t\to\infty} E\left(Y_{it+i+n}^{2}\right) &= S_{pd}(n)\delta^{2} + \sum_{k=0}^{t} q_{1}^{2kj} S_{pi}(n)\sigma^{2} - 2\sum_{k=0}^{t-2} q_{1}^{(2k+1)j}(\theta\sigma^{2}) \\
&= S_{pd}(n)\delta^{2} + \frac{S_{pi}(n)}{1-q_{1}^{2j}}\sigma^{2} - 2\frac{q_{1}^{j}}{1-q_{1}^{2j}} q_{1}^{j-1}\theta\sigma^{2} \\
&= S_{pd}(n)\delta^{2} + \frac{S_{pi}(n) - 2q_{1}^{2j-1}\theta}{1-q_{1}^{2j}}\sigma^{2}
\end{aligned}
$$

图 4.18 显示了式(4.60)在带有漂移的 IMA(1,1)干扰($\sigma=1,\ \theta=0.5,\ \delta=0.01$)作用，以及不同模型不匹配参数$\xi_1$下 EWMA 控制器参数$\lambda$的调控对产品循环的第 3 个产品的 AMSE 的影响($i=10, j=7$)。可以发现模拟的结果和推导出的公式结论相符，与图 4.17($n=1$)相比，产品循环位置不同，也就是 n 的取值不同，所求得的 AMSE 就不尽相同。

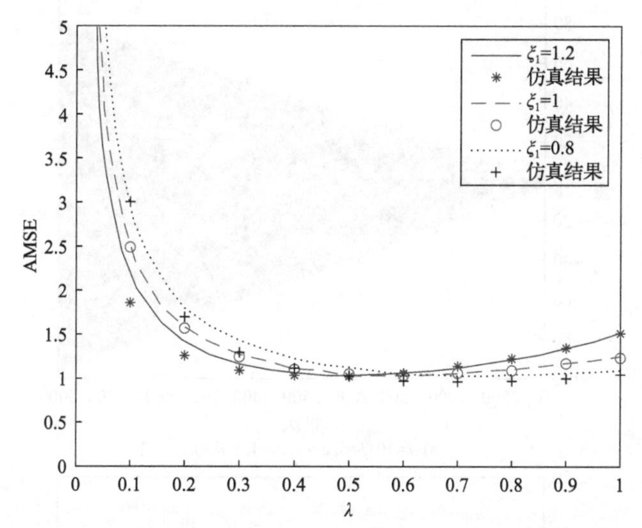

图 4.18　具有复杂规律的双产品制程使用基于产品的控制方法时在 IMA(1,1)干扰作用下产品 1($n=3$)的 AMSE($i=10, j=7$)

4.6　基于机台/产品控制方法的比较

在控制器设计理论中，系统的稳定性是个非常重要的课题。一个不稳定的控制机制，是不可能被现今工厂所采用的。本章前面部分分别就两种不同的控制方法，即基于机台的控制方法和基于产品的控制方法，在各种操作情形下计算出其 AMSE 并进行模拟分析，现在基于机台的控制方法的结果来讨论其稳定性。由先前的推导，可以归纳出以下结论。

在单一机台上操作多种不同的产品，如果有下列情形发生时，基于机台的控制方法是个不稳定的控制策略。

(1)机台的干扰是非稳态的干扰，例如，机台有固定的飘移($\delta \neq 0$)或者IMA(1,1)的系数θ不为1($\theta \neq 1$)。

(2)各种产品生产过程的模型不匹配参数不相等($\xi_1 \neq \xi_2$)。

图4.19为在不同的机台干扰以及不同的操作条件下基于机台的控制方法的控制结果。图4.19(a)显示当机台有明显漂移现象发生时，最终的控制结果会出现严重的发散。图4.19(b)显示即使机台没有漂移现象发生，还是会受到非稳态的干扰($\theta = 0.5$)作用，最终的控制结果仍然会发散。但是在图 4.19(c)中，只要两个产品的模型不匹配参数相同($\xi_1 = \xi_2$)，即使机台有明显漂移现象或者非稳态干扰，控制机制都能够发挥良好的效果，使控制结果趋于稳定。换句话说，使用基于机

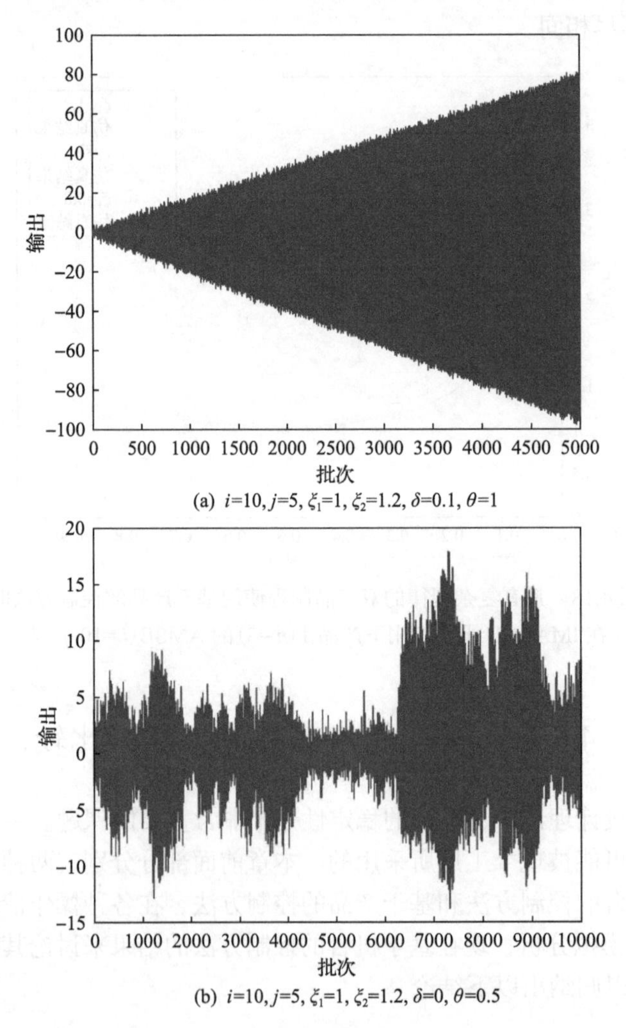

(a) i=10, j=5, ξ_1=1, ξ_2=1.2, δ=0.1, θ=1

(b) i=10, j=5, ξ_1=1, ξ_2=1.2, δ=0, θ=0.5

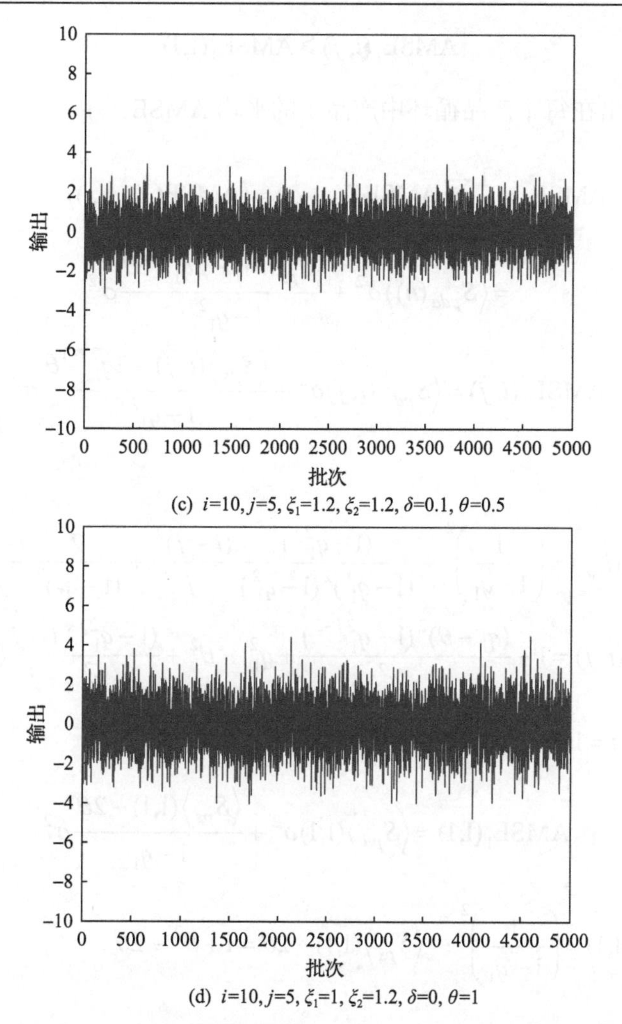

(c) i=10, j=5, ξ_1=1.2, ξ_2=1.2, δ=0.1, θ=0.5

(d) i=10, j=5, ξ_1=1, ξ_2=1.2, δ=0, θ=1

图 4.19　不同操作条件下基于机台的控制方法的控制结果

台的方法时，只要各种产品生产过程的模型不匹配参数都相同，不管机台的干扰是何种形式，最终的控制结果都能够趋于稳定。但是在现实工厂操作下，要达到各种产品生产过程的模型不匹配参数都相同，几乎是个不可能实现的任务。所以在现实工厂操作下，基于机台的控制方法只能够处理没有漂移现象和稳态的干扰(如白噪声)。如图 4.19(d)所示，机台干扰就是白噪声。但是如前所述，如果机台的干扰是白噪声，则批间控制似乎没有使用的必要。

在讨论完基于机台的控制方法的稳定性之后，来比较一下基于产品的控制方法和单一产品控制的优劣性。

定理 4.5　使用基于产品的控制方法时，多产品的产品 1 的 AMSE 总是大于等于单一产品的 AMSE：

$$\mathrm{AMSE}_1(i,j) \geqslant \mathrm{AMSE}_1(1,1) \tag{4.61}$$

证明　求出在每个产品循环中产品 1 的平均 AMSE：

$$\begin{aligned}\mathrm{AMSE}_1 &= \frac{1}{j}\sum_{n=1}^{j}\mathrm{AMSE}(Y_{it+i+n}) = \left\langle \mathrm{AMSE}(Y_{it+i+n})\right\rangle \\ &= \left\langle S_{pda}(n)\right\rangle \delta^2 + \frac{\left\langle S_{ps}(n)\right\rangle - 2q_1^{2j-1}\theta}{1-q_1^{2j}}\sigma^2\end{aligned}$$

$$\mathrm{AMSE}_1(i,j) = \left\langle S_{pd}\right\rangle(i,j)\delta^2 + \frac{\left\langle S_{ps}\right\rangle(i,j) - 2q_1^{2j-1}\theta}{1-q_1^{2j}}\sigma^2$$

式中，

$$\left\langle S_{pd}\right\rangle(i,j) = \left(\frac{1}{1-q_1}\right)^2 + \frac{(1-q_1^{2j})}{(1-q_1^j)^2(1-q_1^2)}\frac{(i-j)^2}{j} + \frac{2}{(1-q_1)^2}\frac{i-j}{j}$$

$$\left\langle S_{ps}\right\rangle(i,j) = 1 + \frac{(q_1-\theta)^2(1-q_1^{2j-2})}{1-q_1^2} + q_1^{2j-2}\theta^2 + \frac{(1-q_1^{2j})}{1-q_1^2}\frac{i-j}{j}(1-\theta)^2$$

所以，当$i=1, j=1$时便成为单一产品控制，那么有

$$\mathrm{AMSE}_1(1,1) = \left\langle S_{pd}\right\rangle(1,1)\delta^2 + \frac{\left\langle S_{ps}\right\rangle(1,1) - 2\theta}{1-q_1}\sigma^2$$

式中，$\left\langle S_{pd}\right\rangle(1,1) = \left(\dfrac{1}{1-q_1}\right)^2$；$\left\langle S_{ps}\right\rangle(1,1) - 2\theta = 1+\theta^2-2\theta$。

因为

$$\left\langle S_{pd}\right\rangle(i,j) = \left(\frac{1}{1-q_1}\right)^2 + \frac{(1-q_1^{2j})}{(1-q_1^j)^2(1-q_1^2)}\frac{(i-j)^2}{j} + \frac{2}{(1-q_1)^2}\frac{i-j}{j} \geqslant \left\langle S_{pd}\right\rangle(1,1)$$

而

$$\left\langle S_{ps}\right\rangle(i,j) = 1 + \frac{(q_1-\theta)^2(1-q_1^{2j-2})}{1-q_1^2} + q_1^{2j-2}\theta^2 + \frac{(1-q_1^{2j})}{1-q_1^2}\frac{i-j}{j}(1-\theta)^2$$

又因为

$$\begin{aligned}&(q_1-\theta)^2(1-q_1^{2j-2}) + (1+q_1^{2j-2}\theta^2 - 2q_1^{2j-1}\theta)(1-q_1^2) \\ &= \theta^2 - 2q_1\theta - q_1^{2j} + 1 - q_1^{2j}\theta^2 + 2q_1^{2j+1}\theta = (1+\theta^2-2q_1\theta)(1-q_1^{2j})\end{aligned}$$

和

$$\frac{(q_1-\theta)^2(1-q_1^{2j-2})}{(1-q_1^{2j})(1-q_1^2)}+\frac{1+q_1^{2j-2}\theta^2-2q_1^{2j-1}\theta}{1-q_1^{2j}}=\frac{1+\theta^2-2q_1\theta}{1-q_1^2}$$

所以

$$\begin{aligned}\frac{\langle S_{ps}\rangle(i,j)-2q_1^{2j-1}\theta}{1-q_1^{2j}}\sigma^2&=\frac{1}{1-q_1^{2j}}\left[1+\frac{(q_1-\theta)^2(1-q_1^{2j-2})}{1-q_1^2}+q_1^{2j-2}\theta^2\right.\\&\left.\quad+\frac{(1-q_1^{2j-2})}{1-q_1^2}\frac{(i-j)}{j}(1-\theta)^2-2q_1^{2j-1}\theta\right]\sigma^2\\&\geqslant\frac{1}{1-q_1^{2j}}\left[\frac{(q_1-\theta)^2(1-q_1^{2j-2})}{1-q_1^2}+1+q_1^{2j-2}\theta^2-2q_1^{2j-1}\theta\right]\sigma^2\\&=\frac{1+\theta^2-2q_1\theta}{1-q_1^2}\sigma^2=\frac{\langle S_{ps}\rangle(1,1)}{1-q_1^2}\sigma^2\end{aligned}$$

即 $\mathrm{AMSE}_1(i,j)\geqslant\mathrm{AMSE}_1(1,1)$。

由上述证明可知，多产品基于产品的控制方法的控制效果略差于单一产品的控制效果。

4.7　本 章 小 结

本章详细分析了单一机台在双产品制程下，采用两种批间控制策略——基于机台的控制方法和基于产品的控制方法的控制结果。可以发现基于机台的控制方法在机台干扰是非稳态或两种产品生产过程的模型不匹配参数不同时，其控制结果会发散而不稳定。因此，在处理这类问题时，更应该仔细区分机台的干扰。基于产品的控制方法的控制结果就没有不稳定的问题，但是多产品制程控制效果不如单一产品制程控制；而且当机台有明显的漂移时，双产品制程中少量产品的控制动作必须加大，才能保证控制效果。

第5章　变折扣因子 EWMA 批间控制

5.1　引　　言

从第 4 章的分析可知，基于产品的 EWMA 控制方法在混合产品生产中有着明显的优势。然而，如果产品模型预测不太精确，或者两种产品性质差别过大、产品切换时的阶跃干扰过大(例如，产品 1 要抛光的是金属铜，经过若干批次之后，对抛光垫的磨损比较明显)，控制器要经过若干批次的调整才可以使输出值稳定在目标值范围内[160]，这样就增加了返工晶圆的数量或者非生产用晶圆的数量，降低了生产效率或产品的良品率。

折扣因子对控制效果的影响很大。在刚开始生产时，系统输出往往对目标值的偏离很大。如果折扣因子较小，而本批次产品的数量又比较少，就会出现产品已经生产完毕，但过程输出值还未达到目标值要求范围之内的情形，导致生产出的产品全部为废品，大大减少了企业的利润。为了使输出更快地收敛到目标值，Tseng 等[211]针对 ARMA(1,1)和 IMA(1,1)干扰提出了变折扣因子 EWMA 算法。Su 等[212]将变折扣因子引入 DEWMA 控制器中，用数值仿真说明了变折扣因子 DEWMA 控制器优于传统的固定折扣因子 DEWMA 控制器。因此，自适应地调节折扣因子，可以使输出值的收敛速度加快，成为提高产品良品率的一个重要途径。

5.2　变折扣因子的作用

针对单产品制程输出收敛速度过慢的现象，Tseng 等[211]对线形 EWMA 方法做了改进，提出了变折扣因子 EWMA 算法：

$$a_t = \omega_t (Y_t - bx_t) + (1-\omega_t) a_{t-1} \tag{5.1}$$

式中，$\omega_t = \lambda + g^t$ 为变折扣因子，则 $\varphi_t = 1 - \xi\omega_t$ 。此时，折扣因子不再满足 $0 \leqslant \omega_t \leqslant 1$ 的条件。此外，他们还给出了变折扣因子 EWMA 算法的稳定条件。

引理 5.1[211]　在带有变折扣因子 EWMA 控制器的产品制程中，如果 $0 \leqslant g \leqslant 1$ 对任意 t ，有 $|\varphi_t| = |1-\xi\omega_t| \leqslant 1$ ，则生产过程是渐进稳定的。

在变折扣因子算法中 $\omega_t = \lambda + g^t$ ，当 $0 \leqslant g \leqslant 1$ 时，产品初始阶段的折扣因子值相对较大，ω_t 随着批次的增加收敛于 λ ，且 g 值越大收敛速度越快。为了比较固定折扣因子和变折扣因子的差别，进行如下仿真。假设单产品过程参数为 $\alpha = 2$,

$\beta = 2.5,\ b = 3,\ a_0 = 2,\ \lambda = 0.6,\ T = 10,\ g = 0.5$，取干扰模式为 IMA(1,1) 干扰，过程批次为 15。仿真结果如图 5.1 所示。

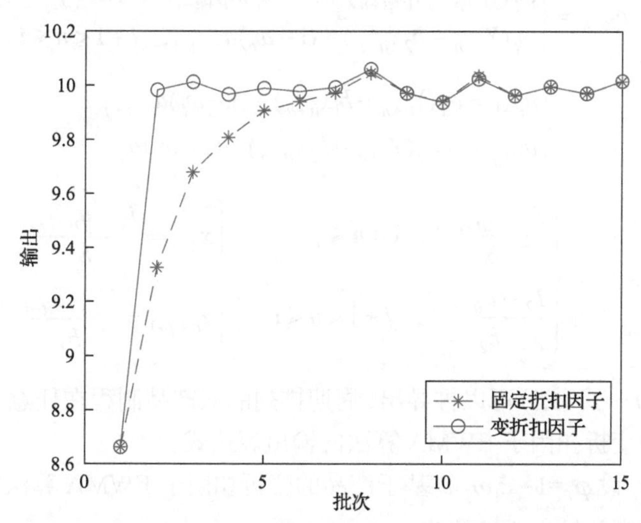

图 5.1　单产品制程的固定折扣因子与变折扣因子 EWMA 算法控制效果比较

从仿真结果可以看出，变折扣因子 EWMA 算法的收敛速度比固定折扣因子 EWMA 算法的收敛速度有明显提高。随着生产批次的增加，最终的仿真曲线相互重合，从式 $\omega_t = \lambda + d^t$ 不难看出当 t 增大时 $\omega_t \to \lambda$，因此加入变折扣因子的方法并不影响系统的稳定性，只会改变响应的快速性。

5.2.1　变折扣因子的引入

通过第 4 章对基于产品的 EWMA 控制方法的分析可知，在产品交界处由于经过了若干批次非本产品的生产，机台参数有较大的变化(主要是漂移干扰的影响)，这样本轮产品序列的初值就会和模型预测值有个较大的差值，从仿真示例中可以看出，制程需要若干批次的调节才可以稳定。本节将变折扣因子的方法引入基于产品的 EWMA 算法中，并研究其在各种干扰下的稳定性问题。

同样，为了分析方便，假设在同一机台上有两个不同性质的产品，产品以周期规律排列。如图 4.12 所示，产品生产周期是以 i 个产品为一个周期，其前 j 个产品定义为产品 1，后面 $i-j$ 个产品定义为产品 2。

在基于产品的 EWMA 算法模型的基础上，用变折扣因子 ω_t 替换原 EWMA 控制器中的固定折扣因子 λ，则得到基于产品的变折扣因子 EWMA 算法，其混合双产品制程的模型为

$$Y_{it+n} = \begin{cases} \alpha_1 + \beta_1 x_{it+n} + \eta_{it+n}, & 1 \leqslant n \leqslant j \\ \alpha_2 + \beta_2 x_{it+n} + \eta_{it+n}, & j+1 \leqslant n \leqslant i \end{cases} \tag{5.2}$$

EWMA 控制器为

$$a_{it+n}=\begin{cases}\omega_t(Y_{it+n}-b_1x_{it+n})+(1-\omega_t)a_{it+n-1}, & 1<n\leqslant j\\ \omega_t(Y_{it+n}-b_2x_{it+n})+(1-\omega_t)a_{it+n-1}, & j+1<n\leqslant i\end{cases} \tag{5.3}$$

$$\begin{cases}a_{it+1}=\omega_t(Y_{it+n}-b_1x_{it+n})+(1-\omega_t)a_{it-i+j}\\ a_{it+j+1}=\omega_t(Y_{it+n}-b_2x_{it+n})+(1-\omega_t)a_{it-i}\end{cases} \tag{5.4}$$

$$x_{it+n}=\begin{cases}\dfrac{T_1-a_{it+n-1}}{b_1}, & 1<n\leqslant j\\ \dfrac{T_2-a_{it+n-1}}{b_2}, & j+1<n\leqslant i\end{cases},\quad \begin{cases}x_{it+1}=\dfrac{T_1-a_{it-i+j}}{b_1}\\ x_{it+j+1}=\dfrac{T_2-a_{it-i}}{b_2}\end{cases} \tag{5.5}$$

由式(5.2)～式(5.5)可以推导出，周期排列的双产品制程在任意干扰模式下采用基于产品的变折扣因子 EWMA 算法的输出表达式。

定理 5.1　设 $\varphi_j=1-\xi_1\omega_j$，基于产品的变折扣因子 EWMA 算法的第 $t+1$ 个循环的第 1 个产品的输出表达式为

$$\begin{aligned}Y_{it+i+1}=&\sum_{n=0}^{t}\left[\prod_{l=n+1}^{t}\left(\prod_{p=1}^{j}\varphi_{il+p}\right)\right]\left[\sum_{k=1}^{j}\left(\prod_{m=k+1}^{j}\varphi_{in+m}\xi_1\omega_{in+k}\right)T_1\right]+\prod_{n=0}^{t}\left(\prod_{p=1}^{j}\varphi_{in+p}\right)Y_1\\&+\sum_{n=0}^{t}\left[\prod_{l=n+1}^{t}\left(\prod_{p=1}^{j}\varphi_{il+p}\right)\right]\left[\sum_{k=1}^{j-1}\left(\prod_{m=k+1}^{j-1}\varphi_{in+m}\right)(\eta_{in+k}-\eta_{in+k-1})+\left(\eta_{in+i+1}-\eta_{in+j}\right)\right]\end{aligned} \tag{5.6}$$

证明　对于产品 1，第 $it+j$ 个产品的输出为

$$Y_{it+i+1}=(1-\omega_{it+j}\xi_1)Y_{it+j-1}+(\eta_{it+j}-\eta_{it+j-1})=Y_{it+j-1}+(\eta_{it+j}-\eta_{it+j-1})$$

且 EWMA 控制器为

$$a_{it+1}=\omega_{it+1}(Y_{it+n}-b_1x_{it+n})+(1-\omega_{it+1})a_{it-i+j}$$

$$x_{it+1}=\frac{T_1-a_{it-i+j}}{b_1}$$

参照 4.5.2 节的推导，可以得出第 $it+i+1$ 个产品的输出通式如式(5.6)所示。

推论 5.1　在 IMA(1,1)、白噪声和漂移 δ 的干扰下，当 $\left|\varphi_j\right|_{\max}=\left|1-\xi\omega_j\right|<1$，$1\leqslant j\leqslant it+i+1$ 时，过程输出是稳定的。

证明　当 $\left|\varphi_j\right|_{\max}=\left|1-\xi\omega_j\right|<1$，$1\leqslant j\leqslant it+i+1$ 时，在不同干扰条件下推导过

程输出。当干扰为 IMA(1,1) 时，有

$$\lim_{t\to\infty}E(Y_{it+i+1})=T_1+\lim_{t\to\infty}E\left(\sum_{k=0}^{t}\left[\prod_{l=n+1}^{k}\left(\prod_{p=1}^{j}\varphi_{il+p}\right)\right]\left\{\sum_{m=0}^{j-2}\left[\prod_{l=n+1}^{m}\left(\prod_{p=1}^{j}\varphi_{il+p}\right)\right]\right.\right.$$

$$\left.\left.\times(\varepsilon_{ik+j-m}-\theta\varepsilon_{ik+j-m-1})+(\varepsilon_{ik+i+1}-\theta\varepsilon_{ik+j})\right\}\right)$$

$$=T_1$$

$$\lim_{t\to\infty}D(Y_{it+i+1})=\lim_{t\to\infty}D\left(\sum_{k=0}^{t}\left[\prod_{l=n+1}^{k}\left(\prod_{p=1}^{j}\varphi_{il+p}\right)\right]\left\{\sum_{m=0}^{j-2}\left[\prod_{l=n+1}^{m}\left(\prod_{p=1}^{j}\varphi_{il+p}\right)\right]\right.\right.$$

$$\left.\left.\times(\varepsilon_{ik+j-m}-\theta\varepsilon_{ik+j-m-1})+(\varepsilon_{ik+i+1}-\theta\varepsilon_{ik+j})\right\}\right)$$

$$=\lim_{t\to\infty}E\left(\sum_{k=0}^{t}\left[\prod_{l=n+1}^{k}\left(\prod_{p=1}^{j}\varphi_{il+p}\right)\right]\left\{\sum_{m=0}^{j-2}\left[\prod_{l=n+1}^{m}\left(\prod_{p=1}^{j}\varphi_{il+p}\right)\right]\right.\right.$$

$$\left.\left.\times(\varepsilon_{ik+j-m}-\theta\varepsilon_{ik+j-m-1})+(\varepsilon_{ik+i+1}-\theta\varepsilon_{ik+j})\right\}\right)^2$$

$$=\lim_{t\to\infty}E\left(\sum_{k=0}^{t}\sum_{k'=0}^{t}\left[\prod_{l=n+1}^{k}\left(\prod_{p=1}^{j}\varphi_{il+p}\right)\right]\left[\prod_{l=n+1}^{k'}\left(\prod_{p=1}^{j}\varphi_{il+p}\right)\right]\left\{\sum_{m=0}^{j-2}\sum_{n=0}^{j-2}\left[\prod_{l=n+1}^{m}\left(\prod_{p=1}^{j}\varphi_{il+p}\right)\right]\right.\right.$$

$$\times(\varepsilon_{ik+j-m}-\theta\varepsilon_{ik+j-m-1})(\varepsilon_{ik'+j-m}-\theta\varepsilon_{ik'+j-m-1})$$

$$\left.\left.+(\varepsilon_{ik+i+1}-\theta\varepsilon_{ik+j})(\varepsilon_{ik'+i+1}-\theta\varepsilon_{ik'+j})\right\}\right)$$

$$=\frac{(1-4\theta+\theta^2)\sigma^2}{1-\prod_{l=n+1}^{t}\left(\prod_{p=1}^{j}\varphi_{il+p}\right)}<\infty$$

当干扰为 $\eta_t=\delta t+\varepsilon_t$ 时，有

$$\lim_{t\to\infty}E(Y_{it+i+1})=T_1+\lim_{t\to\infty}E\left(\sum_{k=0}^{t}\left[\prod_{l=n+1}^{t}\left(\prod_{p=1}^{j}\varphi_{il+p}\right)\right]\left\{\sum_{m=0}^{j-2}\left[\prod_{l=n+1}^{m}\left(\prod_{p=1}^{j}\varphi_{il+p}\right)\right]\delta+(i-j)\delta\right\}\right)$$

$$=T_1+\frac{\delta(i-j)}{1-\prod_{l=n+1}^{j}\left(\prod_{p=1}^{j}\varphi_{il+p}\right)}$$

$$\lim_{t\to\infty} D\left(Y_{it+i+1}\right)=\lim_{t\to\infty} D\sum_{k=0}^{t}\left[\prod_{l=n+1}^{k}\left(\prod_{p=1}^{j}\varphi_{il+p}\right)\right]\left\{\sum_{m=0}^{j-2}\left[\prod_{l=n+1}^{m+1}\left(\prod_{p=1}^{j}\varphi_{il+p}\right)\right]\delta+(i-j)\delta\right\}=0<\infty$$

从式(5.6)可以看出，对于加入变折扣因子的双产品过程，由于消除了产品干扰，过程输出是收敛的。

5.2.2　仿真示例

为了比较变折扣因子和固定折扣因子在基于产品的 EWMA 算法中的区别，在仿真过程中取产品 1 和产品 2 有规律地排列成 10 批次为一组；同时，为了避免噪声对输出产生的波动影响，取干扰模式为确定性漂移$\eta_t=\delta t$，产品 1 和产品 2 的参数为$\alpha=[2,2]$，$\beta=[1.5,2.5]$，$b=[1,3]$，$T=[10,15]$，$a_0=[2,2]$，$\lambda=[0.333,0.6]$，$d=0.5$。仿真结果如图 5.2 所示。

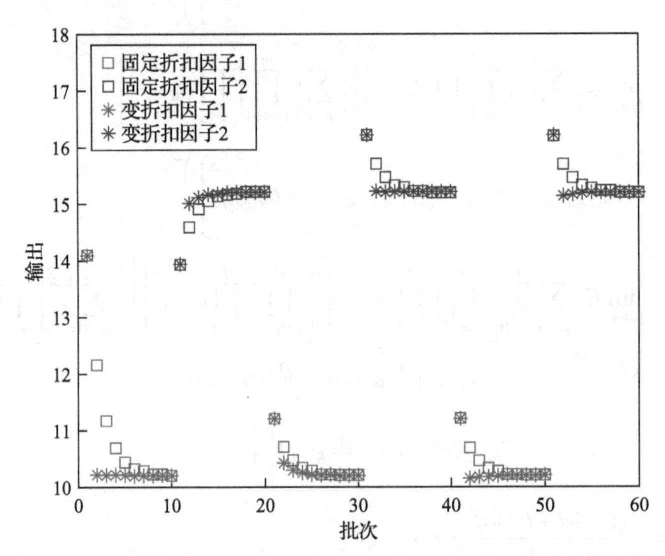

图 5.2　双产品制程的固定折扣因子与变折扣因子 EWMA 算法控制效果的比较

由图 5.2 可以看到，使用变折扣因子的过程响应速度明显加快(第 2 个产品就可以达到产品误差范围之内)，但是终值和稳定性不受任何影响，均方误差分别下降 28%和 26%。如果产品长度缩短(5 个产品以内)，该方案的效果会更显著。

因此，基于产品的 EWMA 算法引入变折扣因子方法后，产品的收敛速度加快，且不影响过程的稳定性，具有较小的均方误差，能够提高制程的良品率，达到预期的控制目的。

下面针对实际的混合产品生产过程，有多种随机排列的产品，干扰模式取为带漂移的 IMA(1,1)干扰模式，对过程输出进行测试。取产品数为 5 种，产品参数如下：$\alpha=[2,3,4,4,5]$，$\beta=[1.5,2,2.5,3,3.5]$，$b=[1,3,3,3.5,4]$，$T=[10,20,30,40,50]$，$a_0=[2,2.5,4,3.5,4.5]$，$\xi=[1.5,0.667,0.833,0.857,0.875]$。

取生产批次值为 3000，产品 1 到产品 5 随机排列，仿真结果如图 5.3 所示。从中可以看出，5 种产品的输出稳定在目标值且无较大的波动，过程的均方误差为 $\text{MSE}=[0.5719,0.5773,0.5765,0.5542,0.5508]$。即使在对过程的模型截距 a_0 和过程增益 b 估计并不准确(即模型预测不准确，初始偏差较大)的情况下，基于产品的变折扣因子 EWMA 算法仍能保证较小的 MSE 值。

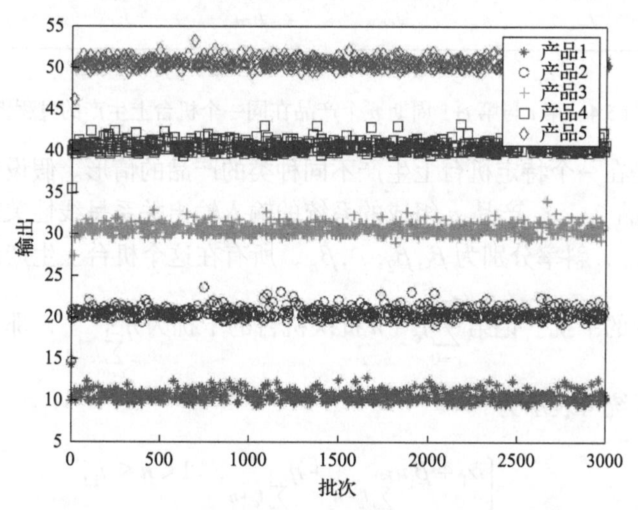

图 5.3　变折扣因子在基于产品的 EWMA 算法中的应用

5.3　周期重置折扣因子 EWMA 算法

在半导体工业中，同一个机台上通常会生产很多不同种类的产品，由相同种类的产品组成的生产线称为同一线程。如图 5.4 所示，p 种不同的产品在同一个机台上生产，那么生产产品 1 的这些批次就组成了一个线程，设为线程 1，生产产品 2 的这些批次组成了另外一个线程，即线程 2，等等。假设每个生产周期内产品按照顺序生产，即先生产产品 1，然后生产产品 2，接着生产产品 3，…，最后生产产品 p。为了更好地与实际的生产过程相符合，在每个周期内并不要求每种产品都出现。假设在第 t 个周期内共生产了 i_t 个产品，其中有 $j_{1,t}$ 批次是用来生产产品 1 的，$j_{2,t}$ 批次是用来生产产品 2 的，…，$j_{p,t}$ 批次是用来生产产品 p 的。由于半导体行业的高投入性，在不同时间段内，生产产品的种类和数量都不是由半导体生产商自己单独决定的，而是由生产商接到的订单种类和数量决定的，所以 $i_t,j_{1,t},\cdots,j_{p,t}$ 在不同的生产周期内取值可能会不同。那么 $j_{1,t}$ 为产品 1 在第 t 周期内的上线生产时间，$i_t - j_{1,t}$ 为此生产周期内产品 1 的下线时间，即这些批次没有生产产品 1。对于其他种类的产品，同样可以定义类似的上线和下线时间。

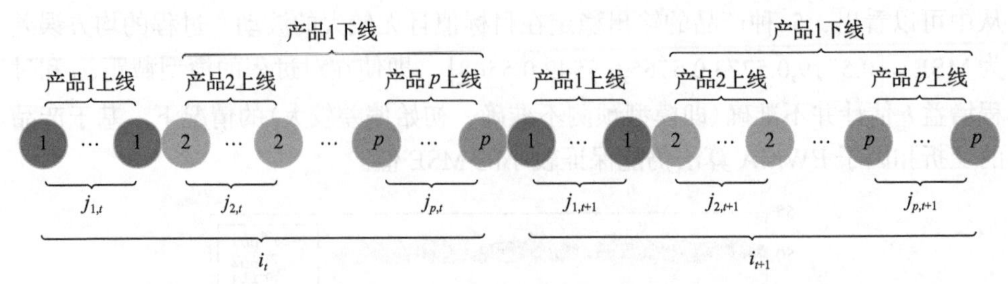

图 5.4　第 t 与第 t+1 周期 p 个产品在同一个机台上生产的过程图

图 5.4 是在一个特定机台上生产不同种类的产品的情形。假设由不同的产品即产品 1, 产品 2, …, 产品 p 组成的系统的输入输出关系呈线性关系，截距分别为 $\alpha_1,\alpha_2,\cdots,\alpha_p$ ，斜率分别为 $\beta_1,\beta_2,\cdots,\beta_p$ ，所有在这个机台上生产的产品都需要克服来自机台的干扰。记第 $\sum_{c=0}^{t-1} i_c + n$ 批次机台的干扰为 $\eta_{\sum_{c=0}^{t-1} i_c + n}$ ，那么可以对每种产品组成的系统可表示为

$$Y_{\sum_{c=0}^{t-1} i_c+n} = \begin{cases} \alpha_1 + \beta_1 u_{\sum_{c=0}^{t-1} i_c+n} + \eta_{\sum_{c=0}^{t-1} i_c+n}, & 1 \leqslant n \leqslant j_{1,t} \\ \alpha_2 + \beta_2 u_{\sum_{c=0}^{t-1} i_c+n} + \eta_{\sum_{c=0}^{t-1} i_c+n}, & j_{1,t} < n \leqslant j_{2,t} \\ \vdots \\ \alpha_p + \beta_p u_{\sum_{c=0}^{t-1} i_c+n} + \eta_{\sum_{c=0}^{t-1} i_c+n}, & j_{p,t} < n \leqslant i_t \end{cases} \tag{5.7}$$

式中，$u_{\sum_{c=0}^{t-1} i_c+n}$ 是产品 1 在第 $\sum_{c=0}^{t-1} i_c + n$ 批次的操纵变量；$Y_{\sum_{c=0}^{t-1} i_c+n}$ $(n=1,2,\cdots,j_{1,t})$ 是产品 1 在第 $\sum_{c=0}^{t-1} i_c + n$ 批次后系统的输出。同样，$Y_{\sum_{c=0}^{t-1} i_c+n}$ $(n = j_{1,t}+1, j_{1,t}+2,\cdots,j_{2,t})$ 是产品 2 在第 $\sum_{c=0}^{t-1} i_c + n$ 批次后系统的输出。本节假设机台的干扰 $\{\eta_s\}$ 服从带有固定漂移 δ 的 IMA(1,1) 序列，即 $\eta_s - \eta_{s-1} = \varepsilon_s - \theta\varepsilon_{s-1} + \delta$ 。

在基于产品的批间控制中，EWMA 控制器控制动作是用同一个产品最近批次的系统输出来做反馈的。不失一般性，此处只针对产品 1。假设产品 1 的预测模

型为

$$\tilde{Y}_{\sum_{c=0}^{t-1} i_c+n} = \tilde{a}_1 + b_1 u_{\sum_{c=0}^{t-1} i_c+n}, \quad n=1,2,\cdots,j_{1,t} \tag{5.8}$$

式中，$\tilde{a}_1$ 和 b_1 分别为模型的补偿和增益参数。使用基于产品的 EWMA 控制器，机台的干扰可以用下式估计：

$$a_{\sum_{c=0}^{t-1} i_c+n} = \begin{cases} \lambda_1 (Y_1 - b_1 u_1) + (1-\lambda_1)\tilde{a}_1, & n=1,\ t=0 \\ \lambda_1 \left(Y_{\sum_{c=0}^{t-1} i_c+1} - b_1 u_{\sum_{c=0}^{t-1} i_c+1} \right) + (1-\lambda_1) a_{\sum_{c=0}^{t-2} i_c+j_{1,\,t-1}}, & n=1,\ t \geqslant 1 \\ \lambda_1 \left(Y_{\sum_{c=0}^{t-1} i_c+n} - b_1 u_{\sum_{c=0}^{t-1} i_c+n} \right) + (1-\lambda_1) a_{\sum_{c=0}^{t-1} i_c+n-1}, & n=2,3,\cdots,j_{1,t} \end{cases} \tag{5.9}$$

控制动作选择如下：

$$u_{\sum_{c=0}^{t-1} i_c+n} = \begin{cases} \dfrac{T_1 - \tilde{a}_1}{b_1}, & n=1,t=0 \\ \dfrac{T_1 - a_{\sum_{c=0}^{t-2} i_c+j_{1,\,t-1}}}{b_1}, & n=1,t \geqslant 1 \\ \dfrac{T_1 - a_{\sum_{c=0}^{t-1} i_c+n-1}}{b_1}, & n=2,3,\cdots,j_{1,t} \end{cases} \tag{5.10}$$

式中，T_1 是产品 1 所在系统输出的期望值；$\lambda_1 \in [0,1]$ 是产品 1 所采用的 EWMA 控制器的折扣因子。

下面给出一个例子来阐述这种控制算法的缺陷。

例 5.1　假设有产品 1 和产品 2，在同一个机台上生产 5 个周期，每个周期生产产品的总个数都为 200，即 $i_0 = i_1 = i_2 = i_3 = i_4 = 200$，且每个周期内产品 1 都生产 100 批次，即 $j_{1,t} = 100$，$\forall t \in [0,4]$。假设产品 1 组成的系统的截距为 $\alpha_1 = 2$，斜率为 $\beta_1 = 2$，机台的干扰服从参数为 $\theta = 0.5$、$\sigma^2 = 0.1^2$、δ=0.1 的 IMA(1,1)。(α_1, β_1) 的最小二乘估计为 $(\tilde{a}_1, b_1) = (0,1)$，产品 1 的目标值为 $T_1 = 0$。图 5.5 给出了采用基于线程的 EWMA 算法时产品 1 在第 0～4 周期的输出。从图 5.5(a)可以

看出，当 $\lambda_1=0.9$ 时，系统的输出是振荡的。从图 5.5(b)可以看出，当 $\lambda_1=0.2$ 时，系统的输出没有振荡。可见不管 λ_1 取什么值，在每个周期的前几个批次，系统的输出都是远远偏离目标值，并且这种情况在第 2、3、4 周期尤为明显。换句话说，系统的输出要经过很多批次才能接近目标值。在实际生产过程中，这将会导致出现很高的返工率。

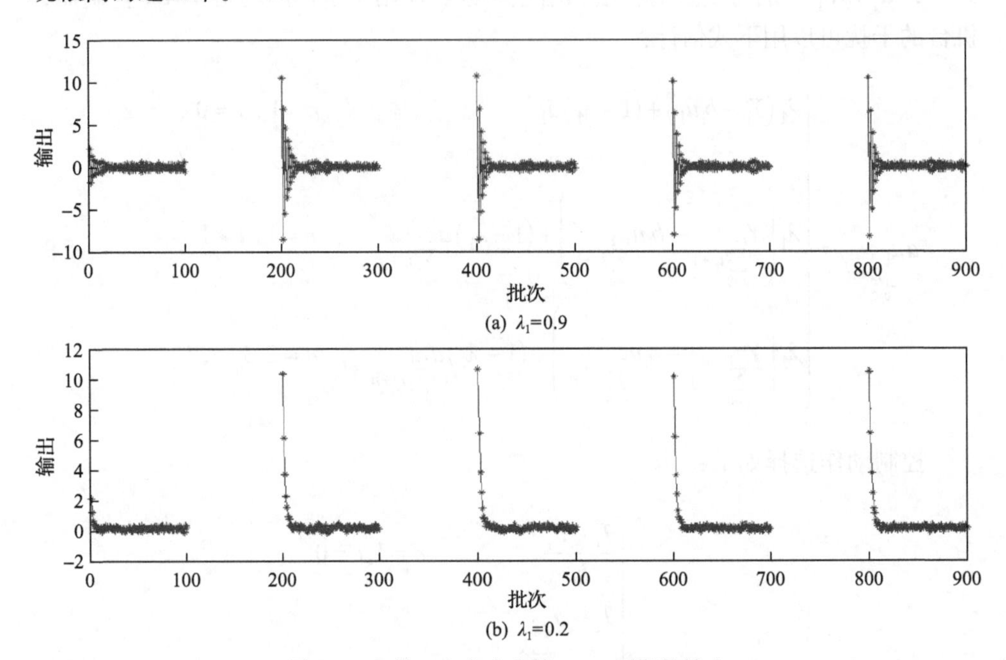

图 5.5　产品 1 生产中在第 0～4 周期的输出

5.3.1　固定折扣因子产生的输出偏差

4.5.2 节讨论了基于产品的 EWMA 控制器的控制效果。本节通过数学推导找出系统的输出在每个周期前几个批次有大偏差的原因，并且提出周期重置(cycled resetting, CR)折扣因子算法来减小这些偏差，从而获得最小渐近方差控制。

下面讨论基于产品的 EWMA 控制器的折扣因子以及模型的不匹配参数对系统稳定性的影响。因为机台的干扰 $\{\eta_s\}$ 满足式(4.16)，在第 0 周期，可以推导出产品 1 在第 n 批次的输出为

$$Y_n=\varphi_1^{n-1}\left(\alpha_1+\xi_1T_1-\xi_1\tilde{a}_1+\varepsilon_1+\delta\right)+\left(1-\varphi_1^{n-1}\right)T_1+\sum_{k=0}^{n-2}\varphi_1^k\left(\varepsilon_{n-k}-\theta\varepsilon_{n-k-1}+\delta\right) \tag{5.11}$$

由式(5.7)～式(5.10)，借鉴 4.5.2 节中的方法，可以得到

$$
\begin{aligned}
Y_{\sum_{c=0}^{t-1} i_c+n} = {} & \varphi_1^{\sum_{m=0}^{t-1} j_{1,t-1-m}+n-1}\left(\alpha_1+\xi_1 T_1-\xi_1\tilde{a}_1+\varepsilon_1+\delta\right)+\chi_2\varphi_1^{n-1}\sum_{m=0}^{t-2}\varphi_1^{\sum_{u=0}^{m} j_{1,t-1-u}} \\
& \cdot\left[\sum_{k=0}^{j_{1,t-2-m}-1}\varphi_1^k\cdot\xi_1\lambda_1 T_1+\sum_{k=0}^{j_{1,t-2-m}-2}\varphi_1^{k+1}\left(\varepsilon_{\sum_{c=0}^{t-3-m} i_c+j_{1,t-2-m}-k}-\theta\varepsilon_{\sum_{c=0}^{t-3-m} i_c+j_{1,t-2-m}-k-1}+\delta\right)\right. \\
& \left.+\left(i_{t-2-m}-j_{1,t-2-m}+1\right)\delta+(1-\theta)\sum_{k=\sum_{c=0}^{t-m-3} i_c+j_{1,t-m-2}}^{\sum_{c=0}^{t-m-2} i_c}\varepsilon_k+\varepsilon_{\sum_{c=0}^{t-m-2} i_c+1}-\varepsilon_{\sum_{c=0}^{t-m-3} i_c+j_{1,t-m-2}}\right] \\
& +\varphi_1^{n-1}\sum_{k=0}^{j_{1,t-1}-1}\varphi_1^k\cdot\xi_1\lambda_1 T_1+\varphi_1^{n-1}\sum_{k=0}^{j_{1,t-1}-2}\varphi_1^{k+1}\left(\varepsilon_{\sum_{c=0}^{t-2} i_c+j_{1,t-1}-k}-\theta\varepsilon_{\sum_{c=0}^{t-2} i_c+j_{1,t-1}-k-1}+\delta\right) \\
& +\varphi_1^{n-1}\left[\left(i_{t-1}-j_{1,t-1}+1\right)\delta+(1-\theta)\sum_{k=\sum_{c=0}^{t-2} i_c+j_{1,t-1}}^{\sum_{c=0}^{t-1} i_c}\varepsilon_k+\varepsilon_{\sum_{c=0}^{t-1} i_c+1}-\varepsilon_{\sum_{c=0}^{t-2} i_c+j_{1,t-1}}\right] \\
& +\sum_{k=0}^{n-2}\varphi_1^k\cdot\xi_1\lambda_1 T_1+\sum_{k=0}^{n-2}\varphi_1^k\left(\varepsilon_{\sum_{c=0}^{t-1} i_c+n-k}-\theta\varepsilon_{\sum_{c=0}^{t-1} i_c+n-k-1}+\delta\right)
\end{aligned}
\tag{5.12}
$$

式中，$\chi_2=\begin{cases}0, & t<2\\ 1, & t\geqslant 2\end{cases}$。

如果$|\varphi_1|<1$，那么产品 1 在第 0 周期输出的渐近方差为

$$
\mathrm{AVar}(Y_n)=\lim_{n\to\infty}\mathrm{Var}(Y_n)=\frac{(2-\varphi_1^2)(\varphi_1-\theta)^2}{1-\varphi_1^2}\sigma^2 \tag{5.13}
$$

在第 $t(t\geqslant 1)$ 周期输出的渐近方差为

$$
\mathrm{AVar}\left(Y_{\sum_{c=0}^{t-1} i_c+n}\right)=\lim_{n\to\infty}\mathrm{Var}\left(Y_{\sum_{c=0}^{t-1} i_c+n}\right)=\frac{\theta^2-2\theta\varphi_1+1}{1-\varphi_1^2}\sigma^2 \tag{5.14}
$$

那么，对于产品 1 组成的系统，为了获得最小渐近方差控制，折扣因子应该选择为 $\lambda_1^*=(1-\theta)/\xi_1$。

如果$|\varphi_1|<1$，那么产品 1 生产时系统输出的期望值在第 0 周期各批次的表达

式为

$$E\left(Y_n\right)=\varphi_1^{n-1}\left(\alpha_1+\xi_1 T_1\right)+\left(1-\varphi_1^{n-1}\right)T_1+\frac{1-\varphi_1^n}{1-\varphi_1}\delta \tag{5.15}$$

在第 n 周期各批次的表达式为

$$E\left(Y_{\sum_{c=0}^{t-1} i_c+n}\right)=T_1+\frac{\delta}{1-\varphi_1}+\varphi_1^{n-1}\left(i_{t-1}-j_{1,t-1}\right)\delta \tag{5.16}$$

结合式(5.13)～式(5.16)，可以得到系统稳定的 λ_1 取值范围满足如下结论：当折扣因子为 $0<\lambda_1<1/\xi_1$ 时，系统是稳定的，且输出不会出现振荡情形；当折扣因子为 $1/\xi_1<\lambda_1<2/\xi_1$ 时，系统虽然是稳定的，但是输出会出现振荡情形。

如果对系统的增益过估计，即 $\xi_1\leqslant 1$，由于 $0<\lambda_1\leqslant 1$，λ_1 取值于 $\left(0,1/\xi_1\right]$，这可使系统的输出不会出现振荡现象；相反，如果对系统的增益低估计，即 $\xi_1>1$，那么 λ_1 很有可能取值于 $\left(1/\xi_1,2/\xi_1\right)$，这时系统的输出就会出现振荡现象。

对于稳定的系统，结合式(5.15)和式(5.16)，可以得到第 $\sum_{c=0}^{t-1} i_c+1$ 批次与第 $\sum_{c=0}^{t-2} i_c+j_{1,t-1}$ 批次，即上一周期最后一个批次与当前周期第一个批次，产品 1 组成系统的输出之间差异为

$$E\left(Y_{\sum_{c=0}^{t-1} i_c+1}\right)-E\left(Y_{\sum_{c=0}^{t-2} i_c+j_{1,t-1}}\right)=\left(i_{t-1}-j_{1,t-1}\right)\delta \tag{5.17}$$

第 $\sum_{c=0}^{t-1} i_c+n$ 批次与第 $\sum_{c=0}^{t-1} i_c+n-1$ 批次即当前周期连续两个批次该系统的输出之间差异为

$$E\left(Y_{\sum_{c=0}^{t-1} i_c+n}\right)-E\left(Y_{\sum_{c=0}^{t-1} i_c+n-1}\right)=\varphi_1^{n-2}\left(\varphi_1-1\right)\left(i_{t-1}-j_{1,t-1}\right)\delta \tag{5.18}$$

式中，$t\geqslant 1$ 且 $n\geqslant 2$。

从式(5.15)可以看出，在第 0 周期，系统输出在几个批次后就可以接近目标值，但是会有一个小的偏差 $\delta/\left(\xi_1\lambda_1\right)$。如果在第 $t-1(t\geqslant 1)$ 周期产品 1 的下线时间很久，即 $i_{t-1}-j_{1,t-1}$ 的值很大，由于 $\left|\varphi_1\right|<1$，由式(5.16)可知在第 t 周期的开始一些

批次系统的输出值会远离目标值，经过一些批次后，系统输出虽然会接近目标值，但是会有一个小的偏差 $\delta/(\xi_1\lambda_1)$ 。从式(5.17)和式(5.18)可以发现，如果在第 $t-1(t\geqslant 1)$ 周期产品 1 的下线时间很久，那么在第 t 周期的开始几个批次，产品 1 组成系统的输出会偏离目标值很远。而式(5.18)说明，在同一周期，随着 n 的增加，系统相邻两批次的输出值之间的差异越来越小。

5.3.2 周期重置折扣因子容错控制算法

由于采用传统的基于产品的 EWMA 算法作为系统控制器的算法，系统输出在每个生产周期的前几个批次偏离目标值，从而导致很高的返工率。为了解决这一问题，本节提出了周期重置折扣因子容错控制算法。

定理 5.2　对于一个由产品 1 组成的稳定系统，其 EWMA 控制器的折扣因子在第 t 周期第 n 批次应该为

$$\lambda_1\left(\sum_{c=0}^{t-1}i_c+n\right)=\begin{cases}\lambda_1^*+g_1\left(\sum_{c=0}^{t-1}i_c+n\right), & 0<\lambda_1^*\leqslant\dfrac{1}{\xi_1}\\ \lambda_1^*-g_1\left(\sum_{c=0}^{t-1}i_c+n\right), & \dfrac{1}{\xi_1}<\lambda_1^*<\dfrac{2}{\xi_1}\end{cases}\tag{5.19}$$

式中，$g_1\left(\sum_{c=0}^{t-1}i_c+n\right)$ 是 n 的减函数，且满足对于任意给定的 n，有 $g_1\left(\sum_{c=0}^{t-1}i_c+n\right)\geqslant 0$，$0<\lambda_1^*+g_1\left(\sum_{c=0}^{t-1}i_c+n\right)\leqslant 1/\xi_1$ 且 $1/\xi_1<\lambda_1^*-g_1\left(\sum_{c=0}^{t-1}i_c+n\right)<2/\xi_1$。

证明　对一个稳定的系统来说，如果系统的输出没有振荡现象发生，可以得到 $0<\varphi_1<1$，此时，希望 φ_1 的值越小越好，即增加 $\lambda_1\left(\sum_{c=0}^{t-1}i_c+n\right)$ 来加快系统输出的收敛速度，从而减小系统在每个周期前几批次的输出的大偏移。另外，如果系统的输出有振荡现象发生，那么 $-1<\varphi_1<0$，即 $0<|\varphi_1|=\xi_1\lambda_1\left(\sum_{c=0}^{t-1}i_c+n\right)-1<1$。在这种情况下，从式(5.15)和式(5.16)很容易知道 $\lambda_1\left(\sum_{c=0}^{t-1}i_c+n\right)$ 的值需要变小，从而加速系统输出的收敛速度。随着 n 的增加，大的偏移会消失，直到稳定状态。如果系统达到稳定状态，可以考虑最小渐近方差控制，获得最优的折扣因子。如果用 $\lambda_1\left(\sum_{c=0}^{t-1}i_c+n\right)$ 代表 λ_1^* 和 $g_1\left(\sum_{c=0}^{t-1}i_c+n\right)$ 的线性组合，那么定理 5.2 就可以得证。

由于从第 1 个周期起，系统的输出在每个周期前几个批次偏离目标值很远，所以此时的主要目的是使系统的输出尽快接近目标值。然而随着 n 的增加，系统的输出会越来越接近目标值，这时就应该考虑最小渐近方差控制了。

在实际的生产过程中，生产产品的机台需要定期停机检修，检修过程会使得机台输出发生偏移，可以将这个偏移看作系统所经历的阶跃故障。接下来讨论阶跃故障对系统性能的影响，同时提出周期重置折扣因子容错控制算法来处理这种故障。

如果系统的故障发生在第 h 批次，那么记故障的形式为

$$f_s = \begin{cases} f, & s \geqslant h \\ 0, & s < h \end{cases} \tag{5.20}$$

式中，f 是阶跃故障的幅值。用 F_s 代表第 s 批次系统所经历的总的外界干扰，即系统的机台干扰 η_s 和系统的阶跃故障 f_s：

$$F_s = \eta_s + f_s \tag{5.21}$$

定理 5.3 如果系统的阶跃故障发生在第 0 周期，那么产品 1 在第 n 批次的输出期望值为

$$\begin{aligned} E(Y_n) &= \left(1-\varphi_1^{n-1}\right)T_1 + \varphi_1^{n-1}\left(\alpha_1 + \xi_1 T_1 - \xi_1 \tilde{a}_1\right) + \frac{1-\varphi_1^n}{1-\varphi_1}\delta \\ &\quad + \gamma_2 \sum_{k=2}^{n} \varphi_1^{n-k}\left(f_k - f_{k-1}\right) + \varphi_1^{n-1} f_1 \end{aligned} \tag{5.22}$$

如果系统的阶跃故障发生在第 t ($t \geqslant 1$) 周期，那么产品 1 在该生产周期第 n 批次的输出的期望值为

$$\begin{aligned} E\left(Y_{\sum_{c=0}^{t-1} i_c + n}\right) &\approx T_1 + \frac{\delta}{1-\varphi_1} + \varphi_1^{n-1}\left(i_{t-1} - j_{1,t-1}\right)\delta + \varphi_1^{n-1}\left(f_{\sum_{c=0}^{t-1} i_c + 1} - f_{\sum_{c=0}^{t-2} i_c + j_{1,t-1}}\right) \\ &\quad + \varphi_1^{n-1} \sum_{k=2}^{j_{1,t-1}} \varphi_1^{j_{1,t-1}-k+1}\left(f_{\sum_{c=0}^{t-2} i_c + k} - f_{\sum_{c=0}^{t-2} i_c + k-1}\right) + \gamma_2 \sum_{k=2}^{n} \varphi_1^{n-k}\left(f_{\sum_{c=0}^{t-1} i_c + k} - f_{\sum_{c=0}^{t-1} i_c + k-1}\right) \end{aligned} \tag{5.23}$$

证明 结合式(5.7)～式(5.10)以及式(5.20)和式(5.21)，令 $t=0$，有

$$\begin{aligned} Y_n &= \varphi_1 Y_{n-1} + \xi_1 \lambda_1 T_1 + F_n - F_{n-1} \\ &= \varphi_1^{n-1} Y_1 + \sum_{k=0}^{n-2} \varphi_1^k \cdot \xi_1 \lambda_1 T_1 + \sum_{k=0}^{n-2} \varphi_1^k \left(F_{n-k} - F_{n-k-1}\right) \end{aligned}$$

$$
=(1-\varphi_1^{n-1})T_1+\varphi_1^{n-1}\left(\alpha_1+\xi_1T_1-\xi_1\tilde{a}_1+\varepsilon_1+f_1+\delta\right)
+\gamma_2\sum_{k=0}^{n-2}\varphi_1^k\left(f_{n-k}-f_{n-k-1}+\varepsilon_{n-k}-\theta\varepsilon_{n-k-1}+\delta\right)
$$

对上式的 Y_n 取数学期望，得到式(5.22)。

当 $t=1$ 且 $n=1$ 时，可以得到

$$
\begin{aligned}
Y_{i_0+1}&=\varphi_1Y_{j_{1,0}}+\xi_1\lambda_1T_1+F_{i_0+1}-F_{j_{1,0}}\\
&=\varphi_1^{j_{1,0}}\left(\alpha_1+\xi_1T_1-\xi_1\tilde{a}_1+F_1\right)+\left(1-\varphi_1^{j_{1,0}}\right)T_1\\
&\quad+\sum_{k=0}^{j_{1,0}-2}\varphi_1^{k+1}\left(F_{j_{1,0}-k}-F_{j_{1,0}-k-1}\right)+F_{i_0+1}-F_{j_{1,0}}
\end{aligned}
\tag{5.24}
$$

当 $t=1$ 且 $n\geqslant 2$ 时，有

$$
\begin{aligned}
Y_{i_0+n}&=\varphi_1Y_{i_0+n-1}+\xi_1\lambda_1T_1+F_{i_0+n}-F_{i_0+n-1}\\
&=\left(1-\varphi_1^{n-1}\right)T_1+\varphi_1^{n-1}Y_{i_0+1}+\sum_{k=0}^{n-2}\varphi_1^k\left(F_{i_0+n-k}-F_{i_0+n-k-1}\right)
\end{aligned}
\tag{5.25}
$$

当 $t\geqslant 2$ 且 $n=1$ 时，有

$$
\begin{aligned}
Y_{\sum_{c=0}^{t-1}i_c+1}&=\varphi_1Y_{\sum_{c=0}^{t-2}i_c+j_{1,t-1}}+\xi_1\lambda_1T_1+F_{\sum_{c=0}^{t-1}i_c+1}-F_{\sum_{c=0}^{t-2}i_c+j_{1,t-1}}\\
&=\varphi_1^{\sum_{m=0}^{t-1}j_{1,t-1-m}}\left(\alpha_1+\xi_1T_1-\xi_1\tilde{a}_1+F_1\right)+\sum_{m=0}^{t-2}\varphi_1^{\sum_{u=0}^{m}j_{1,t-1-u}}\left[\sum_{k=0}^{j_{1,t-2-m}-1}\varphi_1^k\cdot\xi_1\lambda_1T_1\right.\\
&\quad\left.+\sum_{k=0}^{j_{1,t-2-m}-2}\varphi_1^{k+1}\left(F_{\sum_{c=0}^{t-3-m}i_c+j_{1,t-2-m}-k}-F_{\sum_{c=0}^{t-3-m}i_c+j_{1,t-2-m}-k-1}\right)+F_{\sum_{c=0}^{t-2-m}i_c+1}-F_{\sum_{c=0}^{t-3-m}i_c+j_{1,t-2-m}}\right]\\
&\quad+\sum_{k=0}^{j_{1,t-1}-1}\varphi_1^k\cdot\xi_1\lambda_1T_1+\sum_{k=0}^{j_{1,t-1}-2}\varphi_1^{k+1}\left(F_{\sum_{c=0}^{t-2}i_c+j_{1,t-1}-k}-F_{\sum_{c=0}^{t-2}i_c+j_{1,t-1}-k-1}\right)+F_{\sum_{c=0}^{t-1}i_c+1}-F_{\sum_{c=0}^{t-2}i_c+j_{1,t-1}}
\end{aligned}
\tag{5.26}
$$

当 $t\geqslant 2$ 且 $n\geqslant 2$ 时，有

$$
\begin{aligned}
Y_{\sum_{c=0}^{t-1}i_c+n}&=\varphi_1Y_{\sum_{c=0}^{t-1}i_c+n-1}+\xi_1\lambda_1T_1+F_{\sum_{c=0}^{t-1}i_c+n}-F_{\sum_{c=0}^{t-1}i_c+n-1}\\
&=\varphi_1^{n-1}Y_{\sum_{c=0}^{t-1}i_c+1}+\left(1-\varphi_1^{n-1}\right)T_1+\gamma_2\sum_{k=0}^{n-2}\varphi_1^k\left(F_{\sum_{c=0}^{t-1}i_c+n-k}-F_{\sum_{c=0}^{t-1}i_c+n-k-1}\right)
\end{aligned}
\tag{5.27}
$$

结合式(5.24)～式(5.27)，可以得到

$$
\begin{aligned}
Y_{\sum_{c=0}^{t-1} i_c+n} =& \varphi_1^{\sum_{m=0}^{t-1} j_{1,t-1-m}+n-1}\left(\alpha_1+\xi_1 T_1-\xi_1 \tilde{a}_1+F_1\right)+\varphi_1^{n-1} \sum_{m=0}^{t-2} \varphi_1^{\sum_{u=0}^{m} j_{1,t-1-u}} \\
& \cdot\left[\sum_{k=0}^{j_{1,t-2-m}-1} \varphi_1^k \cdot \xi_1 \lambda_1 T_1+\sum_{k=0}^{j_{1,t-2-m}-2} \varphi_1^{k+1}\left(F_{\sum_{c=0}^{t-3-m} i_c+j_{1,t-2-m}-k}-F_{\sum_{c=0}^{t-3-m} i_c+j_{1,t-2-m}-k-1}\right)\right. \\
& \left.+F_{\sum_{c=0}^{t-2-m} i_c+1}-F_{\sum_{c=0}^{t-3-m} i_c+j_{1,t-2-m}}\right]+\varphi_1^{n-1} \sum_{k=0}^{j_{1,t-1}-1} \varphi_1^k \cdot \xi_1 \lambda_1 T_1+\varphi_1^{n-1} \sum_{k=0}^{j_{1,t-1}-2} \varphi_1^{k+1} \\
& \cdot\left(F_{\sum_{c=0}^{t-2} i_c+j_{1,t-1}-k}-F_{\sum_{c=0}^{t-2} i_c+j_{1,t-1}-k-1}\right)+\varphi_1^{n-1}\left(F_{\sum_{c=0}^{t-1} i_c+1}-F_{\sum_{c=0}^{t-2} i_c+j_{1,t-1}}\right)+\sum_{k=0}^{n-2} \varphi_1^k \cdot \xi_1 \lambda_1 T_1 \\
& +\gamma_2 \sum_{k=0}^{n-2} \varphi_1^k\left(F_{\sum_{c=0}^{t-1} i_c+n-k}-F_{\sum_{c=0}^{t-1} i_c+n-k-1}\right)
\end{aligned}
$$

对上式中的$Y_{\sum_{c=0}^{t-1} i_c+n}$求数学期望，可以得到式(5.23)。

从式(5.22)和式(5.23)可以知道，如果故障发生在第h批次，那么此时这个故障使得系统的输出偏离目标值的距离为f。通过数学归纳法可知，如果故障发生在第h批次，那么在第$h+s$批次系统的输出偏离目标值的距离为$\varphi_1^s f$。为了克服这种故障对系统的影响，提出如下推论。

推论 5.2　如果系统的故障发生在第t周期的第h批次，那么在第$h+s$批次折扣因子$\lambda_1\left(\sum_{c=0}^{t-1} i_c+h+s\right)$应该被重置为$\lambda_1\left(\sum_{c=0}^{t-1} i_c+s\right)$以减小系统故障对系统输出的影响。

分析式(5.22)和式(5.23)可知，阶跃故障对系统的影响与$|\varphi_1|$成正比。因此当这种故障发生时，希望$|\varphi_1|$的值越小越好，以减轻故障对系统输出的影响，即减小系统输出的偏移。那么如何选取一个小的$|\varphi_1|$成为一个问题，即如何选取合适的折扣因子$\lambda_1\left(\sum_{c=0}^{t-1} i_c+n\right)$。由于在定理 5.2 已经讨论了如何选择合适的$\lambda_1\left(\sum_{c=0}^{t-1} i_c+n\right)$，这里省略对这个问题的讨论。

5.3.3　仿真示例

本节将通过仿真示例来阐述前几节所提方法的有效性。不失一般性，只讨论两种产品，即产品 1 和产品 2。不同的生产周期，生产产品的总数量是可以不同的，并且每种产品生产的数量也可以是不同的，即对于不同的t，i_t、$j_{1,t}$和$j_{2,t}$的值都可以不同。假设系统其他的参数为$\sigma^2=0.1^2$和$\delta=0.1$，产品 1 和产品 2 的目标值为$(T_1,T_2)=(0,5)$。

假设生产周期为 4，即$t\in[0,3]$；每个生产周期内生产的产品数为 200，即$i_t=200$；产品 1 在每个生产周期上线时间都为 100，即$j_{1,t}=100$。图 5.6 是产品 1 和产品 2 生产中采用固定折扣因子算法和周期重置折扣因子算法时系统在第 0～3 周期的输出(输出没有振荡现象)。在这个仿真示例中，$\theta=0.7$，两种产品的模型不匹配参数为$(\xi_1,\xi_2)=(2,0.5)$。可以得到$\lambda_1^*=0.15$和$\lambda_2^*=0.6$，这种取值会使得产品 1 和产品 2 所组成的系统稳定，且系统输出没有振荡现象发生。对于产品 1，选择$\lambda_1=0.15$作为固定折扣因子，$\lambda_1\left(\sum_{c=0}^{t-1}i_c+n\right)=0.15+0.3^n$作为周期重置折扣因子；对于产品 2，选择$\lambda_2=0.6$作为固定折扣因子，$\lambda_2\left(\sum_{c=0}^{t-1}i_c+n\right)=0.6+0.75^{n-j_{1,t}}$作为周期重置折扣因子。

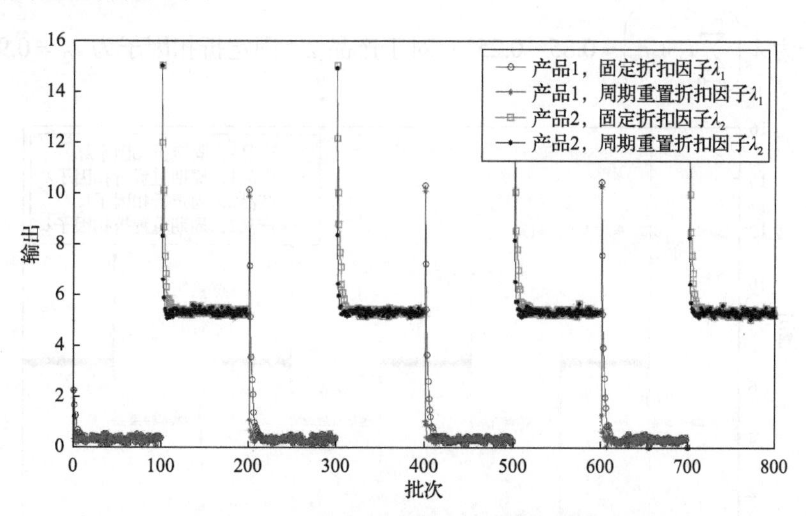

图 5.6　产品 1 和产品 2 生产中采用固定折扣因子算法和周期重置折扣因子算法时系统在第 0～3 周期的输出(输出没有振荡现象)

从图 5.6 中可以看出，采用周期重置折扣因子的系统会比采用固定折扣因子的系统的性能更好。表 5.1 给出了采用这两种方法时系统性能的详细比较。

fixed-MSE1 和 fixed-variance1 分别表示采用固定折扣因子算法时产品 1 生产时系统输出的均方差和方差，CR-MSE1 和 CR-variance1 分别表示采用周期重置折扣因子算法时产品 1 生产时系统输出的均方误差和方差；产品 2 的定义类似，即将 MSE1 和 variance1 变成 MSE2 和 variance2。

表 5.1　产品 1 和产品 2 在第 0～3 周期的系统输出性能比较(输出没有振荡现象)

性能	第 0 周期	降低百分比	第 1 周期	降低百分比	第 2 周期	降低百分比	第 3 周期	降低百分比
fixed-MSE1	0.2407	—	2.4694	—	2.1894	—	2.3290	—
CR-MSE1	0.1684	30.0%	1.2293	50.2%	1.1358	48.1%	1.1596	50.2%
fixed-MSE2	2.1053	—	2.3409	—	2.3989	—	2.2776	—
CR-MSE2	1.2438	40.9%	1.3308	43.1%	1.3547	43.5%	1.2840	43.6%
fixed-variance1	0.0821	—	2.0225	—	1.7652	—	1.9080	—
CR-variance1	0.0459	44.1%	1.0290	49.1%	0.9388	46.8%	0.9733	49.0%
fixed-variance2	1.6894	—	1.9218	—	1.9656	—	1.8635	—
CR-variance2	1.0180	39.7%	1.1159	41.9%	1.1322	42.4%	1.0709	42.5%

图 5.7 是产品 1 和产品 2 生产中采用固定折扣因子算法和周期重置折扣因子算法时系统在第 0～3 周期的输出(输出有振荡现象)。在这个仿真示例中，取 $\theta=-0.7$，$\xi_1=2$，$\xi_2=1.8$。可以得到 $\lambda_1^*=0.85$ 和 $\lambda_2^*=0.94$，此时系统稳定，但是输出会有振荡现象发生。对于产品 1，固定折扣因子为 $\lambda_1=0.85$，周期重置折扣因子为 $\lambda_1\left(\sum_{c=0}^{t-1} i_c+n\right)=0.85-0.25^n$；对于产品 2，固定折扣因子为 $\lambda_2=0.94$，周

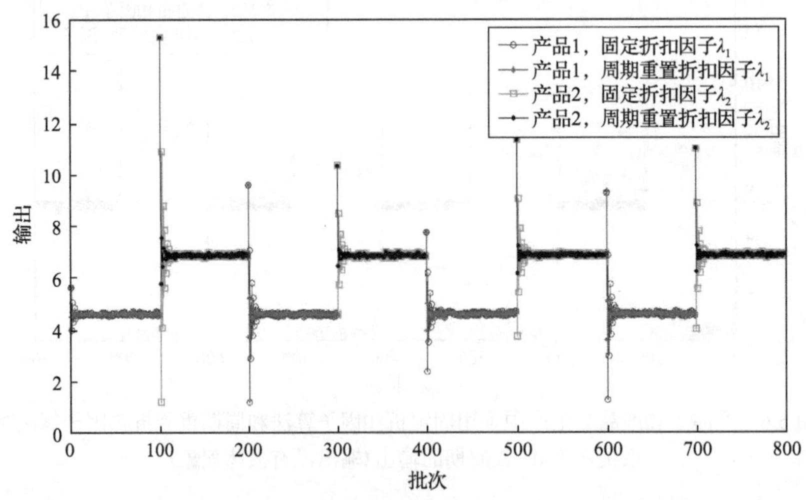

图 5.7　产品 1 和产品 2 生产中采用固定折扣因子算法和周期重置折扣因子算法时系统在第 0～3 周期的输出(输出有振荡现象)

期重置折扣因子为 $\lambda_2\left(\sum_{c=0}^{t-1} i_c + n\right) = 0.94 - 0.3^{n-j_{1,t}}$。从图 5.7 可以看出，每个产品对应系统的输出在每个周期的前几个批次都是振荡的，但是振荡随着时间的推移会变得越来越小，直到最后几乎消失；同时，采用周期重置折扣因子算法的系统的性能比采用固定折扣因子的系统更好。表 5.2 给出了采用这两种方法时系统性能的详细比较。

表 5.2　产品 1 和产品 2 在第 0～3 周期的系统输出性能比较(输出有振荡现象)

性能	第 0 周期	降低百分比	第 1 周期	降低百分比	第 2 周期	降低百分比	第 3 周期	降低百分比
fixed-MSE1	0.1030	—	1.4226	—	2.2773	—	1.9916	—
CR-MSE1	0.0652	36.7%	0.7864	44.7%	1.2578	44.7%	1.0890	45.3%
fixed-MSE2	5.9615	—	2.1473	—	2.7611	—	0.7785	—
CR-MSE2	3.2166	46.0%	1.1799	45.1%	1.5000	45.6%	0.4285	44.9%
fixed-variance1	0.0976	—	1.4243	—	2.2822	—	2.0025	—
CR-variance1	0.0584	40.2%	0.7757	45.5%	1.2432	45.5%	1.0844	45.8%
fixed-variance2	5.9978	—	2.1531	—	2.7719	—	0.7784	—
CR-variance2	3.2053	46.6%	1.1665	45.8%	1.4868	46.4%	0.4211	45.9%

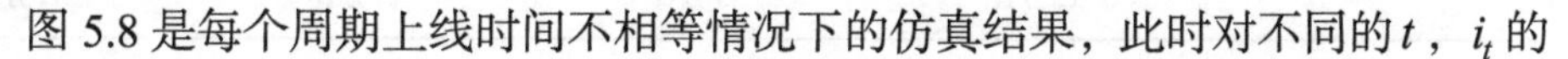

图 5.8 是每个周期上线时间不相等情况下的仿真结果，此时对不同的 t，i_t 的

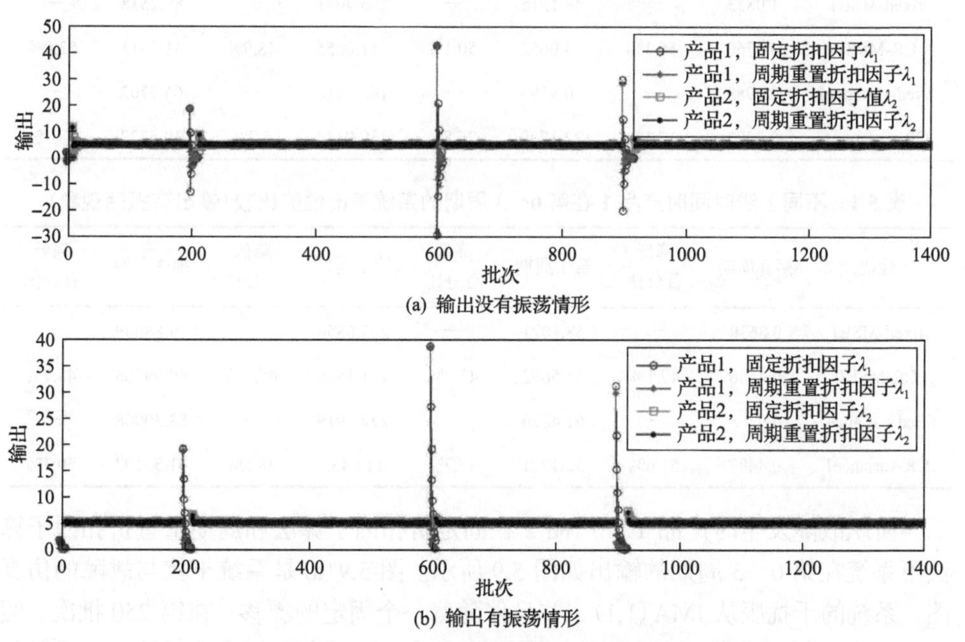

(a) 输出没有振荡情形

(b) 输出有振荡情形

图 5.8　产品 1 和产品 2 在每个周期上线时间不相等的情况下采用固定折扣因子算法和周期重置折扣因子算法时系统在第 0～3 周期的输出

值可能不同。在这个示例中，假设产品 1 和产品 2 在同一个机台上生产了 4 个周期，每个周期的长度分别为 $i_0 = 200$ 、 $i_1 = 400$ 、 $i_2 = 300$ 和 $i_3 = 500$ 。产品 1 在每个周期的上线时间分别为 $j_{1,0} = 10$ 、 $j_{1,1} = 15$ 、 $j_{1,2} = 10$ 和 $j_{1,3} = 20$ ，很明显产品 1 其实是小批量的产品。

图 5.8(a)和图 5.8(b)分别显示了系统输出没有振荡和有振荡情况时的仿真结果。这两个图仿真所用的其他参数与图 5.6 和图 5.7 中的一样。从仿真结果可知，对于产品 1 和产品 2，不管系统的输出有没有发生振荡，采用周期重置折扣因子算法时系统的性能会比采用固定折扣因子算法时更优越。同时，如果产品在第 $t-1$ 周期的下线时间久时，那么它在第 t 周期上线时的前几个批次的输出会偏离目标值很远。以产品 1 为例，在第 1 周期产品 1 的下线时间为 385 批次，那么在第 2 周期产品 1 上线的前一些批次，它的输出都是远离目标值的。表 5.3 和表 5.4 分别比较了系统输出没有振荡和系统输出有振荡情况下小批量产品(产品 1)组成的系统在采用周期重置折扣因子算法和固定折扣因子算法时系统的性能。

表 5.3 不同上线时间时产品 1 在第 0～3 周期的系统输出性能比较(输出没有振荡现象)

性能	第 0 周期	降低百分比	第 1 周期	降低百分比	第 2 周期	降低百分比	第 3 周期	降低百分比
fixed-MSE1	1.0833	—	48.1915	—	295.7041	—	89.2538	—
CR-MSE1	0.4760	56.1%	24.0652	50.1%	151.0855	48.9%	41.9911	53.0%
fixed-variance1	0.2983	—	30.3193	—	148.4218	—	64.7702	—
CR-variance1	0.2473	17.1%	22.1789	26.8%	139.9334	5.7%	39.6777	38.7%

表 5.4 不同上线时间时产品 1 在第 0～3 周期的系统输出性能比较(输出有振荡现象)

性能	第 0 周期	降低百分比	第 1 周期	降低百分比	第 2 周期	降低百分比	第 3 周期	降低百分比
fixed-MSE1	0.8630	—	58.1021	—	203.6856	—	79.88809	—
CR-MSE1	0.4566	47.1%	31.5682	45.7%	111.1545	45.4%	40.99763	48.7%
fixed-variance1	0.9268	—	61.4826	—	222.2919	—	83.30068	—
CR-variance1	0.4487	51.6%	32.1771	47.7%	114.432	48.5%	41.55107	50.1%

阶跃故障发生时产品 1 和产品 2 在固定折扣因子算法和周期重置折扣因子算法下系统在第 0～3 周期的输出如图 5.9 所示。图 5.9(a)是系统干扰与故障的仿真图，系统的干扰服从 IMA(1,1)，并且伴随着一个固定的漂移；在第 250 批次，假设生产产品的机台有一次停机检测，那么这时系统就会有一个阶跃故障，设其幅值为 25。图 5.8(b)是过估计系统增益时采用固定折扣因子算法和周期重置折扣因

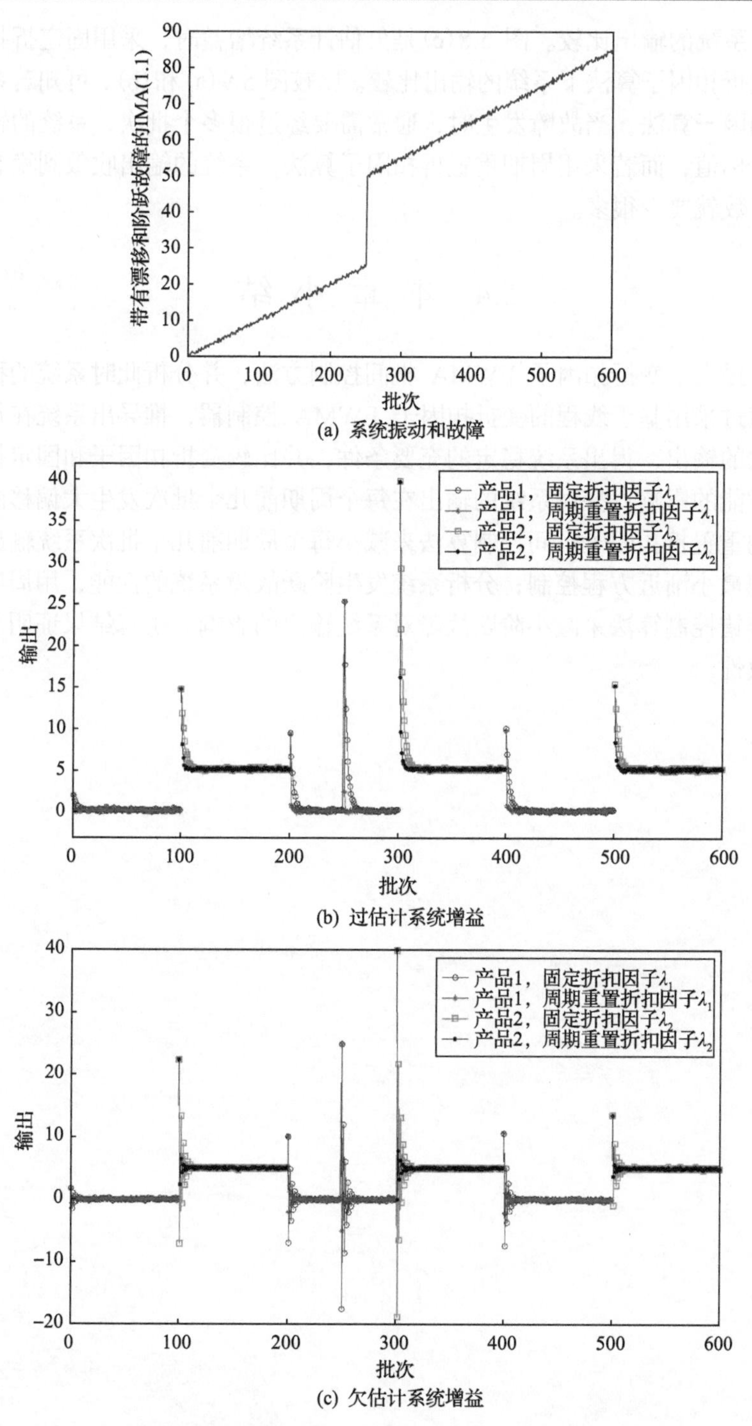

图 5.9　阶跃故障发生时产品 1 和产品 2 在固定折扣因子算法和周期重置折扣因子算法下系统在第 0～3 周期的输出

子算法下系统的输出比较。图 5.8(c)是欠估计系统增益时，采用固定折扣因子和周期重置折扣因子算法下系统的输出比较。比较图 5.9(a)和(b)，可知若系统采用固定折扣因子算法，当故障发生时，通常需要经过很多个批次，系统的输出才可以接近目标值，而若采用周期重置折扣因子算法，系统的输出收敛到稳态值所需要的批次数就要少很多。

5.4 本章小结

本章提出了变折扣因子 EWMA 批间控制方法，并分析此时系统的稳定性及性能；通过采用基于线程的变折扣因子 EWMA 控制器，推导出系统在每个周期每个批次的输出，得出系统稳定的充要条件，并比较变折扣因子和固定折扣因子对系统性能的影响；探讨系统的输出在每个周期前几个批次发生大偏移的原因，提出周期重置折扣因子批间控制算法来减小每个周期前几个批次系统输出大的偏移，实现最小渐近方程控制；分析系统发生阶跃故障系统的性能，用周期重置折扣因子容错控制算法来减小阶跃故障对系统输出的影响。仿真结果证明了所提方法的有效性。

第6章 偏移补偿批间控制

6.1 引 言

现在的半导体生产工厂中，为了提高机台的利用率，不同种类的产品常常在一个特定的机台上生产，这就是所谓的混合产品制程。基于EWMA和DEWMA算法的批间控制器同时具有统计过程控制和先进过程控制的优点，所以在半导体生产的很多过程中常常被采用。但是正如第5章所提到的一样，如果机台存在具有漂移的IMA(1,1)干扰，并且产品在上一个周期下线时间长，那么在下一个周期，当这种产品上线时，它组成的系统的输出在开始的批次就会有大的偏移。这种大的偏移会导致出现高的返工率或者报废率，从而使得生产效率变低、生产成本提高。

第5章提出了周期重置折扣因子算法用来减小这种偏移以及获得最小方差控制。尽管周期重置折扣因子算法在克服系统大的偏移方面比基于产品的EWMA算法有效，但是通常需要相对多的批次才能使得系统的输出接近目标值，这也会导致生产过程中废品率的提高。因此，本章将采用比较少的批次来进行偏移补偿，发展新的批间控制方法。

在实际生产过程中，由于设备的老化，磨损通常会导致生产产品的机台发生漂移。在本章中，仍然采用带漂移的IMA(1,1)干扰，即用式(4.16)表示。

6.2 周期预测EWMA算法

从5.3节的介绍可以看到，当系统输出没有偏移目标值很远时，$a_{\sum_{c=0}^{t-1} i_c+n}$ 和 $\sum_{c=0}^{t-1} i_c + n$之间几乎呈线性关系，相反当两者之间呈非线性关系时，系统的输出就会出现大的偏移。因此，应尽量保持它们之间的线性关系。本节提出的周期预测EWMA算法可以实现这一目的。

不失一般性，本节只关注产品1。已知系统模型如下：

$$
Y_{\sum_{c=0}^{t-1} i_c+n}=\begin{cases}\alpha_1+\beta_1 u_{\sum_{c=0}^{t-1} i_c+n}+\eta_{\sum_{c=0}^{t-1} i_c+n}, & 1\leqslant n\leqslant j_{1,t}\\ \alpha_2+\beta_2 u_{\sum_{c=0}^{t-1} i_c+n}+\eta_{\sum_{c=0}^{t-1} i_c+n}, & j_{1,t}<n\leqslant j_{1,t}+j_{2,t}\\ \vdots & \\ \alpha_p+\beta_p u_{\sum_{c=0}^{t-1} i_c+n}+\eta_{\sum_{c=0}^{t-1} i_c+n}, & \sum_{m=1}^{p-1} j_{m,t}<n\leqslant i_t\end{cases} \tag{6.1}
$$

式中，$u_{\sum_{c=0}^{t-1} i_c+n}$ 是第 $\sum_{c=0}^{t-1} i_c+n$ 批次前系统的输入变量。当 $n=1,2,\cdots,j_{1,t}$ 时，$Y_{\sum_{c=0}^{t-1} i_c+n}$ 是第 $\sum_{c=0}^{t-1} i_c+n$ 批次后产品 1 组成的系统的输出；当 $n=j_{1,t}+1,j_{1,t}+2,\cdots,j_{2,t}$ 时，$Y_{\sum_{c=0}^{t-1} i_c+n}$ 是第 $\sum_{c=0}^{t-1} i_c+n$ 批次后产品 2 组成的系统的输出。

假设产品 1 和产品 p 的预测模型分别为

$$
\tilde{Y}_{\sum_{c=0}^{t-1} i_c+n}=\tilde{a}_1+b_1 u_{\sum_{c=0}^{t-1} i_c+n} \tag{6.2}
$$

$$
\tilde{Y}_{\sum_{c=0}^{t-1} i_c+n}=\tilde{a}_p+b_p u_{\sum_{c=0}^{t-1} i_c+n} \tag{6.3}
$$

式中，$(\tilde{a}_1,\tilde{a}_p)$ 和 (b_1,b_p) 分别是产品 1 和产品 p 的截距参数和模型增益的估计参数。

如果用 $a_{\sum_{c=0}^{t-1} i_c+n}$ 表示 (α_1,α_p) 的更新值，那么基于产品的 EWMA 控制器的表达形式就变为如下形式：

$$
a_{\sum_{c=0}^{t-1} i_c+n}=\begin{cases}\lambda_1\left(Y_1-b_1 u_1\right)+\left(1-\lambda_1\right)a_{10}, & n=1\text{ 且 }t=0\\ \lambda_1\left(Y_{\sum_{c=0}^{t-1} i_c+1}-b_1 u_{\sum_{c=0}^{t-1} i_c+1}\right)+\left(1-\lambda_1\right)a_{\sum_{c=0}^{t-2} i_c+j_{1,t-1}}, & n=1\text{ 且 }t\geqslant 1\\ \lambda_1\left(Y_{\sum_{c=0}^{t-1} i_c+n}-b_1 u_{\sum_{c=0}^{t-1} i_c+n}\right)+\left(1-\lambda_1\right)a_{\sum_{c=0}^{t-1} i_c+n-1}, & n=2,3,\cdots,j_{1,t}\end{cases} \tag{6.4}
$$

对产品 p 组成的系统，该 EWMA 控制器可表示为

$$a_{\sum_{c=0}^{t-1} i_c+n}=\begin{cases}\lambda_p\left(Y_{\sum_{m=1}^{p-1} j_{m,0}+1}-b_p u_{\sum_{m=1}^{p-1} j_{m,0}+1}\right)+(1-\lambda_p)a_{p0}, & n=1\text{且}t=0\\ \lambda_p\left(Y_{\sum_{c=0}^{t-1} i_c+\sum_{m=1}^{p-1} j_{m,t}+1}-b_p u_{\sum_{c=0}^{t-1} i_c+\sum_{m-1}^{p-1} j_{m,t}+t}\right)+(1-\lambda_p)a_{\sum_{c=0}^{t-2} i_c+\sum_{m-1}^{p-1} j_{m,t-1}}, & n=\sum_{m=1}^{p-1} j_{m,t}+1\text{且}t\geqslant 1\\ \lambda_p\left(Y_{\sum_{c=0}^{t-1} i_c+n}-b_p u_{\sum_{c=0}^{t-1} i_c+n}\right)+(1-\lambda_p)a_{\sum_{c=0}^{t-1} i_c+n-1}, & n=\sum_{m=1}^{p-1} j_{m,t}+2,\sum_{m=1}^{p-1} j_{m,t}+3,\cdots,\sum_{m=1}^{p} j_{m,t}\end{cases}\tag{6.5}$$

式中，λ_1 和 λ_p 分别是产品 1 和产品 p 对应的 EWMA 控制器的折扣因子，$\lambda_1,\lambda_p\in[0,1]$。当 $n=1,2,\cdots j_{1,t}$ 时，a_{10} 是 $a_{\sum_{c=0}^{t-1} i_c+n}$ 的初始值；当 $n=\sum_{m=1}^{p-1} j_{m,t}+1,\sum_{m=1}^{p-1} j_{m,t}+2,\cdots,i_t$ 时，a_{p0} 是 $a_{\sum_{c=0}^{t-1} i_c+n}$ 的初始值。

产品 1 和产品 p 组成的系统的控制器输出分别为

$$u_{\sum_{c=0}^{t-1} i_c+n}=\begin{cases}\dfrac{T_1-a_{10}}{b_1}, & n=1\text{且}t=0\\ \dfrac{T_1-a_{\sum_{c=0}^{t-2} i_c+j_{1,t-1}}}{b_1}, & n=1\text{且}t\geqslant 1\\ \dfrac{T_1-a_{\sum_{c=0}^{t-1} i_c+n-1}}{b_1}, & n=2,3,\cdots,j_{1,t}\end{cases}\tag{6.6}$$

$$u_{\sum_{c=0}^{t-1} i_c+n}=\begin{cases}\dfrac{T_p-a_{p0}}{b_p}, & n=\sum_{m=1}^{p-1} j_{m,t}+1\text{且}t=0\\ \dfrac{T_p-a_{\sum_{c=0}^{t-2} i_c+\sum_{m=1}^{p-1} j_{m,t-1}}}{b_p}, & n=\sum_{m=1}^{p-1} j_{m,t}+1\text{且 }t\geqslant 1\\ \dfrac{T_p-a_{\sum_{c=0}^{t-1} i_c+n-1}}{b_p}, & n=\sum_{m=1}^{p-1} j_{m,t}+2,\sum_{m=1}^{p-1} j_{m,t}+3,\cdots,\sum_{m=1}^{p} j_{m,t}\end{cases}\tag{6.7}$$

式中，(T_1,T_p) 是产品 1 和产品 p 的目标值。

6.2.1 第 $t(t\geqslant1)$ 周期时的周期预测 EWMA 算法

在没有噪声情况下，系统在第 $t-1\sim t+1$ 周期时对于产品 1 的 $a_{\sum_{c=0}^{r} i_c+n}$ 的估计如图 6.1 所示。注意到，对于没有噪声的系统，$a_{\sum_{c=0}^{r} i_c+n}$ 的估计值就是 $E\left(a_{\sum_{c=0}^{r} i_c+n}\right)$。

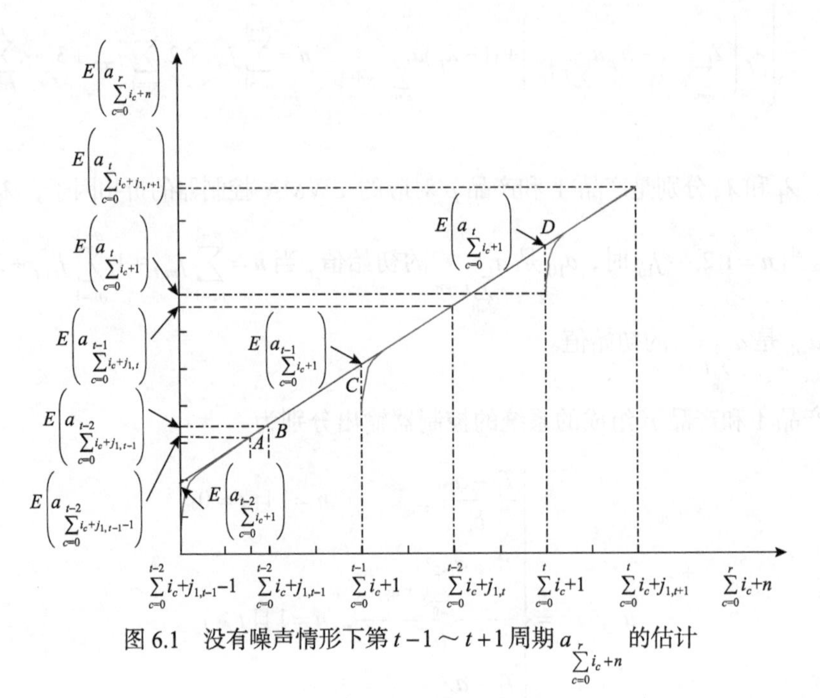

图 6.1 没有噪声情形下第 $t-1\sim t+1$ 周期 $a_{\sum_{c=0}^{r} i_c+n}$ 的估计

联立式(6.4)、式(6.4)和式(6.6)，可以得到

$$a_{\sum_{c=0}^{t-1} i_c+n}=\begin{cases}\lambda_1\left(Y_1-T_1\right)+a_{10}, & n=1\text{ 且 } t=0\\ \lambda_1\left(Y_{\sum_{c=0}^{t-1} i_c+1}-T_1\right)+a_{\sum_{c=0}^{t-2} i_c+j_{1,\,t-1}}, & n=1\text{ 且 } t\geqslant1\\ \lambda_1\left(Y_{\sum_{c=0}^{t-1} i_c+n}-T_1\right)+a_{\sum_{c=0}^{t-1} i_c+n-1}, & n=2,3,\cdots,j_{1,t}\end{cases}\tag{6.8}$$

直线 AB 的斜率为

$$k_{AB}=\frac{E\left(a_{\sum_{c=0}^{t-2}i_c+j_{1,\,t-1}}\right)-E\left(a_{\sum_{c=0}^{t-2}i_c+j_{1,\,t-1}-1}\right)}{\sum_{c=0}^{t-2}i_c+j_{1,\,t-1}-\left(\sum_{c=0}^{t-2}i_c+j_{1,\,t-1}-1\right)}=E\left(a_{\sum_{c=0}^{t-2}i_c+j_{1,\,t-1}}\right)-E\left(a_{\sum_{c=0}^{t-2}i_c+j_{1,\,t-1}-1}\right) \tag{6.9}$$

$$=\lambda_1\left[E\left(Y_{\sum_{c=0}^{t-2}i_c+j_{1,t-1}}\right)-T_1\right]$$

直线 BC 的斜率为

$$k_{BC}=\frac{E\left(a_{\sum_{c=0}^{t-1}i_c+1}\right)-E\left(a_{\sum_{c=0}^{t-2}i_c+j_{1,\,t-1}}\right)}{\sum_{c=0}^{t-1}i_c+1-\left(\sum_{c=0}^{t-2}i_c+j_{1,\,t-1}\right)}=\frac{E\left(a_{\sum_{c=0}^{t-1}i_c+1}\right)-E\left(a_{\sum_{c=0}^{t-2}i_c+j_{1,\,t-1}}\right)}{i_{t-1}-j_{1,\,t-1}+1} \tag{6.10}$$

注意到 $k_{AB}=k_{BC}$，可以用 $E\left(a_{\sum_{c=0}^{t-2}i_c+j_{1,\,t-1}}\right)$ 和 $E\left(Y_{\sum_{c=0}^{t-2}i_c+j_{1,t-1}}\right)$ 的数据来预测 $E\left(a_{\sum_{c=0}^{t-1}i_c+1}\right)$，即

$$E\left[a_{\sum_{c=0}^{t-1}i_c+1}\middle|E\left(a_{\sum_{c=0}^{t-2}i_c+j_{1,\,t-1}}\right),E\left(Y_{\sum_{c=0}^{t-2}i_c+j_{1,t-1}}\right)\right]=E\left(a_{\sum_{c=0}^{t-2}i_c+j_{1,\,t-1}}\right)+\lambda_1\left[E\left(Y_{\sum_{c=0}^{t-2}i_c+j_{1,t-1}}\right)-T_1\right]\left(i_{t-1}-j_{1,t-1}+1\right) \tag{6.11}$$

通过式(6.11)，将基于产品的 EWMA 滤波器修改成周期预测 EWMA 滤波器，则有

$$a_{\sum_{c=0}^{t-1}i_c+n}=\begin{cases}\lambda_1\left(Y_1-b_1u_1\right)+\left(1-\lambda_1\right)a_{10}, & n=1\text{ 且 }t=0\\ \lambda_1\left(Y_{\sum_{c=0}^{t-2}i_c+j_{1,t-1}}-T_1\right)\left(i_{t-1}-j_{1,t-1}+1\right)+a_{\sum_{c=0}^{t-2}i_c+j_{1,\,t-1}}, & n=1\text{ 且 }t\geqslant 1\\ \lambda_1\left(Y_{\sum_{c=0}^{t-1}i_c+n}-b_1u_{\sum_{c=0}^{t-1}i_c+n}\right)+\left(1-\lambda_1\right)a_{\sum_{c=0}^{t-1}i_c+n-1}, & n=2,3,\cdots,j_{1,t}\end{cases} \tag{6.12}$$

6.2.2 系统的输出分析

定理 6.1 产品 1 组成的系统在第 t $(t\geqslant 1)$ 周期每一个批次的输出为

$$Y_{\sum_{c=0}^{t-1} i_c+1}=\varphi_1 Y_{\sum_{c=0}^{t-2} i_c+j_{1,t-1}}+\xi_1\lambda_1 T_1+\eta_{\sum_{c=0}^{t-1} i_c+1}-\eta_{\sum_{c=0}^{t-2} i_c+j_{1,t-1}} \tag{6.13}$$

$$\begin{aligned}
Y_{\sum_{c=0}^{t-1} i_c+2}=&A^t \varphi_1^{\sum_{q=0}^{t-1} j_{1,t-1-q}-2t}\left[\alpha_1+\xi_1 T_1+\xi_1\lambda_1(1-\xi_1)T_1-\xi_1\lambda_1(\alpha_1+\eta_1)-\xi_1 a_{10}\varphi_1+\eta_2\right]\\
&+\sum_{v=1}^{t}A^v\cdot\varphi_1^{\sum_{p=1}^{v-1} j_{1,t-p}-2(v-1)}\cdot\left[\sum_{k=0}^{j_{1,t-v}-3}\varphi_1^k\cdot\xi_1\lambda_1 T_1+\sum_{m=0}^{j_{1,t-v}-3}\varphi_1^m\cdot\left(\eta_{\sum_{k=0}^{t-1-v} i_k+j_{1,t-v}-m}\right.\right.\\
&\left.\left.-\eta_{\sum_{k=0}^{t-1-v} i_k+j_{1,t-v}-m-1}\right)+A^{-1}(i_{t-v}-j_{1,t-v}+2)\xi_1\lambda_1 T_1+A^{-1}\left(\eta_{\sum_{k=0}^{t-v} i_k+2}-\eta_{\sum_{k=0}^{t-1-v} i_k+j_{1,t-v}}\right)\right]
\end{aligned} \tag{6.14}$$

$$Y_{\sum_{c=0}^{t-1} i_c+n}=\varphi_1^{n-2}Y_{\sum_{c=0}^{t-1} i_c+2}+\sum_{k=0}^{n-3}\varphi_1^k\cdot\xi_1\lambda_1 T_1+\sum_{m=0}^{n-3}\varphi_1^m\cdot\left(\eta_{\sum_{k=0}^{t-1} i_k+n-m}-\eta_{\sum_{k=0}^{t-1} i_k+n-m-1}\right) \tag{6.15}$$

式中，$A=\varphi_1-(i_{t-1}-j_{1,t-1}+1)\xi_1\lambda_1$ 且 $n\geqslant 3$。

证明 参照 5.3.1 节。

如果 $|\varphi_1|\geqslant 1$，那么从式(6.13)～式(6.15)可以看出系统是不稳定的。当 $|\varphi_1|<1$ 时，将式(4.16)代入式(6.13)～式(6.15)，并且对 $Y_{\sum_{c=0}^{t-1} i_c+n}$ 求数学期望和方差，得到产品 1 在第 $t\,(t\geqslant 1)$ 周期第 $n(n\geqslant 2)$ 批次的系统输出的数学期望和方差分别为

$$E\left(Y_{\sum_{c=0}^{t-1} i_c+1}\right)=T_1+\left(i_{t-1}-j_{1,t-1}+\frac{1}{\xi_1\lambda_1}\right)\delta \tag{6.16}$$

$$E\left(Y_{\sum_{c=0}^{t-1} i_c+n}\right)\approx T_1+\frac{\delta}{\xi_1\lambda_1} \tag{6.17}$$

$$\mathrm{Var}\left(Y_{\sum_{c=0}^{t-1} i_c+n}\right) \approx \left\{\frac{\varphi_1^{2(n-2)}\left(1+\theta^2-2\theta\varphi_1\right)A^2+\left(1+\theta^2-2\theta\varphi_1\right)\left(1-\varphi_1^{2(n-2)}\right)}{1-\varphi_1^2}\right.$$
$$\left.+\varphi_1^{2(n-2)}\left[(1-\theta)^2\left(i_{t-1}-j_{1,t-1}+1\right)+(1+\theta^2)-2\theta A\right]\right\}\sigma^2 \tag{6.18}$$

从式(6.16)可以看出，如果产品 1 在第 $t-1$ 周期的下线时间长，即 $i_{t-1}-j_{1,t-1}$ 的值很大，那么在第 t 周期，机台的漂移仅仅会使得系统的输出在第 1 批次远离目标值；从式(6.17)可以看出，从第 2 批次起系统的输出以 $\delta/(\xi_1\lambda_1)$ 作为偏差接近目标值，这和 5.3 节提出的周期重置折扣因子 EWMA 算法(简称为 CR-EWMA 算法)不同，该算法只能保证系统的输出相对于固定折扣因子 EWMA 算法更快收敛到目标值，通常需要比较多的批次。

图 6.2 是在采用基于产品的 EWMA 算法和 CF-EWMA 算法时，产品 1 和产品 2 组成的系统的各自输出以及各自控制器对外部干扰的估计。可见采用 CF-EWMA 算法时，系统的总性能会比采用基于产品的 EWMA 算法要好。但是在 $\delta \leqslant \sigma$ 时，采用 CF-EWMA 算法比采用基于产品的 EWMA 算法在产品 2 第一个周期的输出偏离目标值更远。除此之外，尽管采用了 CF-EWMA 算法，产品 1 在第 1～2 周期系统的输出偏差小于采用基于产品的 EWMA 算法时系统的输

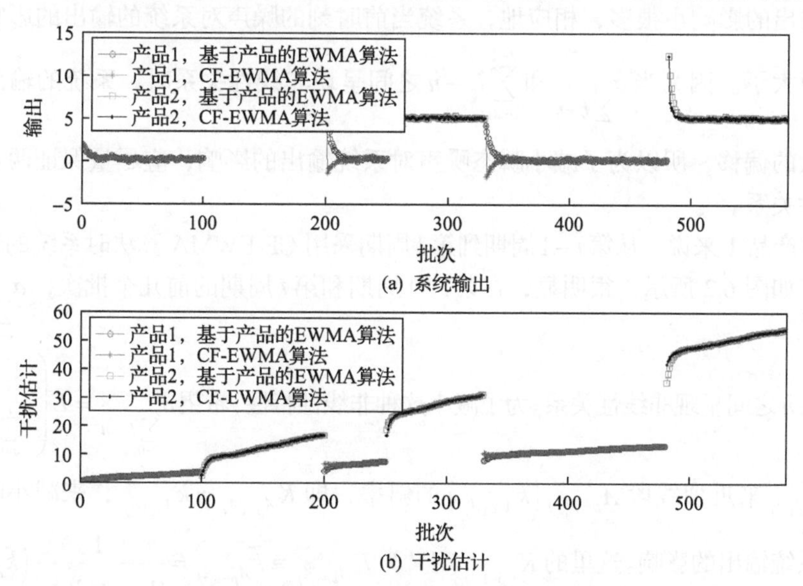

图 6.2　$\delta=0.5\sigma=0.05$ 时基于产品的 EWMA 算法和 CF-EWMA 算法下系统在第 0～2 周期的输出和干扰估计

出偏差，但是系统的输出还是呈现很大的偏移，并且当机台的漂移很小时这种现象更严重。

如果系统有噪声，$Y_{\sum_{c=0}^{t-1} i_c + j_{1,t}}$ 的值有可能和 $E\left(Y_{\sum_{c=0}^{t-1} i_c + j_{1,t}}\right)$ 的值不同。比较式(6.11)和式(6.12)可知，由于第 $\sum_{c=0}^{t-1} i_c + j_{1,t}$ 批次系统的输出 $Y_{\sum_{c=0}^{t-1} i_c + j_{1,t}}$ 受当前批次机台的瞬时干扰 $\varepsilon_{\sum_{c=0}^{t-1} i_c + j_{1,t}}$ 的影响，$a_{\sum_{c=0}^{t-1} i_c + 1}$ 的值有可能偏离 $E\left(a_{\sum_{c=0}^{t-1} i_c + 1}\right)$；同样，第 $\sum_{c=0}^{t-1} i_c + n$ 批次系统的输出 $Y_{\sum_{c=0}^{t-1} i_c + n}$ 受当前批次机台瞬时干扰 $\varepsilon_{\sum_{c=0}^{t-1} i_c + n}$ 的影响，$a_{\sum_{c=0}^{t-1} i_c + n}$ 的值有可能偏离 $E\left(a_{\sum_{c=0}^{t-1} i_c + n}\right)$。因此在第 1,2,⋯周期的前几个批次，$a_{\sum_{c=0}^{t-1} i_c + n}$ 呈现非线性特性，且这种非线性的程度取决于 $\varepsilon_{\sum_{c=0}^{t-1} i_c + n}$ 对 $Y_{\sum_{c=0}^{t-1} i_c + n}$ 的影响程度。当机台的漂移很小时，$a_{\sum_{c=0}^{t-1} i_c + n}$ 的非线性特性就很强，因为机台瞬时的小偏移比系统当前批次大的偏移对系统输出的影响小很多，相应地，系统当前时刻的噪声对系统的输出的影响就变得相对大了。因为当 $a_{\sum_{c=0}^{t-1} i_c + n}$ 和 $\sum_{c=0}^{t-1} i_c + n$ 之间呈现非线性关系时，系统的输出就会出现大的偏移，所以为了减小瞬态噪声对系统输出的影响，应尽量保证两者之间的线性关系。

对产品 1 来说，从第 $t-1$ 周期到第 t 周期采用 CF-EWMA 算法时系统的输出和 $a_{\sum_{c=0}^{r} i_c + n}$ 如图 6.3 所示。很明显，在第 $t-1$ 周期和第 t 周期的前几个批次，$a_{\sum_{c=0}^{r} i_c + n}$ 与 $\sum_{c=0}^{r} i_c + n$ 之间呈现非线性关系。为了减小这种非线性特性，希望 $a_{\sum_{c=0}^{r} i_c + n} = E\left(a_{\sum_{c=0}^{r} i_c + n}\right)$。用 $K_{A_{p-1}A_j}$ 来近似线段 $A_{p-1}A_j\left(k_{A_{p-1}A_j}\right)$ 的斜率，即 $K_{A_{p-1}A_j} \approx k_{A_{p-1}A_j}$，来减小瞬态噪声对系统输出的影响。这里的 $K_{A_{p-1}A_j}$ 定义为 $K_{A_{p-1}A_j} \equiv \bar{k}_{A_{p-1}A_j} = \frac{1}{j_{1,t-1} - p + 1}\left(k_{A_jA_{j-1}} + k_{A_{j-1}A_{j-2}} + \cdots + k_{A_{p+1}A_p} + k_{A_pA_{p-1}}\right)$。

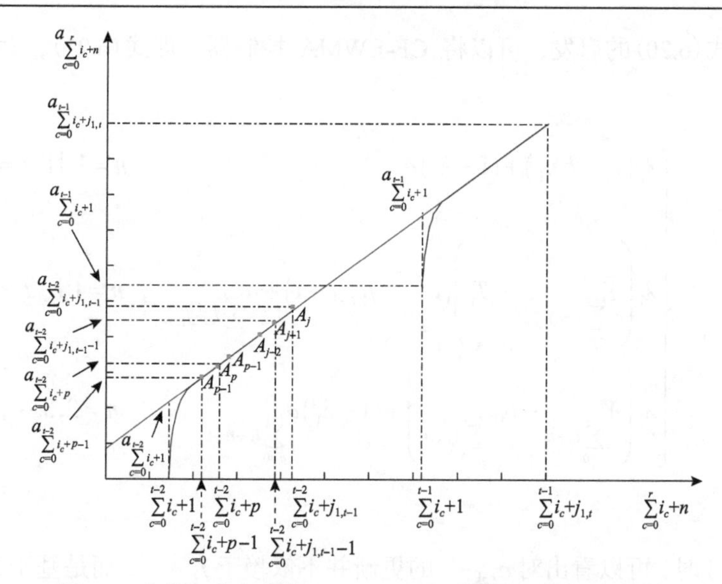

图 6.3　产品 1 生产中第 $t-1 \sim t$ $(t \geqslant 1)$ 周期的系统干扰估计

从(6.4)式和(6.6)可知，当 $n=2,3,\cdots,j_{1,t}$ 时，有 $a_{\sum_{c=0}^{t-1} i_c+n} = \lambda_1 \left(Y_{\sum_{c=0}^{t-1} i_c+n} - T_1 \right) + a_{\sum_{c=0}^{t-1} i_c+n-1}$，因此有

$$K_{A_{p-1}A_j} = \lambda_1 \left(\frac{Y_{\sum_{c=0}^{t-2} i_c+j_{1,t-1}} + Y_{\sum_{c=0}^{t-2} i_c+j_{1,t-1}-1} + \cdots + Y_{\sum_{c=0}^{t-2} i_c+p}}{j_{1,t-1}-p+1} - T_1 \right) \overset{\text{def}}{=\!=} \lambda_1 \left(\overline{Y}_{\sum_{c=0}^{t-2} i_c+j_{1,t-1}} - T_1 \right) \tag{6.19}$$

如果 $a_{\sum_{c=0}^{t-1} i_c+1}$ 和它的期望值相等，那么 $k_{A_jB} = k_{A_{p-1}A_j}$。由直线的点斜式方程，当 $1 \ll p < j_{1,t-1}$ 时，基于数据 $a_{\sum_{c=0}^{t-2} i_c+j_{1,t-1}}$，$Y_{\sum_{c=0}^{t-2} i_c+j_{1,t-1}}$，$Y_{\sum_{c=0}^{t-2} i_c+j_{1,t-1}-1}$，…，$Y_{\sum_{c=0}^{t-2} i_c+p}$，可以得到 $a_{\sum_{c=0}^{t-1} i_c+1}$ 的表达式如下：

$$\begin{aligned} & a_{\sum_{c=0}^{t-1} i_c+1} \left(a_{\sum_{c=0}^{t-2} i_c+j_{1,t-1}}, Y_{\sum_{c=0}^{t-2} i_c+j_{1,t-1}}, Y_{\sum_{c=0}^{t-2} i_c+j_{1,t-1}-1}, \cdots, Y_{\sum_{c=0}^{t-2} i_c+p} \right) \\ & = \lambda_1 \left(\overline{Y}_{\sum_{c=0}^{t-2} i_c+j_{1,t-1}} - T_1 \right) \left(i_{t-1} - j_{1,t-1} + 1 \right) + a_{\sum_{c=0}^{t-2} i_c+j_{1,t-1}} \end{aligned} \tag{6.20}$$

通过式(6.20)的启发，可以将 CF-EWMA 控制器，即式(6.21)，写成另外一种形式：

$$a_{\sum_{c=0}^{t-1} i_c+n}=\begin{cases}\lambda_1\left(Y_1-b_1u_1\right)+\left(1-\lambda_1\right)a_{10}, & n=1 \text{ 且 } t=0\\ \lambda_1\left(\bar{Y}_{\sum_{c=0}^{t-2} i_c+j_{1,t-1}}-T_1\right)\left(i_{t-1}-j_{1,t-1}+1\right)+a_{\sum_{c=0}^{t-2} i_c+j_{1,t-1}}, & n=1 \text{ 且 } t\geqslant 1\\ \lambda_1\left(Y_{\sum_{c=0}^{t-1} i_c+n}-b_1u_{\sum_{c=0}^{t-1} i_c+n}\right)+\left(1-\lambda_1\right)a_{\sum_{c=0}^{t-1} i_c+n-1}, & n=2,3,\cdots,j_{1,t}\end{cases}\tag{6.21}$$

当$t\geqslant 1$时，可以看出对$a_{\sum_{c=0}^{t-1} i_c+1}$的更新并不依赖于$Y_{\sum_{c=0}^{t-1} i_c+1}$，而是基于$\bar{Y}_{\sum_{c=0}^{t-2} i_c+j_{1,t-1}}$，即$Y_{\sum_{c=0}^{t-2} i_c+j_{1,t-1}}$，$Y_{\sum_{c=0}^{t-2} i_c+j_{1,t-1}-1}$，…，$Y_{\sum_{c=0}^{t-2} i_c+p}$。因为采用基于产品的 EWMA 算法时，$a_{\sum_{c=0}^{r} i_c+n}$的更新直接依赖于$a_{\sum_{c=0}^{r} i_c+n-1}$（见式(6.21)），所以采用 CF-EWMA 算法和基于产品的 EWMA 算法时，在相同的外界干扰情况下系统在第 1, 2, …周期的输出会不同。

从式(6.6)和式(6.21)(或者式(6.12))可以看出，采用 CF-EWMA 算法时，控制器的动作仍然取决于同种产品前面批次的输出，而不是不同种类产品的输出。在本章后续部分用修改后的 CF-EWMA 算法来代替 CF-EWMA 算法。

图 6.4 是对产品 1 和产品 2 组成的系统在第 0～2 周期时的输出和对系统瞬时干扰的估计的仿真结果。仿真所用的系统参数、机台的干扰以及测量噪声都和图 6.2 仿真中的一样。从图中可以看出，采用 CF-EWMA 算法的系统的性能比采用基于 EWMA 算法的系统要好。采用基于 CF-EWMA 算法的控制器，产品 2 组成的系统的输出在第 1 周期的前几个批次不会有大的偏移。同时，在第

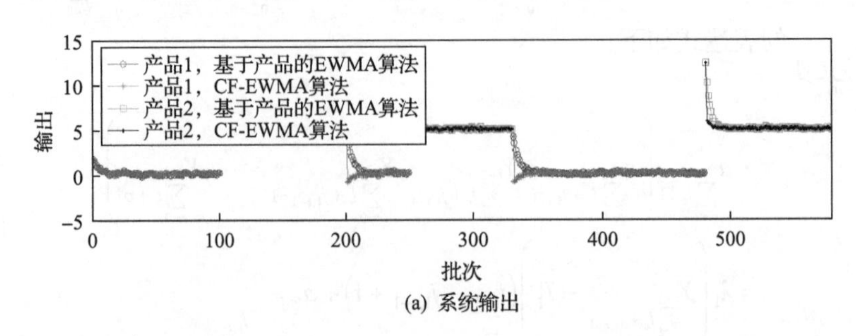

(a) 系统输出

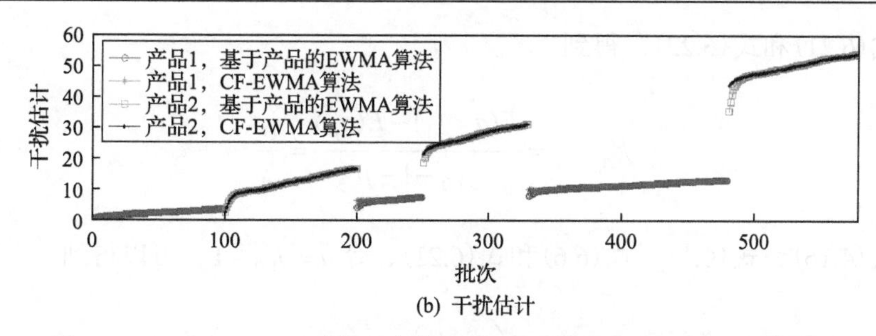

(b) 干扰估计

图 6.4　$\delta = 0.5\sigma = 0.05$ 时基于产品的 EWMA 算法和 CF-EWMA 算法下系统的输出以及对外界干扰的估计

1 和 2 周期，系统的输出从每个周期的第 2 批次起都会以一个很小的偏差接近目标值。

6.2.3　第 0 周期时的周期预测 EWMA 算法

在 CF-EWMA 算法作用下，尽管从第 1 周期后，每一周期前几个批次产品上线时系统的输出不会再像采用基于产品的 EWMA 算法时那样远远偏离目标值，但是在第 0 周期，系统的输出还是会漂离目标值很远，特别对于产品 2 尤为明显。本节将着手解决这一问题。图 6.5 是在没有噪声情形下产品 1 生产中第 0 周期的系统干扰估计。

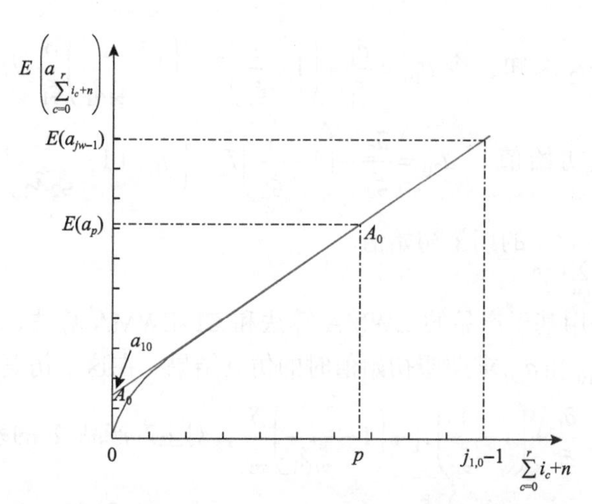

图 6.5　没有噪声情形下产品 1 生产中第 0 周期的系统干扰估计

结合式(4.16)、式(6.6)和式(6.21)，可以得到

$$E\left(Y_{j_{1,0}}\right) \approx T_1 + \frac{\delta}{\xi_1 \lambda_1} \tag{6.22}$$

联立式(6.21)和式(6.22)，得到

$$k_{A_pA_{j-1}}=\frac{E(a_{j_{1,0}-1})-E(a_p)}{j_{1,0}-1-p}=\frac{\delta}{\xi_1} \tag{6.23}$$

结合式(4.16)、式(6.1)、式(6.6)和式(6.21)，令 $n=j_{1,0}-1$，可以得到

$$E(a_{j_{1,0}-1})=\frac{\alpha_1}{\xi_1}+\left(1-\frac{1}{\xi_1}\right)T_1+\left(j_{1,0}-\frac{1}{\xi_1\lambda_1}\right)\frac{\delta}{\xi_1} \tag{6.24}$$

注意到 $k_{A_pA_{j-1}}=k_{A_0A_{j-1}}$，有

$$a_{10}=\frac{\alpha_1}{\xi_1}+\left(1-\frac{1}{\xi_1}\right)T_1+\left(1-\frac{1}{\xi_1\lambda_1}\right)\frac{\delta}{\xi_1} \tag{6.25}$$

用同样的方法可以得到 a_{20} 的表达式如下：

$$a_{20}=\frac{\alpha_2}{\xi_2}+\left(1-\frac{1}{\xi_2}\right)T_2+\left(j_{1,0}+1-\frac{1}{\xi_2\lambda_2}\right)\frac{\delta}{\xi_2} \tag{6.26}$$

由于 α_1 和 α_2 未知，令 $a_{10}=\frac{\tilde{a}_1}{\xi_1}+\left(1-\frac{1}{\xi_1}\right)T_1+\left(1-\frac{1}{\xi_1\lambda_1}\right)\frac{\delta}{\xi_1}$ 为 $n=1,2,\cdots,j_{1,t}$ 时 $a_{\sum_{c=0}^{t-1}i_c+n}$ 的期望初始值，$a_{20}=\frac{\tilde{a}_2}{\xi_2}+\left(1-\frac{1}{\xi_2}\right)T_2+\left(j_{1,0}+1-\frac{1}{\xi_2\lambda_2}\right)\frac{\delta}{\xi_2}$ 为 $n=j_{1,t}+1, j_{1,t}+2,\cdots,i_t$ 时 $a_{\sum_{c=0}^{t-1}i_c+n}$ 的期望初始值。

图 6.6 是采用基于产品的 EWMA 算法和 CF-EWMA 算法，产品 1 和产品 2 组成的系统在 a_{10} 和 a_{20} 求期望初始值时的仿真结果。在这个仿真中，对生产产品 1 的系统取 $a_{10}=\frac{\tilde{a}_1}{\xi_1}+\left(1-\frac{1}{\xi_1}\right)T_1+\left(1-\frac{1}{\xi_1\lambda_1}\right)\frac{\delta}{\xi_1}$，对生产产品 2 的系统取 $a_{20}=\frac{\tilde{a}_2}{\xi_2}+\left(1-\frac{1}{\xi_2}\right)T_2+\left(j_{1,0}+1-\frac{1}{\xi_2\lambda_2}\right)\frac{\delta}{\xi_2}$。从仿真结果可以看出，产品 1 和产品 2 各自的生产系统在第 0 周期的输出并没有出现大的偏移。

6.2.4 仿真示例

假设有两种产品，产品 1 和产品 2 在同一个机台上生产，并且每种产品在不

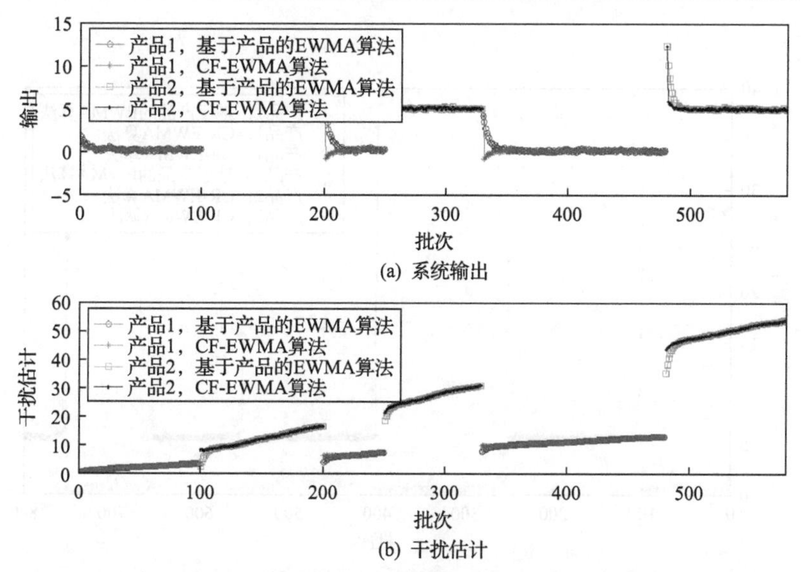

(a) 系统输出

(b) 干扰估计

图 6.6　$\delta=0.5\sigma=0.05$ 且对 a_{10} 和 a_{20} 求期望初始值时基于产品的 EWMA 算法和 CF-EWMA 算法下系统在第 0～2 周期的输出

同周期内的上线和下线时间不同。下面比较采用 CF-EWMA 算法、CR-EWMA 算法以及基于产品的 EWMA 算法时系统的性能。在每一个周期，系统输出的均方误差和方差用来作为系统性能比较的依据。同时，也考虑系统发生阶跃故障时，采用三种算法时系统的性能。

图 6.7 和图 6.8 是在不同 δ/σ 下，采用基于产品的 EWMA 算法、CR-EWMA 算法和 CF-EWMA 算法时产品 1 和产品 2 组成的系统在第 0～3 周期输出的仿真结果。仿真时，IMA(1,1)的参数为 $\theta=0.7$，每个周期内产品 1 和产品 2 上线的时间以及整个周期生产产品的总个数分别为 $(j_{1,0},j_{2,0},i_0)=(100,150,250)$、$(j_{1,1},j_{2,1},i_1)=(150,100,250)$、$(j_{1,2},j_{2,2},i_2)=(50,100,150)$ 和 $(j_{1,3},j_{2,3},i_3)=(100,50,150)$。产品 1 和产品 2 的模型不匹配参数为 $(\xi_1,\xi_2)=(2,0.5)$，它们组成的系统的参数为 $(\alpha_1,\alpha_2)=(2,1)$，且初始值为 $(a_{10},a_{20})=(2,1)$。当采用 EWMA 算法和 CF-EWMA 算法时，生产产品 1 和产品 2 所用控制器的折扣因子选择为 $(\lambda_1,\lambda_2)=(0.15,0.6)$。当采用 CR-EWMA 算法时，产品 1 和产品 2 组成的系统所用控制器的折扣因子选择为 $\left(\lambda_1\left(\sum_{c=0}^{t-1}i_c+n\right),\ \lambda_2\left(\sum_{c=0}^{t-1}i_c+n\right)\right)=(0.15+0.1^n,0.6+0.3^{n-j_{1,t}})$。产品 1 和产品 2 组成的系统的目标值为 $(T_1,T_2)=(0,5)$。从这两个仿真图可以看出，不管 δ/σ 取何值，基于产品的 EWMA 算法不能克服每个周期产品上线时前几个批次系统输出的大的偏移，CR-EWMA 算法比较好地克服了每个周期产品上线时前几个批次系统输出的大的偏移，而 CF-EWMA 算法在克服这种大的偏移时效

果最好。

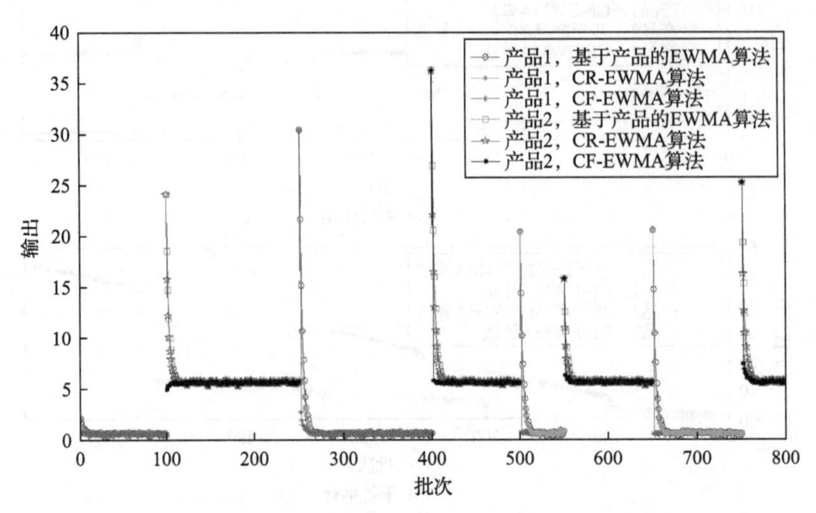

图 6.7 $\delta=2\sigma=0.2$ 时三种算法下系统在第 0～2 周期的输出

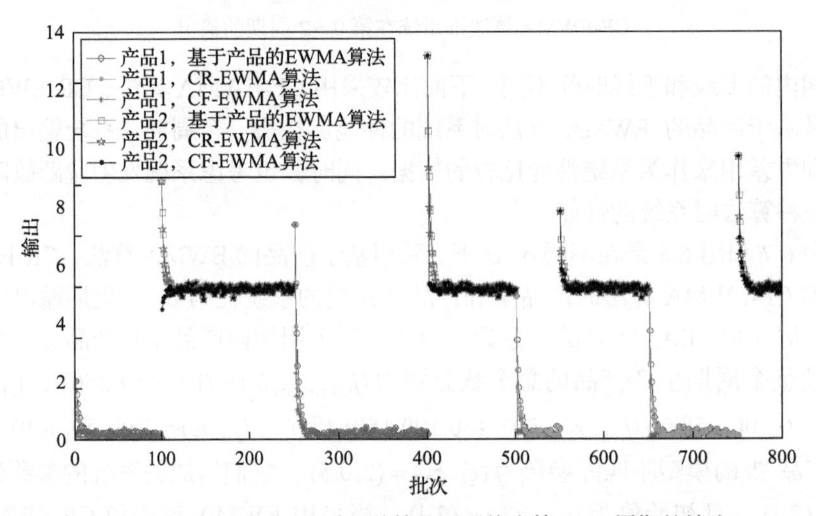

图 6.8 $\delta=0.5\sigma=0.05$ 时三种算法下系统在第 0～2 周期的输出

表 6.1 给出了δ=2σ=0.2 时混合产品制程分别采用基于产品的 EWMA、CR-EWMA 和 CF-EWMA 三种算法的系统性能对比结果。表 6.2 给出了 δ=0.5σ=0.05 时混合产品制程分别采用基于产品的 EWMA、CR-EWMA 和 CF-EWMA 三种算法的系统性能对比结果。从表 6.1 和表 6.2 可以总结出，在所有情况下，采用 CR-EWMA 算法或者 CF-EWMA 算法时，系统输出的均方误差及方差都小于采用基于产品的 EWMA 算法；采用 CF-EWMA 算法时，系统输出的均方误差和方差最小。

表 6.1　$\delta = 2\sigma = 0.2$ 时基于产品的 EWMA、CR-EWMA 和 CF-EWMA 算法下系统的性能比较

性能		产品 1 组成的系统			产品 2 组成的系统		
		基于产品的 EWMA	CR-EWMA	CF-EWMA	基于产品的 EWMA	CR-EWMA	CF-EWMA
输出的均方误差	第 0 周期	0.5805	0.5418	0.4603	5.3935	4.3395	0.4269
	提高的百分比	—	6.67%	20.71%	—	19.54%	92.08%
	第 1 周期	12.9223	9.7447	6.7184	19.8606	15.6572	10.158
	提高的百分比	—	24.59%	48.01%	—	21.16%	48.85%
	第 2 周期	17.3906	12.9823	8.7794	2.8858	2.3279	1.6604
	提高的百分比	—	25.35%	49.52%	—	19.33%	42.46%
	第 3 周期	9.125	6.8395	4.6536	17.2203	13.5383	8.8913
	提高的百分比	—	25.05%	49.00%	—	21.38%	48.37%
输出的方差	第 0 周期	0.058	0.0413	0.0086	4.2877	3.3855	0.0147
	提高的百分比	—	28.79%	85.17%	—	21.04%	99.66%
	第 1 周期	11.2215	8.3888	5.9225	17.2781	13.6369	9.3291
	提高的百分比	—	25.91%	46.72%	—	21.07%	46.01%
	第 2 周期	13.762	10.361	7.7892	1.9038	1.4731	1.0433
	提高的百分比	—	24.71%	43.40%	—	22.62%	45.20%
	第 3 周期	7.4639	5.5299	3.9765	13.6019	10.7859	7.6582
	提高的百分比	—	25.24%	47.22%	—	20.70%	43.70%

表 6.2　$\delta = 0.5\sigma = 0.05$ 时基于产品的 EWMA、CR-EWMA 和 CF-EWMA 算法下系统的性能比较

性能		产品 1 组成的系统			产品 2 组成的系统		
		基于产品的 EWMA	CR-EWMA	CF-EWMA	基于产品的 EWMA	CR-EWMA	CF-EWMA
输出的均方误差	第 0 周期	0.136	0.1101	0.0382	0.2417	0.1972	0.0348
	提高的百分比	—	19.04%	71.91%	—	18.41%	85.60%
	第 1 周期	0.7823	0.5945	0.47	1.332	1.0502	0.7027
	提高的百分比	—	24.01%	39.92%	—	21.16%	47.24%
	第 2 周期	1.0003	0.7487	0.5208	0.1941	0.1588	0.1343
	提高的百分比	—	25.15%	47.94%	—	18.19%	30.81%
	第 3 周期	0.569	0.4233	0.2886	0.9587	0.7569	0.6451
	提高的百分比	—	25.61%	49.28%	—	21.05%	32.71%
输出的方差	第 0 周期	0.0816	0.0621	0.0086	0.1856	0.1481	0.0147
	提高的百分比	—	23.90%	89.46%	—	20.20%	92.08%

续表

性能		产品 1 组成的系统			产品 2 组成的系统		
		基于产品的 EWMA	CR-EWMA	CF-EWMA	基于产品的 EWMA	CR-EWMA	CF-EWMA
输出的方差	第 1 周期	0.6762	0.5092	0.403	1.1758	0.9301	0.6539
	提高的百分比	—	24.70%	40.40%	—	20.90%	44.39%
	第 2 周期	0.7897	0.5966	0.4568	0.1327	0.1054	0.0881
	提高的百分比	—	24.45%	42.16%	—	20.57%	33.61%
	第 3 周期	0.4729	0.3484	0.2524	0.7505	0.5969	0.5129
	提高的百分比	—	26.33%	46.63%	—	20.47%	31.66%

6.3 最优折扣因子 DEWMA 算法

针对漂移干扰，单一 EWMA 算法对系统的控制效果不是特别理想。DEWMA 算法[12]基于两个 EWMA 方程，在克服漂移上有着良好的性能。本节将结合该算法与基于产品的 EWMA 控制的思想，讨论采用基于产品的 DEWMA 控制器时系统的性能。

假设采用基于产品的 DEWMA 控制器的系统模型为

$$u_{it+n}=\begin{cases}\dfrac{T_1-a_0-D_0}{b_1}, & n=1\text{且}t=0\\ \dfrac{T_1-a_{i(t-1)+j}-D_{i(t-1)+j}}{b_1}, & n=1\text{且}t\geqslant 1\\ \dfrac{T_1-a_{it+n-1}-D_{it+n-1}}{b_1}, & n=2,3,\cdots,j\end{cases}\tag{6.27}$$

DEWMA 控制器为

$$a_{it+n}=\begin{cases}\lambda_1(Y_1-b_1u_1), & n=1\text{且}t=0\\ \lambda_1(Y_{it+1}-b_1u_{it+1})+(1-\lambda_1)a_{i(t-1)+j}, & n=1\text{且}t\geqslant 1\\ \lambda_1(Y_{it+n}-b_1u_{it+n})+(1-\lambda_1)a_{it+n-1}, & n=2,3,\cdots,j\end{cases}\tag{6.28}$$

$$D_{it+n}=\begin{cases}\lambda_2(Y_1-b_1u_1), & n=1\text{且}t=0\\ \lambda_2(Y_{it+1}-b_1u_{it+1}-a_{i(t-1)+j})+(1-\lambda_2)D_{i(t-1)+j}, & n=1\text{且}t\geqslant 1\\ \lambda_2(Y_{it+n}-b_1u_{it+n}-a_{it+n-1})+(1-\lambda_2)D_{it+n-1}, & n=2,3,\cdots,j\end{cases}\tag{6.29}$$

式中，$\lambda_1, \lambda_2 \in [0,1]$是 DEWMA 控制器的折扣因子。

6.3.1　系统输出

结合式(5.2)、式(6.27)～式(6.29)，可以得到

$$Y_{it+n} = \begin{cases} \alpha_1 + \xi_1 T_1 + \eta_1, & n=1 \text{且} t=0 \\ \alpha_1 + \xi_1 T_1(\varphi_1 + \lambda_1 + \lambda_2) - \xi_1(\lambda_1 + \lambda_2)(\alpha_1 + \eta_1) + \eta_2, & n=2 \text{且} t=0 \\ \varphi_1 Y_{i(t-1)+j} + \xi_1(\lambda_1 + \lambda_2)T_1 - \xi_1 \lambda_1 D_{i(t-1)+j-1} + \eta_{it+1} - \eta_{i(t-1)+j}, & n=1 \text{且} t \geqslant 1 \\ \varphi_1 Y_{it+1} + \xi_1(\lambda_1 + \lambda_2)T_1 - \xi_1 \lambda_1 D_{i(t-1)+j} + \eta_{it+2} - \eta_{it+1}, & n=2 \text{且} t \geqslant 1 \\ \varphi_1 Y_{it+n-1} + \xi_1(\lambda_1 + \lambda_2)T_1 - \xi_1 \lambda_1 D_{it+n-2} + \eta_{it+n} - \eta_{it+n-1}, & n=3,4,\cdots,j \end{cases} \tag{6.30}$$

式中，$\varphi_1 = 1 - \xi_1(\lambda_1 + \lambda_2)$。

当$t=0$时，用迭代法可得到第 0 周期第$n(n \geqslant 2)$批次产品 1 组成的系统的输出表达式为

$$Y_n = \varphi_1^{n-1}(\alpha_1 + \xi_1 T_1 + \eta_1) + \sum_{k=0}^{n-2} \varphi_1^k \xi_1(\lambda_1 + \lambda_2)T_1 - \sum_{k=0}^{n-2} \varphi_1^k D_{n-2-k} \xi_1 \lambda_1 + \sum_{k=0}^{n-2} \varphi_1^k (\eta_{n-k} - \eta_{n-k-1}) \tag{6.31}$$

令式(6.30)中的$n=j$，当$t \geqslant 1$时，有

$$\begin{aligned} Y_{it+j} &= \varphi_1 Y_{it+j-1} + \xi_1(\lambda_1 + \lambda_2)T_1 - D_{it+j-2}\xi_1\lambda_1 + \eta_{it+j} - \eta_{it+j-1} \\ &= \varphi_1^{j-2} Y_{it+2} + \sum_{k=0}^{j-3} \varphi_1^k \left[\xi_1(\lambda_1 + \lambda_2)T_1 - D_{it+j-k-2}\xi_1\lambda_1 + \eta_{it+j-k} - \eta_{it+j-k-1} \right] \\ &= \varphi_1^{j-1} Y_{it+1} + \sum_{k=0}^{j-2} \varphi_1^k \left[\xi_1(\lambda_1 + \lambda_2)T_1 + \eta_{it+j-k} - \eta_{it+j-k-1} \right] \\ &\quad - \left(\sum_{k=0}^{j-3} \varphi_1^k D_{it+j-k-2} + \varphi_1^{j-2} D_{i(t-1)+j} \right) \xi_1 \lambda_1 \end{aligned} \tag{6.32}$$

联立式(6.30)和式(6.32)，有

$$
\begin{aligned}
Y_{it+i+1} = {} & \varphi_1^{j(t+1)-1}\left[\alpha_1 + (\varphi_1 + \lambda_1 + \lambda_2)\xi_1 T_1 - \xi_1(\lambda_1 + \lambda_2)(\alpha_1 + \eta_1) + \eta_2\right] \\
& + \varphi_1^{jt+1}\sum_{k=0}^{j-3}\varphi_1^k\left[\xi_1(\lambda_1 + \lambda_2)T_1 + (\eta_{j-k} - \eta_{j-k-1}) - D_{j-k-2}\xi_1\lambda_1\right] \\
& + \varphi_1^{jt}\xi_1(\lambda_1 + \lambda_2)T_1 - \varphi_1^{jt}D_{j-1}\xi_1\lambda_1 + \varphi_1^{jt}(\eta_{i+1} - \eta_j) \\
& + \sum_{m=0}^{t-1}\varphi_1^{mj}\left\{\sum_{k=1}^{j-1}\varphi_1^k\left[\xi_1(\lambda_1 + \lambda_2)T_1 + \eta_{i(t-m)+j+1-k} - \eta_{i(t-m)+j-k}\right] + \xi_1(\lambda_1 + \lambda_2)T_1\right. \\
& \left. - \sum_{k=0}^{j-2}\varphi_1^k D_{i(t-m)+j-k-1}\xi_1\lambda_1 - \varphi_1^{j-1}D_{i(t-m-1)+j}\xi_1\lambda_1 + \eta_{i(t+1-m)+1} - \eta_{i(t-m)+j}\right\}
\end{aligned} \tag{6.33}
$$

从式(6.33)得出，当$t \geqslant 1$时，有

$$
\begin{aligned}
Y_{it+1} = {} & \varphi_1^{jt-1}\left[\alpha_1 + \xi_1 T_1(\varphi_1 + \lambda_1 + \lambda_2) - \xi_1(\lambda_1 + \lambda_2)(\alpha_1 + \eta_1) + \eta_2\right] \\
& + \varphi_1^{j(t-1)+1}\sum_{k=0}^{j-3}\varphi_1^k\left[\xi_1(\lambda_1 + \lambda_2)T_1 + (\eta_{j-k} - \eta_{j-k-1}) - D_{j-k-2}\xi_1\lambda_1\right] \\
& + \varphi_1^{j(t-1)}\xi_1(\lambda_1 + \lambda_2)T_1 - \varphi_1^{j(t-1)}D_{j_1-1}\xi_1\lambda_1 + \varphi_1^{j(t-1)}(\eta_{i+1} - \eta_j) \\
& + \sum_{m=0}^{t-2}\varphi_1^{mj}\left\{\sum_{k=1}^{j-1}\varphi_1^k\left[\xi_1(\lambda_1 + \lambda_2)T_1 + \eta_{i(t-m-1)+j+1-k} - \eta_{i(t-m-1)+j-k}\right] + \xi_1(\lambda_1 + \lambda_2)T_1\right. \\
& \left. - \sum_{k=0}^{j-2}\varphi_1^k D_{i(t-m-1)+j-k-1}\xi_1\lambda_1 - \varphi_1^{j-1}D_{i(t-m-2)+j}\xi_1\lambda_1 + \eta_{i(t-m)+1} - \eta_{i(t-m-1)+j}\right\}
\end{aligned} \tag{6.34}
$$

联立式(6.30)和式(6.34)，有

$$
\begin{aligned}
Y_{it+n} = {} & \varphi_1^{n-1}Y_{it+1} + \sum_{k=0}^{n-2}\varphi_1^k\xi_1(\lambda_1 + \lambda_2)T_1 + \sum_{k=0}^{n-2}\varphi_1^k(\eta_{it+n-k} - \eta_{it+n-k-1}) \\
& - \left(\gamma_2\varphi_1^{n-2}D_{i(t-1)+j_1} + \sum_{k=0}^{n-3}\varphi_1^k D_{it+n-k-2}\right)\xi_1\lambda_1
\end{aligned} \tag{6.35}
$$

式中，$\gamma_2 = \begin{cases} 0, & n < 2 \\ 1, & n \geqslant 2 \end{cases}$。

由前述可知，系统的稳定条件是$|\varphi_1| < 1$。将式(4.16)代入式(6.31)～式(6.35)，可以得到当$n \geqslant 2$时，有

$$
\begin{aligned}
Y_n = & \varphi_1^{n-1}\alpha_1 + [\varphi_1^{n-1}(\xi_1 - 1) + 1]T_1 - \sum_{k=0}^{n-3}\varphi_1^k D_{n-2-k}\xi_1\lambda_1 \\
& + \frac{1-\varphi_1^n}{1-\varphi_1}\delta + \varphi_1^{n-2}[(\varphi_1 - \theta)\varepsilon_1 + \varepsilon_2] + \sum_{k=0}^{n-3}\varphi_1^k(\varepsilon_{n-k} - \theta\varepsilon_{n-k-1})
\end{aligned} \tag{6.36}
$$

$$
\begin{aligned}
Y_{it+1} = & T_1 + \left(\frac{\varphi_1}{1-\varphi_1} + i - j_1 + 1\right)\delta - \sum_{k=0}^{j_1-2}\varphi_1^k D_{i(t-1)+j_1-k-1}\xi_1\lambda_1 \\
& + (1-\theta)\sum_{k=j_1+1}^{i}\varepsilon_{i(t-1)+k} + (\varphi_1 - \theta)\sum_{k=0}^{j_1-2}\varphi_1^k\varepsilon_{i(t-1)+j_1-k} + \varepsilon_{it+1}
\end{aligned} \tag{6.37}
$$

$$
\begin{aligned}
Y_{it+n} = & \varphi_1^{n-1}Y_{it+1} + T_1 - \varphi_1^{n-1}T_1 - \left(\gamma_2\varphi_1^{n-2}D_{i(t-1)+j_1} + \sum_{k=0}^{n-3}\varphi_1^k D_{it+n-2-k}\right)\xi_1\lambda_1 \\
& + \sum_{k=0}^{n-2}\varphi_1^k(\varepsilon_{it+n-k} - \theta\varepsilon_{it+n-k-1} + \delta)
\end{aligned} \tag{6.38}
$$

6.3.2　偏移补偿控制

当 $n = j$ 时，对式(6.36)求数学期望，有

$$
\begin{aligned}
E(Y_j) - T_1 & = \varphi_1^{j-1}\alpha_1 + \varphi_1^{j-1}(\xi_1 - 1)T_1 - \sum_{k=0}^{j-3}\varphi_1^k D_{j-2-k}\xi_1\lambda_1 + \frac{1-\varphi_1^j}{1-\varphi_1}\delta \\
& \approx \frac{1}{1-\varphi_1}\delta - \sum_{k=0}^{j-3}\varphi_1^k D_{j-2-k}\xi_1\lambda_1
\end{aligned} \tag{6.39}
$$

同时对式(6.37)和式(6.38)求数学期望，当 $n \geqslant 1$ 时，得到

$$
\begin{aligned}
E(Y_{it+n}) - T_1 = & \left[\varphi_1^{n-1}\left(\frac{\varphi_1}{1-\varphi_1} + i - j + 1\right) + \frac{1-\varphi_1^{n-1}}{1-\varphi_1}\right]\delta \\
& - \left[\varphi_1^{n-1}\sum_{k=0}^{j-2}\varphi_1^k D_{i(t-1)+j-k-1} + \gamma_2\varphi_1^{n-2}D_{i(t-1)+j} + \sum_{k=0}^{n-3}\varphi_1^k D_{it+n-2-k}\right]\xi_1\lambda_1
\end{aligned} \tag{6.40}
$$

结合式(6.39)和式(6.40)，可以得到当 $n \geqslant 3$ 、$t \geqslant 1$ 时，第 $it+1$ 批次与第 $i(t-1)+j$ 批次、第 $it+2$ 批次与第 $it+1$ 批次以及第 $it+n$ 批次与第 $it+n-1$ 批次系统输出期望的差值为

$$
E(Y_{it+1}) - E(Y_{i(t-1)+j}) = (i-j)\delta + A \tag{6.41}
$$

$$E(Y_{it+2}) - E(Y_{it+1}) = (\varphi_1 - 1)(i - j)\delta + B \tag{6.42}$$

$$E(Y_{it+n}) - E(Y_{it+n-1}) = \varphi_1^{n-2}(\varphi_1 - 1)(i - j)\delta + C \tag{6.43}$$

式中，

$$\gamma_4 = \begin{cases} 0, & n < 4 \\ 1, & n \geqslant 4 \end{cases}$$

$$A = \left[(1-\varphi_1)\sum_{k=1}^{j-2} \varphi_1^{k-1} D_{i(t-1)+j-1-k} - D_{i(t-1)+j-1} \right] \xi_1 \lambda_1$$

$$B = \left[(1-\varphi_1)\sum_{k=0}^{j-2} \varphi_1^{k} D_{i(t-1)+j-1-k} - D_{i(t-1)+j} \right] \xi_1 \lambda_1$$

$$C = \left\{ (1-\varphi_1)\left[\varphi_1^{n-2}\sum_{k=0}^{j-2} \varphi_1^{k} D_{i(t-1)+j-1-k} + \varphi_1^{n-3} D_{i(t-1)+j} + \gamma_4 \sum_{k=1}^{n-3} \varphi_1^{k-1} D_{it+n-2-k} \right] - D_{it+n-2} \right\} \xi_1 \lambda_1$$

如果在生产过程中产品 2 生产的批次很多，即 $i-j$ 的值很大，那么从式(6.41)可以看出，只要 δ 取值不是很小，在下一个生产周期的开始一些批次，产品 1 的输出就会偏离目标值很远。在第 $t\,(t \geqslant 1)$ 周期，产品 1 组成的系统输出在第 2 批次偏离目标值的偏差会比第 1 批次小。从式(6.43)可知 $\varphi_1^{n-2}(\varphi_1 - 1)(i-j)\delta < 0$ 且 $C > 0$，如果 $i-j$ 的值很大，当 n 的取值较小时，$\left|\varphi_1^{n-2}(\varphi_1 - 1)(i-j_1)\delta\right| \gg C$，可见 C 对系统输出的影响此时就不占主导地位。因此，当此时系统的漂移也比较大时，系统的输出就会远远偏离目标值。另外，当 n 的取值较大时，此时系统的瞬态过程可能已经结束，$\left|\varphi_1^{n-2}(\varphi_1 - 1)(i-j_1)\delta\right| \leqslant C$ 就可能成立，系统的输出受到 C 的影响，可能会产生振荡情况。

综合以上分析，如果整个生产过程中，某一种产品生产的批次太多，并且生产产品的机台有大的漂移，那么基于产品 DEWMA 控制器还是不能产生好的控制效果。但是文献[12]中已经证明对于具有漂移的系统，采用 DEWMA 算法的系统性能要优于采用 EWMA 算法的系统，因为 DEWMA 控制器多出的一个 EWMA 控制器能够很好地预测系统的偏移。

6.3.3 最优折扣因子选择

为了更好地提高系统的性能，通常需要选择最优的 EWMA 控制器的折扣因子。本章采用 Castillo[213]的思想来选择最优折扣因子，最优折扣因子不仅能够平衡系统瞬态和稳态的性能，也能使系统的输出的均方误差和方差最小。

Castillo 提出的最优控制问题如下：

$$\min_{\lambda_1,\lambda_2}\left\{\lim_{s\to\infty}\operatorname{Var}\left(Y_s\right)+\frac{S_m}{m}\right\} \tag{6.44}$$

$$\text{s.t.}\quad 0\leqslant\lambda_1\leqslant 1, 0\leqslant\lambda_2\leqslant 1$$

式中，

$$S_m=\sum_{l=1}^{m}\left[E(Y_l)-T\right]^2 \tag{6.45}$$

其中，T 为系统期望的输出，m 为系统的动态响应结束时的批次数。由于系统的瞬态响应只会出现在每个周期的前几个批次，m 的取值小于产品 1 在每个周期的生产时间 j。

从式(6.36)可以得到系统输出 Y_n 的期望和方差分别为

$$E(Y_n)=\varphi_1^{n-1}\alpha_1+\left[\varphi_1^{n-1}(\xi_1-1)+1\right]T_1-\sum_{k=0}^{n-3}\varphi_1^k D_{n-2-k}\xi_1\lambda_1+\frac{1-\varphi_1^n}{1-\varphi_1}\delta \tag{6.46}$$

$$\begin{aligned}\operatorname{Var}(Y_n)=&\left\{\left[(\varphi_1-\theta)^2+1\right]\varphi_1^{2(n-2)}-2\theta\varphi_1^{2(n-5)}\right.\\&\left.+\frac{(1+\theta^2)\left[1-\varphi_1^{2(n-2)}\right]-2\theta\varphi_1\left[1-\varphi_1^{2(n-3)}\right]}{1-\varphi_1^2}\right\}\sigma^2\end{aligned} \tag{6.47}$$

将式(6.46)代入式(6.45)，可以得到

$$S_m=\sum_{l=2}^{m}\left[\varphi_1^{l-1}\alpha_1+\varphi_1^{l-1}(\xi_1-1)T_1-\sum_{k=0}^{l-3}\varphi_1^k D_{l-2-k}\xi_1\lambda_1+\frac{1-\varphi_1^l}{1-\varphi_1}\delta\right]^2 \tag{6.48}$$

注意到 $E(Y_1)$ 不是 λ_1 或者 λ_2 的函数，所以这里的 l 从 2 开始。

定理 6.2　当 $t\geqslant 0$ 时，产品 1 组成的系统的输出的渐近方差为

$$\operatorname{AVar}(Y_n)=\lim_{n\to\infty}\operatorname{Var}(Y_{it+n})=\frac{1-2\theta\varphi_1+\theta^2}{1-\varphi_1^2}\sigma^2 \tag{6.49}$$

证明　对式(6.38)求方差，当 $t\geqslant 1$ 时，得到

$$\operatorname{Var}\left(Y_{it+n}\right)=\operatorname{Var}\left[\varphi_1^{n-1}Y_{it+1}+\sum_{k=0}^{n-2}\varphi_1^k(\varepsilon_{it+n-k}-\theta\varepsilon_{it+n-k-1})\right]$$

$$
\begin{aligned}
&= \mathrm{Var}\left(\varphi_1^{n-1} Y_{it+1}\right) + \mathrm{Var}\left(\sum_{k=0}^{n-2} \varphi_1^k \varepsilon_{it+n-k}\right) + \mathrm{Var}\left(\theta \sum_{k=0}^{n-2} \varphi_1^k \varepsilon_{it+n-k-1}\right) \\
&\quad + 2\mathrm{Cov}\left(\varphi_1^{n-1} Y_{it+1}, \sum_{k=0}^{n-2} \varphi_1^k \varepsilon_{it+n-k}\right) - 2\mathrm{Cov}\left(\theta\varphi_1^{n-1} Y_{it+1}, \sum_{k=0}^{n-2} \varphi_1^k \varepsilon_{it+n-k-1}\right) \\
&\quad - 2\mathrm{Cov}\left(\theta \sum_{k=0}^{n-2} \varphi_1^k \varepsilon_{it+n-k}, \sum_{k=0}^{n-2} \varphi_1^k \varepsilon_{it+n-k-1}\right) \\
&= \varphi_1^{2(n-1)} \mathrm{Var}\left(Y_{it+1}\right) + \left\{ (1+\theta^2) \frac{1-\varphi_1^{2(n-1)}}{1-\varphi_1^2} - 2\varphi_1^{2n-3}\theta - 2\theta \frac{\varphi_1 \left[1-\varphi_1^{2(n-2)}\right]}{1-\varphi_1^2} \right\} \sigma^2
\end{aligned}
\tag{6.50}
$$

将式(6.50)对n求极限，可以得到

$$
\lim_{n\to\infty} \mathrm{Var}(Y_{it+n}) = \frac{1-2\theta\varphi_1+\theta^2}{1-\varphi_1^2}\sigma^2
$$

当$t=0$时，对式(6.47)求极限得到

$$
\mathrm{AVar}(Y_n) = \lim_{n\to\infty} \mathrm{Var}(Y_n) = \frac{1-2\theta\varphi_1+\theta^2}{1-\varphi_1^2}\sigma^2
$$

从式(6.49)可以看出，产品 1 组成的系统的输出并不是δ的函数。将式(6.48)和式(6.49)代入式(6.44)，可以得到产品 1 组成的系统在第 0 周期的最优控制问题。

目标函数如下：

$$
\begin{aligned}
&\min\left\{ \frac{1}{m-1} \sum_{l=2}^{m} \left[\varphi_1^{l-1}\alpha_1 + \varphi_1^{l-1}(\xi_1 - 1)T_1 - \sum_{k=0}^{l-3} \varphi_1^k D_{l-2-k} \xi_1 \lambda_1 + \frac{1-\varphi_1^l}{1-\varphi_1}\delta \right]^2 \left(\frac{1-2\theta\varphi_1+\theta^2}{1-\varphi_1^2} \right) \sigma^2 \right\} \\
&\text{s.t.}\quad 0 \leqslant \lambda_1 \leqslant 1, 0 \leqslant \lambda_2 \leqslant 1 \text{ 且 } |\varphi_1| < 1
\end{aligned}
\tag{6.51}
$$

这个最优问题的解可以通过格点搜索法在(λ_1, λ_2)组成的网格上得出。值得指出的是当机台的漂移对系统输出产生很大的影响时，仍然可以采用同样的方法对产品在其他周期生产时所用的基于产品 DEWMA 控制器选择最优折扣因子。同理，对于其他种类的产品也可以进行类似的分析。

6.3.4　仿真示例

本节采用仿真示例来证明最优折扣因子 DEWMA 算法的有效性，利用系统输出的均方误差和方差来评估系统性能。

同样，考虑两个产品的制程，其参数为$(\alpha_1,\alpha_2)=(1,0.8)$，$(\beta_1,\beta_2)=(0.6,1)$，$\theta=0.5$，$\sigma=1$，$\delta=1$，$j_1=100$ 和 $i=200$。假设(β_1,β_2)的最小二乘预测为$(b_1,b_2)=(1,0.6)$，目标值$(T_1,T_2)=(0,10)$。

因为$\lambda_1,\lambda_2\in[0,1]$，所以选择$(\lambda_1,\lambda_2)$为$(0.1,0.1)$。设$(\omega_1,\omega_2)$为产品 2 基于线程的 DEWMA 控制器的折扣因子，$(\omega_1,\omega_2)=(0.55,0.9)$。那么，$\varphi_1=1-\xi_1(\lambda_1+\lambda_2)=0.88<1$，$\varphi_2=1-\xi_2(\omega_1+\omega_2)=-1.4167<-1$。图 6.9 显示了第 0～5 周期的产品 1 和产品 2 的输出。很明显，产品 1 的输出收敛而产品 2 的输出发散，这和 6.3.2 节推导的结果是一致的。

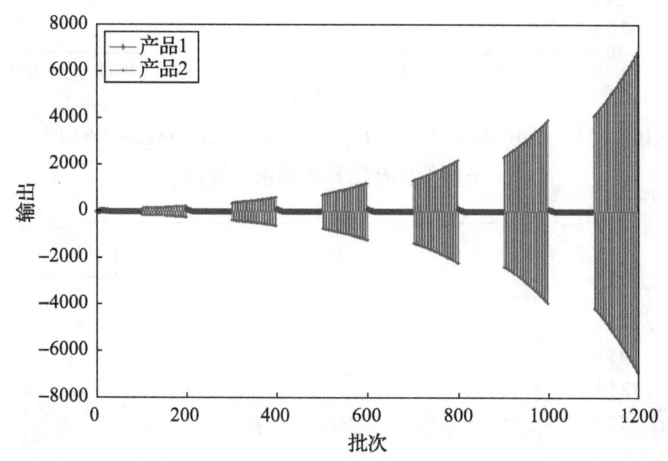

图 6.9　产品 1 和产品 2 生产中$(\lambda_1,\lambda_2)=(0.1,0.1)$、$(\omega_1,\omega_2)=(0.55,0.9)$时的系统输出

当采用不带最优折扣因子选择的干扰补偿算法时的系统输出如图 6.10 所示。仿真结果显示，大偏移被所提出的算法成功地补偿。但是，两个产品组成系统的输出的均方误差和方差仍然很大，例如，产品 1 和产品 2 生产时在每个周期输出的均方误差分别为[10.767, 2.301, 1.877, 1.359, 1.930, 2.380]和[27.956, 8.803, 13.896, 5.886, 6.554, 13.079]，方差分别为[7.709, 2.027, 1.895, 1.354, 1.922, 2.394]和[28.238, 8.892, 14.036, 5.946, 6.620, 13.211]。两个产品组成系统的输出的平均均方误差为 3.435 和 12.696，平均方差为 2.884 和 12.824。

当选择最优折扣因子时，第 0～5 周期的系统输出如图 6.11 所示。解决了最优问题(6.51)后，得到最优折扣因子为$(\lambda_1,\lambda_2)=(0.16,0.99)$和$(\omega_1,\omega_2)=(0.01,0.52)$。从图 6.11 可知，每个周期最开始批次的大偏移同样大幅减少。产品 1 和产品 2 生产时在每个周期输出的均方误差为[1.482, 1.308, 1.222, 1.102, 1.036, 1.254]和[2.815, 1.431, 1.312, 1.285, 1.210, 1.532]，方差为[1.490, 1.317, 1.234, 1.113, 1.043, 1.262]和[2.841, 1.443, 1.325, 1.297, 1.221, 1.548]。产品 1 和产品 2 组成系统的输出的平均均方误差为 1.234 和 1.597，平均方差为 1.243 和 1.612。比较图 6.10

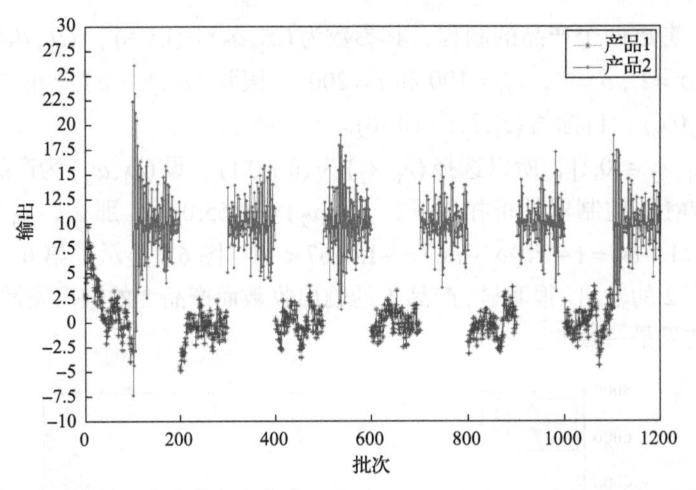

图 6.10　产品 1 和产品 2 生产中 $(\lambda_1,\lambda_2)=(0.1,0.1)$、$(\omega_1,\omega_2)=(0.5,0.5)$ 时采用干扰补偿算法的系统输出

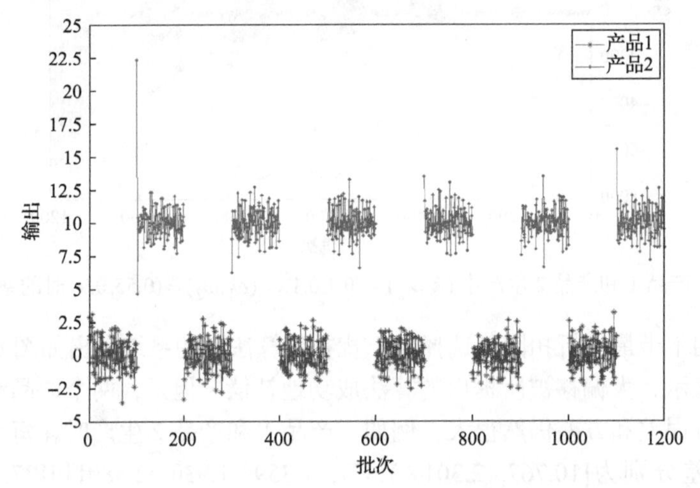

图 6.11　产品 1 和产品 2 生产中 $(\lambda_1,\lambda_2)=(0.16,0.99)$、$(\omega_1,\omega_2)=(0.01,0.52)$ 时采用最优干扰补偿算法的系统输出

的结果可知，两个产品组成系统的输出的均方误差和方差大大减小了。具体来说，产品 1 每个周期输出的均方误差减少了 86.2%、43.2%、34.9%、18.9%、46.3%、47.3%，产品 2 减少了 89.9%、83.7%、90.5%、78.2%、81.5%、88.3%。对于方差，产品 1 生产时的系统输出减少了 80.7%、35.0%、34.9%、17.9%、45.7%、47.3%，产品 2 生产时的系统输出减少了 89.9%、83.8%、90.6%、78.2%、81.6%、88.3%。产品 1 生产时的系统输出的平均均方误差减少了 64.1%，产品 2 生产时的系统输出减少了 87.4%；平均方差两者减少了 56.9%和 87.4%。由此可见，带有最优折扣因子的 DEWMA 算法可以消除各周期开始批次的漂移干扰，达到很好的控制效果。

6.4　移动窗口-方差分析算法

方差分析(ANOVA)模型是利用现有数据的均值建立起来的一种数学模型，该模型已经用于半导体制造过程中[58]。但是目前 ANOVA 模型只能处理一般情况下的白噪声干扰，或者特殊情况(即产品生产序列必须符合一定要求)下的 ARIMA 干扰，而 IMA(1,1)是比较符合生产实际的干扰模型。另外，在实际生产中产品种类很多，生产次序是随机排列的，且可能存在过程故障。所以，需要研究产品序列完全随机且面对 IMA(1,1)干扰和阶跃故障时基于 ANOVA 模型的容错控制方法。

针对上述问题，本节采用 ANOVA 模型来模拟半导体生产过程，通过不断计算基于机台和产品的均值偏差以及每个批次输出与各均值的差距来识别半导体制造过程中机台和产品的相对状态；在此基础上提出了移动窗口方差分析(move window analysis of variance, MW-ANOVA)方法，该方法将前面 k 批次的产品/机台数据放在一个移动窗口中，通过计算前面 k 批次前后矩阵(context matrix, CM)的伪逆来预估后面批次的机台和产品状态；随着下一个产品的到来，窗口向前移动一批次，即窗口中移出最旧的数据，放入最新的上一批次数据；补偿预估的下一批次的干扰和故障，得到下一批次的控制量。与常用的 EWMA 控制器相比，使用该方法产生的系统输出有较少的波动和较低的均值和方差。

6.4.1　MW-ANOVA 方法

根据 ANOVA 模型[213]，系统输出可以表示为

$$y(k)=b_{m(k)}u(k)+\mu+\tau_{n(k)}+p_{m(k)}+\eta_{n(k)}(k) \tag{6.52}$$

式中，μ 为所有机台上所有产品的截距均值；$\tau_{n(k)}(n(k)=1,2,\cdots,N)$ 为在第 k 批次时机台 n 和所有机台的截距均值差；$p_{m(k)}(m(k)=1,2,\cdots,M)$ 为在第 k 批次时产品 m 和所有产品的截距均值差；$\eta_{n(k)}(k)$ 为机台 n 上的离散采样随机动态干扰。假设 $\tau_{n(k)}(n(k)=1,2,\cdots,N)$ 和 $p_{m(k)}(m(k)=1,2,\cdots,M)$ 不相关，且满足 ANOVA 约束

$$\sum_{n(k)=1}^{N}\tau_{n(k)}=0,\quad \sum_{m(k)=1}^{M}p_{m(k)}=0 \tag{6.53}$$

考虑过程(6.52)，其干扰形式由 IMA(1,1)模型表示

$$\eta_{n(k+1)}=\eta_{n(k)}+\varepsilon_{n(k+1)}-\theta\varepsilon_{n(k)} \tag{6.54}$$

用式(6.54)表示式(6.52)中的$\eta_{n(k)}(k)$，可以得到

$$\eta_{n(k+3)}=\eta_{n(k)}-\theta\varepsilon_{n(k)}+(1-\theta)\varepsilon_{n(k+1)}+(1-\theta)\varepsilon_{n(k+2)}+\varepsilon_{n(k+3)} \tag{6.55}$$

所以，每个机台的干扰可以表示为更早状态的干扰和所有状态的白噪声序列的线性组合。

已知 ANOVA 约束(6.53)，ANOVA 模型可以写成下面的矩阵形式：

$$\hat{Y}'=\begin{bmatrix}\hat{Y}\\0\\0\end{bmatrix}=\begin{bmatrix}y_1-b_{m(1)}u_1\\\vdots\\y_K-b_{m(K)}u_K\\0\\0\end{bmatrix}=AX=\begin{bmatrix}I_{K\times1} & A'_{K\times(N+M)} & & A''_{K\times(K+N)}\\0 & \underbrace{1\cdots1}_{N} & 0\cdots0 & 0\cdots0\\0 & 0\cdots0 & \underbrace{1\cdots1}_{M} & 0\cdots0\end{bmatrix}X \tag{6.56}$$

式中，

$$A'=\begin{bmatrix}1 & \delta_{1(n_1)} & \cdots & \delta_{N(n_1)} & \delta_{1(m_1)} & \cdots & \delta_{M(m_1)}\\\vdots & \vdots & & \vdots & \vdots & & \vdots\\1 & \delta_{1(n_K)} & \cdots & \delta_{N(n_K)} & \delta_{1(m_K)} & \cdots & \delta_{M(m_K)}\end{bmatrix} \tag{6.57}$$

$$A''=\begin{bmatrix}A_1 & A_2 & \cdots & A_N\end{bmatrix} \tag{6.58}$$

$$X=\begin{bmatrix}\mu & \tau_1 & \cdots & \tau_N & p_1 & \cdots & p_M & \eta_{1(1)} & \varepsilon_{1(1)} & \cdots & \varepsilon_{1(K_1)} & \cdots & \eta_{N(1)} & \varepsilon_{N(1)} & \cdots & \varepsilon_{N(K_N)}\end{bmatrix}^{\mathrm{T}} \tag{6.59}$$

式中，A为关联矩阵；K为产品个数；X为预测状态；A'为机台$\tau_n(n=1,2,\cdots,N)$和产品$p_m(m=1,2,\cdots,M)$的关联子阵；$\delta_{n(n_k)}$和$\delta_{m(m_k)}$为对应于第k批次的克罗内克符号值，当n和m等于机台$n(k)$和产品$m(k)$时其值为 1。因为每次记录只能包括一个产品和一个机台，因此有

$$\sum_{j=2}^{N+1}A'_{ij}=1,\cdots,\sum_{j=N+2}^{N+M+1}A'_{ij}=1 \tag{6.60}$$

式(6.58)中，A''表示K历史记录中N个机台干扰和相应的白噪声序列的关系。

这里以第 $n(n=1,2,\cdots,N)$ 机台干扰为例，假设机台在 $K(K_1+K_2+\cdots+K_N=K, K_n\geqslant 0, n\in\{1,2,\cdots,N\})$ 个历史记录中出现 K_n 次，那么第 n 机台干扰的前后矩阵 $A_n\in\mathbf{R}^{K\times(K_N+1)}$ 为

$$A_n=\begin{bmatrix}1 & 0 & 0 & \cdots & 0 & 0\\ 1 & -\theta & 1 & \cdots & 0 & 0\\ \vdots & \vdots & \vdots & & \vdots & \vdots\\ 1 & -\theta & 1-\theta & \cdots & 1 & 0\\ 1 & -\theta & 1-\theta & \cdots & 1-\theta & 1\\ 0 & 0 & 0 & \cdots & 0 & 0\\ \vdots & \vdots & \vdots & & \vdots & \vdots\\ 0 & 0 & 0 & \cdots & 0 & 0\end{bmatrix} \tag{6.61}$$

其中非零列有 K_n 列。由此可以得到 A 的表示形式，注意 A 的行数小于等于列数。所以，如果忽略机台干扰，式(6.56)中的 A 总是不满秩的；如果考虑机台干扰，A 就是行满秩的。

接下来将 ANOVA 模型和移动窗口(moving window, MW)结合起来，形成 MW-ANOVA 方法。移动窗口包括过程的最后 K 批，这些批次并不一定包括所有可能的机台产品组合。如果下一批次的机台产品组合并没出现在当前的移动窗口中，那么根据窗口数据可得到的相应预估结果。前后矩阵随着窗口的移动而变化，因此矩阵 A 在每个批次都会根据前面 K 个测量值和当前组合进行更新。

移动窗口可以确保计算量随着时间的推移是稳定的，不会因数据的增加而急剧增加。此外，移动窗口方法会考虑所有最新的度量，而不必删除具有相同前后组合的同一线程。然而，窗口大小的选择会权衡可用数据的使用最大化和计算时间的最小化。对于初始批次，窗口大小受可用数据的限制。一旦有足够的数据，就可以根据可用的计算时间将矩阵大小限制在一个合理的范围之内。

为了求解式(6.56)中的 X，对 A 求右伪逆，得到 X 的预估值为

$$\hat{X}=A^{\mathrm{T}}(AA^{\mathrm{T}})^{-1}\hat{Y}' \tag{6.62}$$

第 $K+1$ 批次的预估误差为

$$\hat{e}_{K+1}=C_{K+1}\hat{X} \tag{6.63}$$

式中，C_{K+1} 表示第 $K+1$ 批次的前后矩阵：

$$C_{K+1} = \begin{bmatrix} 1 & \delta_{1(n_{K+1})} & \cdots & \delta_{N(n_{K+1})} & \delta_{1(m_{K+1})} & \cdots & \delta_{M(m_{K+1})} \\ 0 & \cdots & 0 & 1 & -\theta & 1-\theta & \cdots & 1-\theta & 1 & 0 & \cdots & 0 \end{bmatrix} \tag{6.64}$$

批间控制的目标是使得过程输出接近目标值。给定预计的状态 $\hat{X}$ ，下一批次的控制量为

$$u_{K+1} = \frac{T - \hat{e}_{K+1}}{b_{m(K+1)}} \tag{6.65}$$

6.4.2　仿真示例

本节仿真示例用来验证所提出的基于 ANOVA 模型的移动窗口批间控制方法在不同操作场合应用的有效性。在这个示例中，有三种产品(P_1, P_2, P_3)在一个机台上生产，系统可以用式(6.52)表示。设 $\alpha = [2,3,4]$，$\beta = [1.5,2,2.5]$，$b = [1,1.5,2]$ 和 T=0。干扰由式(6.54)表示，其中 $\theta = 0.2$ 和 $\sigma^2 = 0.25$ 。每次运行的产品按照给定的发生概率随机选择。设产品 P_1、P_2 和 P_3 的概率值分别为 0.1、0.6 和 0.3。

将 MW-ANOVA 算法与 EWMA 算法进行比较。对于 EWMA 算法，折扣因子 λ 设为 0.8。不同产品的均方误差(MSE_{P1}, MSE_{P2}, MSE_{P3})和两种方法的总均方误差(总 MSE)见表 6.3，两种控制算法下输出的方差和均值见表 6.4。在本例中，产品 1 属于少量产品。用 EWMA 算法控制的产品 1 生产时的系统输出的最小均方误差为 1.8334，而用 MW-ANOVA 算法控制的最小均方误差为 0.6270，相比之下下降了 65.20%。单产品控制性能如图 6.12～图 6.15 所示。图 6.14 显示了 MW-ANOVA 算法和 EWMA 算法采用的控制量的 1000 次平均值。系统输出和控制量变化幅度都表明，MW-ANOVA 算法的控制性能明显优于 EWMA 算法。

表 6.3　不同产品在 IMA(1,1)干扰下的均方误差和两种算法的总 MSE

算法	MSE_{P1}	MSE_{P2}	MSE_{P3}	总 MSE
MW-ANOVA	0.6270	0.3838	0.3060	0.3882
EWMA	1.8334	0.3910	0.6028	0.5974

表 6.4　两种算法的统计性能

算法	方差	均值
MW-ANOVA	0.3855	–0.0060
EWMA	0.6975	–0.0206

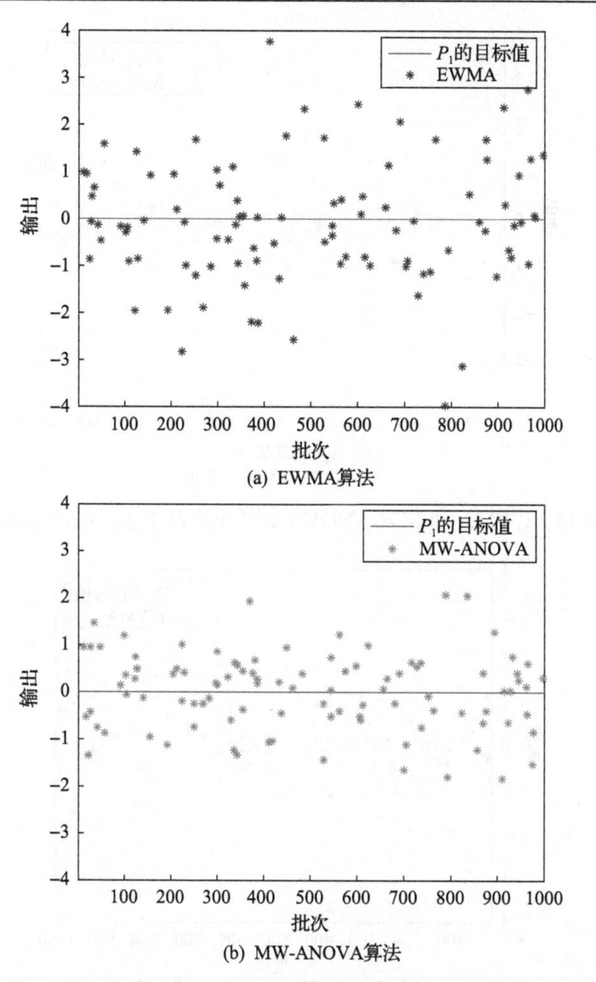

(a) EWMA算法

(b) MW-ANOVA算法

图 6.12 EWMA 和 MW-ANOVA 算法下产品 1 生产时的系统输出

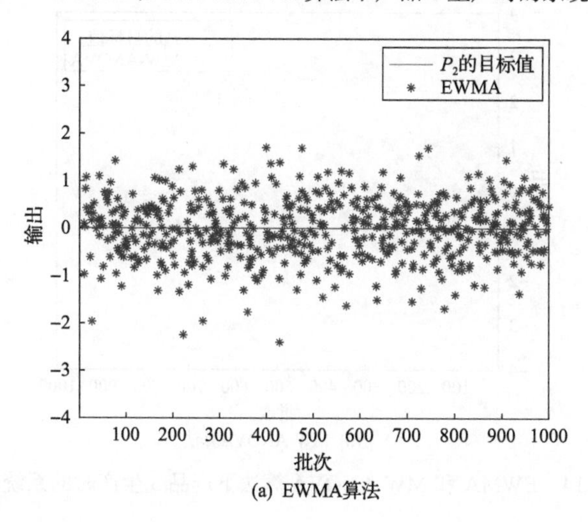

(a) EWMA算法

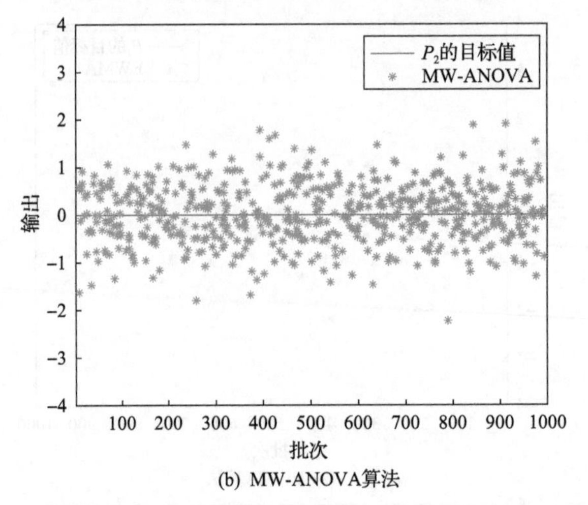

(b) MW-ANOVA算法

图 6.13　EWMA 和 MW-ANOVA 算法下产品 2 生产时的系统输出

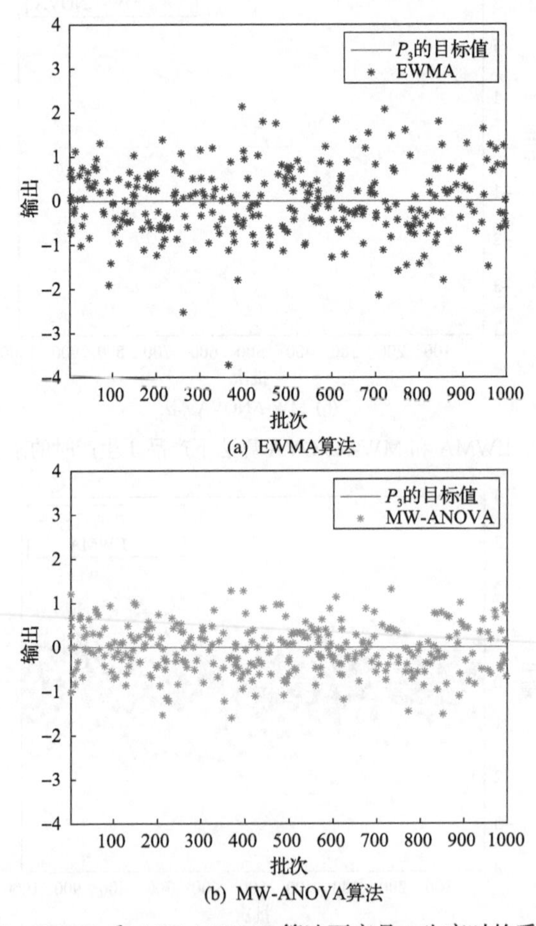

(b) MW-ANOVA算法

图 6.14　EWMA 和 MW-ANOVA 算法下产品 3 生产时的系统输出

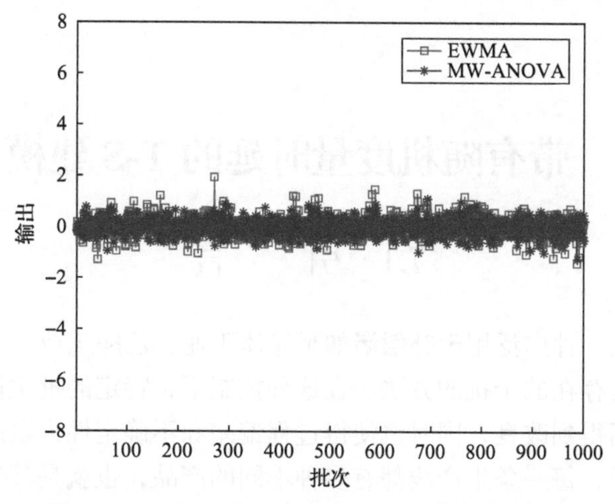

图 6.15　EWMA 和 MW-ANOVA 算法下的控制量

6.5　本 章 小 结

对于干扰存在漂移的混合产品生产过程，如果产品下线时间太久，那么在下一个周期，由于机台漂移的影响，上线产品在前几个批次会出现大的偏移，相应的对机台干扰的估计会呈现非线性。

本章提出了周期预测 EWMA 算法用来克服这种由机台漂移干扰引起的系统输出的大的偏移，并且证明了在每个生产周期，从第 2 批次起系统的输出就会以一个很小的偏差接近系统的目标值；基于平衡系统瞬态响应和稳态渐近方差的思想，提出了带有最优折扣因子的 DEWMA 控制器，以及最优折扣因子的求解问题，以达到偏移补偿的目的；提出了一种移动窗口-方差分析方法，通过计算前面 k 批次前后矩阵的伪逆来预估后面批次的机台和产品状态，补偿下一批次的干扰和故障。仿真结果证明本章所提算法比基于产品的 EWMA 算法更能提高系统的性能。

第7章　带有随机度量时延的T-S建模与控制

7.1　引　　言

批间控制是一种广泛用于补偿诸如半导体工业、乙醇工业、蛋白质合成的批次生产过程中所存在的干扰的方法。在这种控制下，特定的批次量过程的操作配方在设备批次间得到改良，同时也使得过程偏差和不确定性得以最小化。在当今的半导体生产中，每一条生产线都有多种不同的产品，也就是其生产过程为多产品过程。在这种过程中，批间控制算法的设计会更加复杂。

在许多批次系统中，产品质量只能通过昂贵的仪器测量来确认，例如用电子显微镜测量关键尺寸，或者用干涉测量仪测量薄片厚度。这些测量必须在线下完成，测量结果只有当一定批次完成之后才能获取。由于测量仪器的容量限制，这样的测量只有在有限的批次后才能进行。有时它们无法按照顺序排列，换句话说，后面批次的结果会比前面的批次更早。因此，在多数批间控制中总是会存在测量延迟，并且它是一个随机值。另外，多产品过程有不规则的生产频率，同一种产品的间隔并不是一个定值。因为批间控制过程往往要采用现有产品的最新测量数据，因此测量延迟也会变得随机并且时变。

现已证明延迟会对工业过程中的稳定性和表现有不利的影响[214]。Good等[215]对设备模型出现不匹配和测量延迟时的单产品和多产品过程、多输入多输出双EWMA批间控制器的稳定边界的折现系数进行了测试，进一步分析了带有测量延迟的多输入多输出双EWMA批间控制器的稳定性，发现测量延迟对过程稳定性有负面影响[215,216]。Wu等[217]分析了测量延迟对于带有初始漂移和随机自回归移动平均干扰的线性系统的产品质量的瞬态特性和渐进特征的影响，系统性能会随着延迟的增长而下降。Wang等[13]采用一种RLS算法来估计测量延迟，并与传统的EWMA算法进行了比较。Su等[218]提出了一种确定最大采样间隔、最大延迟和测量优先级来改善过程控制性能的方法。Jin等[20]在EWMA算法中引入史密斯预估控制框架，比较了史密斯EWMA和传统EWMA批间控制器的稳定性。

然而，前面提到的工作都是基于固定的测量延迟，很少有研究结果是与随机延迟相关的。Fan等[219]研究了如何自适应预测时变测量延迟，使用EWMA和RLS预测方法来获取期望的带有测量延迟的渐进DEWMA控制输出。Zhang等[220]针对带有非高斯干扰和延迟的过程提出了基于概率密度函数的最优控制算法，通过控制输入能量约束包含了信息熵(或信息潜质）和跟踪误差均值，最终给出了一个性能指标。Chen 等[221]针对带有不确定度量时延的批次过程，整合了基于确定性模型和随机性模型的控制方法；其随机成分使用一种误差概率密度函数去描述因测量延迟产生的影响，控制输入取决于从误差概率密度函数的确定性模型和信息熵中得到的预测误差的最小化权重。Liu 等[222]针对含有带时延和模型不确定性的连续批次过程，提出了一种内模控制和迭代学习控制方案。Wu 等[217]通过仿真研究提出带有随机延迟的系统表现可以由平均延迟逼近，但是存在大的偏差。

近年来模糊逻辑在控制系统中的应用上取得了长足的发展。模糊系统模仿人脑的逻辑思维，能较好地运用本领域专家的语言知识，且具有易于理解的知识表达形式，故越来越受到人们的重视。T-S 模型就是一种模糊模型[223]，它利用 IF-THEN 规则将复杂的系统用若干局部的简单模型来表示，通过局部模型的综合来完成全局模型的构造。显然，T-S 模型将复杂的问题在局部简单化，是一种针对非线性系统和复杂系统的实用建模方法。

在本章中，T-S 模型被用于表示带有随机测量延迟的单产品和多产品批次制造系统。首先建立对应特定延迟的局部模型；然后基于系统特定延迟的概率计算每个局部模型的成员函数，得到一个带有 EWMA 批间控制器的全局输入输出模型，由此可以推导得到输出的均值和方差的解析表达式；最后基于 T-S 模型提出了一个称为补偿 EWMA 批间控制(compensation exponentially weighted moving average run-to-run control, COM-EWMA-RtR）的控制方案。

7.2　T-S 模糊模型介绍

一般情况下，T-S 模型的模型规则 $i\,(i=1,2,\cdots,n;\ n\in\mathbf{N})$ 如下所示。

IF $z_1(k)\in M_{i1},\cdots,z_p(k)\in M_{ip}$（$p\in\mathbf{N}$）

THEN

$$\begin{cases} x(k+1)=A_i x(k)+B_i u(k) \\ y(k)=C_i x(k) \\ u(k)=K_i x(k) \end{cases} \tag{7.1}$$

式中，z_i 为前提变量；M_{ij}（$j=1,2,\cdots,p$）为模糊集；$x(k)$ 为状态变量；$u(k)$ 为控制输入；$y(k)$ 为系统输出；A_i、B_i、C_i、K_i 具有相应的维数。

式(7.1)表示的就是前面所述的局部模型，将 n 个局部模型综合起来，可以得到如式(7.2)所示的全局模型：

$$\begin{cases} x(k+1)=\sum_{i=1}^{n}\mu_i(z(k))[A_i x(k)+B_i u(k)] \\ y(k)=\sum_{i=1}^{n}\mu_i(z(k))C_i x(k) \\ u(k)=\sum_{i=1}^{n}\mu_i(z(k))K_i x(k) \end{cases} \tag{7.2}$$

式中，$z(k)=[z_1(k), z_2(k), \cdots, z_p(k)]$；$\mu_i(z(k))$为第$i$个局部模型的前提变量$z(k)$的隶属度，满足

$$\begin{cases} \sum_{i=1}^{n}\mu_i(z(k))=1 \\ 0 \leqslant \mu_i(z(k)) \leqslant 1, \quad \forall i=1,2,\cdots,n \end{cases} \tag{7.3}$$

7.3　针对随机度量时延的 T-S 建模

7.3.1　单产品过程

考虑一个特定设备上的单产品过程。假设输入输出呈如下所示的线性关系：

$$y_k=\beta u_k+\alpha_k \tag{7.4}$$

式中，y_k为过程输出；u_k为输入；α_k为第k批次的缓慢干扰；β为过程增益。

假设过程模型由下式给出：

$$\hat{y}_k=bu_k+\hat{a}_k \tag{7.5}$$

式中，b和$\hat{a}_k$分别为模型增益和估计截距。在批间控制中，$\hat{a}_k$在批次之间会不断更新以估计现有的截距。

如果测量延迟是τ_k，换句话说，在第k批次中，能获取的最新数据是$y_{k-\tau_k}$，由于控制器总是使用最新的数据，截距会被 EWMA 滤波器估计为

$$\hat{a}_k=\omega\left(y_{k-\tau_k}-bu_{k-\tau_k}\right)+(1-\omega)\hat{a}_{k-1} \tag{7.6}$$

式中，ω是折扣因子，且$0<\omega<1$。

控制量将用于下一批次，即

$$u_k=\frac{T-\hat{a}_k}{b} \tag{7.7}$$

将式(7.6)代入式(7.7)，再将式(7.7)代入式(7.4)，可得

$$\hat{a}_k = (1-\omega)\hat{a}_{k-1} + Q\hat{a}_{k-\tau_k} + \omega\alpha_{k-\tau_k} - QT \tag{7.8}$$

式中，$\xi = \beta/b$，$Q = \omega(1-\xi)$。

假设延迟是随机的且最大值为 D，也就是说，$\tau_k \in \{1,2,\cdots,D\}$。对应于 D 个不同延迟的 D 个局部模型可以根据以下规则建立。

规则 $i\,(i=1,2,\cdots,D)$：

IF $\tau_k = i$，$\tau_k \in \{1,2,\cdots,D\}$

THEN 估计截距 $\hat{a}_k$ 为

$$\hat{a}_k = (1-\omega)\hat{a}_{k-1} + Q\hat{a}_{k-i} + \omega\alpha_{k-i} - QT \tag{7.9}$$

式(7.9)是将 $\tau_k=i$ 代入式(7.8)所得。根据 T-S 模型，估计干扰 $\hat{a}_k^{\mathrm{TS}}$ 的全局模型可以根据下式获得：

$$\hat{a}_k^{\mathrm{TS}} = \sum_{i=1}^{D}\mu_{i,k}\hat{a}_k = (1-\omega)\hat{a}_{k-1} + \sum_{i=1}^{D}\mu_{i,k}Q\hat{a}_{k-i} + \sum_{i=1}^{D}\omega\mu_{i,k}a_{k-i} - QT \tag{7.10}$$

式中，$\mu_{i,k}$ 为对应每一个延迟 τ_k 的局部模型的成员函数。令 z^{-1} 为后移位算子，结合式(7.9)和式(7.10)，得到

$$\hat{a}_k^{\mathrm{TS}} = \frac{\omega\sum_{i=1}^{D}\mu_{i,k}z^{-i}}{1-(1-\omega)z^{-1} - Q\sum_{i=1}^{D}\mu_{i,k}z^{-i}}\alpha_k - \frac{QT}{1-(1-\omega)z^{-1} - Q\sum_{i=1}^{D}\mu_{i,k}z^{-i}} \tag{7.11}$$

将式(7.9)和式(7.11)代入式(7.4)，可得

$$y_k = \left[1 - \frac{\xi\omega\sum_{i=1}^{D}\mu_{i,k}z^{-i}}{1-(1-\omega)z^{-1} - \sum_{i=1}^{D}\mu_{i,k}Qz^{-i}}\right]\alpha_k + \left[1 + \frac{Q}{1-(1-\omega)z^{-1} - \sum_{i=1}^{D}\mu_{i,k}Qz^{-i}}\right]\xi T \tag{7.12}$$

7.3.2　成员函数计算

正如 Hersh 等[224]和 Stallings[225]所指出的那样，一个成员函数可以被一个概率函数来表示。给定一个独立成分的集合 U 和模糊事件，对于每一个独立的 $u \in U$，都需要知道它是否能称作事件 F，随后可获得似然函数 $P('F'|u)$ 代表对上述问

题回答“是”的比例。所以，$\mu_{F(u)} = P('F'|u)$。

因此，成员 $\mu_i(k)$ 代表 $\tau_k = i$ 的概率，也就是说 $\mu_i(k) = P(\tau_k = i)$。这个概率是通过输出采样和统计得到的。假设第 i 批次后任意被测量和统计的批次概率为 $p_i(i \leqslant d)$，完全没有被采样的批次概率为 p_n，于是有 $p_n + \sum_{i=1}^{d} p_i = 1$。如图 7.1 所示，因为第 k 批次的测量时延是 $\tau_k(1 \leqslant \tau_k \leqslant D)$，所以第 k 批次的控制器将会接收第 $k-\tau_k$ 批次的过程数据。由于存在批次没有被测量的潜在可能性，D 将会由 $(1-p_n)^D \approx 0$ 设定。显而易见，$\mu(k) = P(\tau_k = 1)P(\tau_k = 2)\cdots P(\tau_k = D)$ 且 $\sum_{i=1}^{D} P(\tau_k = i) = 1$，而最坏的情况是控制器在第 k 和 k+1 批次间不能接收任何新数据。在这里，批次 $k-\tau_k$ 的数据依然会使用，有 $\tau_{k+1} = \tau_k + 1$。因此，τ_{k+1} 仅仅受到 τ_k 的影响，且与 $\tau_2, \tau_3, \cdots, \tau_{k-1}$ 无关。由此，可以用 $P(\tau_{k+1} = j | \tau_k = i) = p_{j|i}$ 建立一个马尔可夫链。

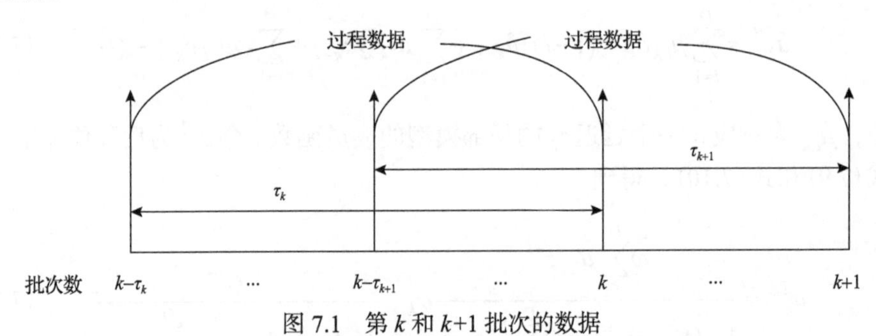

图 7.1 第 k 和 k+1 批次的数据

定理 7.1 如果 $\max(\tau_k) = D$，$1 \leqslant i$，$j \leqslant D$，则

$$p_{j|i} = \begin{cases} 0, & i+2 \leqslant j \leqslant D \text{ 或 } d < j \leqslant i \\ p_n + \sum_{k=i+1}^{d} p_k, & j = i+1 \leqslant D \\ p_j, & j \leqslant i \leqslant D \end{cases} \tag{7.13}$$

证明 如图 7.1 所示，$\tau_k = i$ 意味着在第 k 批次，控制器获取的是第 k–i 批次采样的数据。如果第 k+1 批次没有新数据到达，则控制器将依然使用第 k–i 批次采样到的数据，此时 $\tau_{k+1} = j = i+1$。因此，控制器不可能在第 k+1 批次有大于 i+1 的延迟。

$$p_{j|i} = 0, \quad j \geqslant i+2, \cdots, D \tag{7.14}$$

如果 $\tau_{k+1} = j = i+1$，也就是意味着第 k 批次没有新数据，说明第 k–i+1,

$k-i+2, \cdots, k$ 批次的数据或者完全没有被采样，或者其测量延迟一定分别大于 $i, i-1, i-2, \cdots, 1$ 个批次。于是有

$$p_{i+1|i}=\frac{p_n+\sum\limits_{k=i+1}^{d} p_k}{p_n+\sum\limits_{k=i}^{d} p_k} \times \frac{p_n+\sum\limits_{k=i}^{d} p_k}{p_n+\sum\limits_{k=i-1}^{d} p_k} \times \cdots \times \frac{p_n+\sum\limits_{k=2}^{d} p_k}{p_n+\sum\limits_{k=1}^{d} p_k}=p_n+\sum_{k=i+1}^{d} p_k \tag{7.15}$$

如果 $\tau_{k+1}=j \leqslant i$ 且 $j \leqslant D$，则在第 $k+1$ 批次控制器就会接收到第 $k-j+1$ 批次的数据。那么只有两种可能，一是所有的 $k-j+2, k-j+3, \cdots, k$ 之后批次的数据都不会被采样，二是数据的测量延迟都一定分别大于 $j-1, j-2, \cdots, 2, 1$ 批次。因此，有

$$p_{j|i}=\frac{p_j}{p_n+\sum\limits_{k=j}^{d} p_k} \times \frac{p_n+\sum\limits_{k=j}^{d} p_k}{p_n+\sum\limits_{k=j-1}^{d} p_k} \times \cdots \times \frac{p_n+\sum\limits_{k=2}^{d} p_k}{p_n+\sum\limits_{k=1}^{d} p_k}=p_j \tag{7.16}$$

如果 $\tau_{k+1}=j \leqslant i$ 且 $j>d$，则在第 $k+1$ 批次将接收第 $k-j+1$ 批次的数据。第 $k-j+1$ 批次的数据会在第 k 批次之前或者第 k 批次时到达，也就是说，$\tau_{k+1}=j-1 \leqslant i$。因此，有 $p_{j|i}=0$。

给出 $p_{j|i}$ 和 $S_{ij}=p_{j|i}$，设 S 是马尔可夫转换矩阵，μ_0 是初始概率分布，μ_k 可以计算如下：

$$\mu(k+1)=\mu(k) \times S \tag{7.17}$$

由定理 7.1，且 $|S| \leqslant 1$，可得

$$\mu(\infty)=\mu(\infty) \times S \tag{7.18}$$

推论 7.1　在稳定状态下，第 j 批次的延迟概率分布为

$$\mu_j(\infty)=\sum_{i=1}^{j} p_i \times \prod_{m=1}^{j-1}\left(p_n+\sum_{i=j-m+1}^{d} p_i\right) \tag{7.19}$$

证明　如图 7.2 所示，第 k 批次对应延迟 j。那么，第 $k-j$ 批次需要在 j 批次内被测量和报告，且在此批次后剩余的批次不能被采样或报告。如果 $j \leqslant d$，则第 $k-j$) 批次在 j 批次内被测量和报告的概率是 $\sum\limits_{i=1}^{j} p_i$。考虑后面的第 $k-j+m$ 批次，在 k 批次后不被采样或报告的概率为 $\prod\limits_{m=1}^{j-1}\left(p_n+\sum\limits_{i=j-m+1}^{d} p_i\right)$。

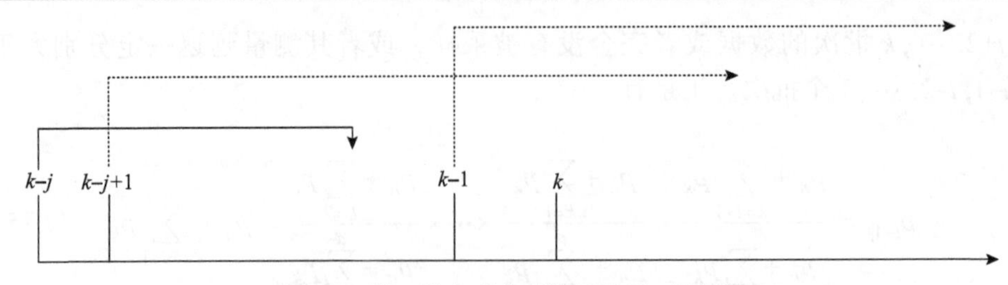

图 7.2　第 k 批次观察到的延迟是 j 的情况

表 7.1 和表 7.2 给出了不同概率 p_n、p_1、p_2、p_3 下利用计算机模拟和式(7.16)得到的概率。在计算机模拟中产生了 1000 批次。如果最大延迟 D=3，数据是否被采样和在 1、2 还是 3 批次后被接收取决于每个批次的概率 p_n、p_1、p_2、p_3。因此，延迟是现有的批次和最新数据被采样并接收的批次之差。将这个过程重复 100 次，计算不同延迟的概率均值和方差，最终仿真结果非常接近通过式(7.16)计算的预测值。

表 7.1　产品概率(p_n, p_1, p_2, p_3)=(0.25,0.25,0.25,0.25)时不同延迟的仿真和预测概率比较

时延(批次数)		1	2	3	4	5	6	7	8
仿真结果	均值	0.2475	0.3732	0.2834	0.0704	0.0170	0.0048	0.0011	0.0003
	方差	0.1608	0.1504	0.1797	0.0495	0.0177	0.0039	0.0008	0.0003
式(7.16)计算值		0.25	0.375	0.2813	0.0703	0.0176	0.0044	0.0011	0.0003

表 7.2　产品概率(p_n, p_1, p_2, p_3)=(0.85,0.05,0.05,0.05)时不同延迟的仿真和预测概率比较

时延(批次数)		1	2	3	4	5	6	7	8
仿真结果	均值	0.0515	0.0963	0.1296	0.011	0.093	0.0787	0.0663	0.0563
	方差	0.0449	0.0731	0.0778	0.0523	0.0365	0.0253	0.0192	0.0195
式(7.16)计算值		0.051	0.095	0.1283	0.109	0.0927	0.0788	0.0669	0.0569

7.3.3　多产品过程

考虑多产品过程。不失一般性，本节仅考虑产品 1，产品排序如图 7.3 所示。假设 m 是产品 1 的顺序号且这个产品在多产品序列中对应的批次号是 k_m，当前批次和上一个产品 1 的批次的差是 $\Delta k_{m-1,m}$。如果 $\Delta k_{0,1} \equiv k_1$，且当时第一次将产品 1 引入整个序列，则有

$$k_m = \sum_{i=1}^{m} \Delta k_{i-1,i} \tag{7.20}$$

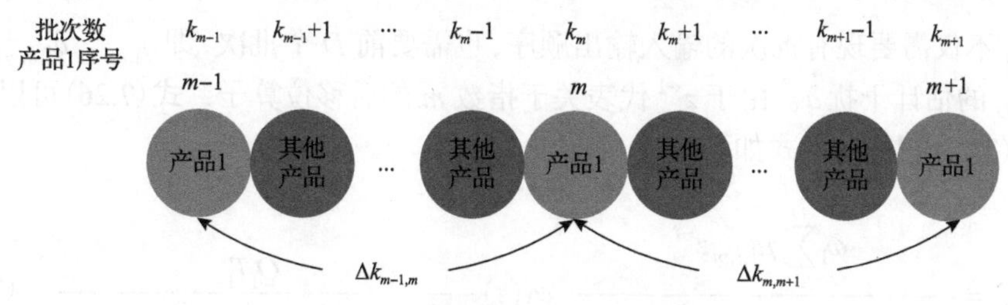

图 7.3　多产品过程的产品序列

实际过程输出、模型输出、控制量和 EWMA 算法估计的干扰分别如式(7.21)～式(7.24)所示：

$$y_{1,m}=\beta_1 u_{1,m}+\alpha_{1,m} \tag{7.21}$$

$$\hat{y}_{1,m}=b_1 u_{1,m}+\hat{a}_{1,m} \tag{7.22}$$

$$u_{1,m}=\frac{T_1-\hat{a}_{1,m-1}}{b_1} \tag{7.23}$$

$$\hat{a}_{1,m}=\omega_1\left(y_{1,m-\tau_{1,m}}-b_1 u_{1,m-\tau_{1,m}}\right)+\left(1-\omega_1\right)\hat{a}_{1,m-1} \tag{7.24}$$

式中，$y_{1,m}$ 和 $u_{1,m}$ 分别为产品 1 在自身序列中第 m 批次的输入和输出；$\tau_{1,m}$ 为相应的延迟；β_1 和 b_1 分别为实际增益和模型增益；T_1 为目标值；ω_1 为产品 1 的 EWMA 折扣因子。所以，根据整个设备的批次顺序测量，延迟实际上是 $\Delta k_{m,m-\tau_{1,m}}$。

闭环响应类似于单产品的情况，机台序号 k 被产品序号 m 代替。假设产品序列的最大延迟是 D。使用 7.3.1 节描述的 T-S 模型，D 个局部模型对应不同的 $\tau_{1,m}$，模糊规则如下所示。

规则 $i\,(i=1,2,\cdots,D)$：

IF $\tau_{1,m}$ 是 i,

THEN 由式(7.21)～式(7.24)求得干扰估计 $\hat{a}_k$ 的局部模型：

$$\hat{a}_{1,m}=\left(1-\omega_1\right)\hat{a}_{1,m-1}+\omega_1\left(1-\xi_1\right)\hat{a}_{1,m-i}+\omega_1\alpha_{1,m-i}-Q_1T_1 \tag{7.25}$$

式中，$\xi_1=\beta_1/b_1$；$Q_1=\omega_1\left(1-\xi_1\right)$。

因此，干扰估计 $\hat{a}_{1,m}^{\mathrm{TS}}$ 的全局模型可以用下式得出：

$$\hat{a}_{1,m}^{\mathrm{TS}}=\sum_{i=1}^{D}\mu_{1,i,m}\hat{a}_{1,m-i}=\left(1-\omega_1\right)\hat{a}_{1,m-1}+Q_1\sum_{i=1}^{D}\mu_{1,i,m}\hat{a}_{1,m-i}+\omega_1\sum_{i=1}^{D}\mu_{1,i,m}\alpha_{1,m-i}-Q_1T_1 \tag{7.26}$$

式中，$\tau_{i,m}$ 为产品 1 的产品序号为 m、延迟为 i 的成员函数。因此，为了建立 T-S

模型，不仅需要现有批次的输入输出顺序，也需要前 D 个批次，即 $\hat{a}_{1,m-1}, \hat{a}_{1,m-2}, \cdots, \hat{a}_{1,m-D}$ 的估计干扰 $\hat{a}$。由于 z^{-1} 代表关于指数 m 的后移位算子，式(7.26)可以写成与式(7.11)相似的形式如下：

$$\hat{a}_{1,m}^{\mathrm{TS}} = \frac{\omega_1 \sum_{i=1}^{D} \mu_{1,i,m} z^{-i}}{1-(1-\omega_1)z^{-1} - Q_1 \sum_{i=1}^{D} \mu_{1,i,m} z^{-i}} \alpha_1(z) - \frac{Q_1 T_1}{1-(1-\omega_1)z^{-1} - Q_1 \sum_{i=1}^{D} \mu_{1,i,m} z^{-i}} \tag{7.27}$$

将式(7.27)代入式(7.23)，再将式(7.23)代入式(7.21)，可以得到类似式(7.12)的公式：

$$\begin{aligned} y_1(z) = &\left[1 - \frac{\xi_1 \omega_1 \sum_{i=1}^{D} \mu_{1,i,m} z^{-i}}{1-(1-\omega_1)z^{-1} - \sum_{i=1}^{D} \mu_{1,i,m} Q_1 z^{-i}}\right] \alpha_1(z) \\ &+ \left[1 + \frac{Q_1}{1-(1-\omega_1)z^{-1} - \sum_{i=1}^{D} \mu_{1,i,m} Q_1 z^{-i}}\right] \xi_1 T_1 \end{aligned} \tag{7.28}$$

因此，单产品过程实际上是多产品过程的一个特例，但它们有不同的成员函数值。

对于产品 1，相邻批次的间隔 $\varDelta$ 为 n 的概率是

$$P(\varDelta = n) = (1-q_1)^{n-1} q_1 \tag{7.29}$$

式中，q_1 为产出产品 1 的概率。再次假设 p_i 和 p_n 分别是现在批次在 $i(i \leqslant d)$ 的延迟后被采样/报告的概率和产品完全没有被采样的概率。此外，定义 p_i' 是目前批次中产品的时间延迟是 i 的概率，这可以通过定理 7.2 来估计。

定理 7.2 如果 $\max(i) = d$，则有

$$p_i' = \sum_{k=1}^{d} p_k b(k,i,q_1) \tag{7.30}$$

式中，$b(k,i,q_1) = C\begin{pmatrix} k-1 \\ i-1 \end{pmatrix}(1-q_1)^{k-i} q_1^{i-1}$ 为 k 批次内产出延迟为 i 的产品 1 的二项概率。

证明 如果延迟是一个批次，则有

$$p_1' = p_1 P(\Delta \geqslant 1) + p_2 P(\Delta \geqslant 2) + \cdots + p_d P(\Delta \geqslant d) = \sum_{i=1}^{d} p_i P(\Delta \geqslant i) = \sum_{i=1}^{d} p_i \sum_{k=i}^{\infty} (1-q_1)^{k-i} q_1$$
$$= \sum_{i=1}^{d} p_i (1-q_1)^{i-1} = \sum_{i=1}^{d} p_i b(i,1,q_1)$$

如果延迟是 2，则有

$$p_2' = P(\Delta_m < 2 \wedge \Delta_m + \Delta_{m+1} \geqslant 2) p_2 + P(\Delta_m < 3 \wedge \Delta_m + \Delta_{m+1} \geqslant 3) p_3 + \cdots$$
$$+ P(\Delta_m < d \wedge \Delta_m + \Delta_{m+1} \geqslant d) p_d$$
$$= \sum_{k=2}^{d} p_k P(\Delta_m < k \wedge \Delta_m + \Delta_{m+1} \geqslant k) = \sum_{k=2}^{d} p_k \left[\sum_{k'=k}^{\infty} C\begin{pmatrix} k-1 \\ 1 \end{pmatrix} (1-q_1)^{k-1} q_1 (1-q_1)^{k'-k-1} q_1 \right]$$
$$= \sum_{k=2}^{d} p_k C\begin{pmatrix} k-1 \\ 1 \end{pmatrix} (1-q_1)^{k-2} q_1 = \sum_{k=1}^{d} p_k b(k,2,q_1)$$

这样，得到任何延迟 i 的概率为

$$p_i' = \sum_{k=i}^{d} p_k P(\Delta_m + \cdots + \Delta_{m+i-2} < k \wedge \Delta_m + \cdots + \Delta_{m+i-1} \geqslant k)$$
$$= \sum_{k=2}^{d} p_k P(\Delta_m < k \wedge \Delta_m + \Delta_{m+1} \geqslant k) = \sum_{k=2}^{d} p_k \left[\sum_{k'=k}^{\infty} C\begin{pmatrix} k-1 \\ 1 \end{pmatrix} (1-q_1)^{k-1} q_1 (1-q_1)^{k'-k-1} q_1 \right]$$
$$= \sum_{k=i}^{d} p_k C\begin{pmatrix} k-1 \\ i-1 \end{pmatrix} (1-q_1)^{k-i} q_1^{i-1} = \sum_{k=i}^{d} p_k b(k,i,q_1)$$

说明 7.1　目前批次的产品在延迟 i 后被采样报告和完全不被采样的概率为

$$p_n + \sum_{i=1}^{d} p_i' = p_n + \sum_{i=1}^{d} \sum_{k=i}^{d} p_k b(k,i,q_1)$$
$$= p_n + \left[p_1 b(1,1,q_1) + p_2 b(2,1,q_1) + \cdots + p_d b(d,1,q_1) \right]$$
$$+ \left[p_2 b(2,2,q_1) + \cdots + p_d b(d,2,q_1) \right] + \cdots + p_d \left[b(d,d,q_1) \right]$$
$$= p_n + p_1 + p_2 + \cdots + p_d = 1$$

在这种方式下，多产品制程可以看作 7.3.1 节中的单产品过程来进行分析。

说明 7.2　定理 7.2 可以应用于其他产品。

在 7.3.2 节中，$\{\tau_1, \tau_2, \cdots, \tau_m, \cdots\}$ 形成一个马尔可夫链。类似地，定义转移概率为 $S_{ij}' = P(\tau_{m+1} = j | \tau_m = i) = p_{j|i}'$，可以由推论 7.2 求取。

推论 7.2　如果 $1 \leqslant i,\ j \leqslant D$，则有

$$p'_{j|i}=\begin{cases}0, & i+2\leqslant j\leqslant D \text{ 或 } d<j\leqslant i\\ p_n+\sum_{k=i+1}^{d}p'_k, & j=i+1\leqslant D\\ p'_j, & j\leqslant i\leqslant D\end{cases}\tag{7.31}$$

在稳定状态下，j 个批次有延迟的概率由下式给出：

$$\mu_{1,\infty}=\sum_{i=1}^{j}p'_i\times\prod_{m=1}^{j-1}\left(p_n+\sum_{i=j-m+1}^{d}p'_i\right)\tag{7.32}$$

说明 7.3　推论 7.2 可以用于其他产品。

7.4　基于 T-S 模型的闭环系统性能和补偿控制算法

本节将求取闭环系统的性能指标，即单产品和多产品制程基于 T-S 模型的系统输出的均值和方差。因此，将得到均值偏移以设计补偿控制算法。

7.4.1　IMA(1,1)干扰

本节考虑的是带漂移的 IMA(1,1)干扰，如式(4.16)所示。通过迭代式(4.16)，得到干扰可以由下式表示：

$$\alpha_k=\eta_k=(1-\theta)\sum_{j=1}^{k-1}\varepsilon_j+\varepsilon_k+k\delta\tag{7.33}$$

因此，有

$$E\left(\alpha_k\right)=\delta k\tag{7.34}$$

此外，Box 等[130]证明式(7.33)可以表示成下述形式：

$$\alpha_k=\frac{1-\theta z^{-1}}{1-z^{-1}}e_k\tag{7.35}$$

式中，$e_k\sim\mathcal{N}\left(\delta/(1-\theta),\sigma_\varepsilon^2\right)$。

在多产品过程中，$\alpha_{1,m}$ 可以根据式(7.33)计算：

$$\alpha_{1,m}=(1-\theta)\sum_{i=1}^{k_m-1}\varepsilon_{1,i}+\varepsilon_{1,m}+k_m\delta\tag{7.36}$$

类似地，有 $E\left(\alpha_{1,m}\right)=k_m\delta$ 。因为 $\alpha_{1,m}-\alpha_{1,m-1}=\varepsilon_{1,m}-\theta\varepsilon_{1,m-1}+(1-\theta)\sum_{i=k_{m-1}+1}^{k_m-1}\varepsilon_{1,i}+\Delta k_{m-1,m}\delta$ ，所以 $\alpha_{1,m}(1-z^{-1})=\left[\varepsilon_{1,m}+\frac{(1-\theta)\sum_{i=k_{m-1}+1}^{k_m-1}\varepsilon_{1,i}+\Delta k_{m-1,m}\delta}{1-\theta z^{-1}}\right](1-\theta z^{-1})$ 。

式(7.36)也可以表达为

$$\alpha_{1,m}=\frac{1-\theta z^{-1}}{1-z^{-1}}e_{1,m} \tag{7.37}$$

式中，$e_{1,m}\sim\mathcal{N}\left(\frac{E\left(\Delta k_{m-1,m}\right)\delta}{1-\theta},E\left(\Delta k_{m-1,m}\right)\sigma_{\varepsilon}^{2}\right)$。

7.4.2　均值偏移的表达

有时变时延的单产品制程的输出均值可以通过定理 7.3 获得。

定理 7.3　对于单产品制程，如果过程稳定，那么单产品制程的渐近输出期望为

$$E\left(y_{\infty}\right)=T+\frac{\delta}{\omega\xi}\left(1-\omega+\omega\sum_{i=1}^{d}\mu_{i,\infty}i\right)\equiv T+\frac{\delta}{\xi}\left(\frac{1-\omega}{\omega}+\langle\tau\rangle\right) \tag{7.38}$$

式中，$\langle\tau\rangle$ 是延迟的平均值。

证明　如果制程稳定，那么可根据文献[130]给出的时序理论得到 y 的期望值：

$$\begin{aligned}E\left(y_k\right)&=E\left\{\left[1-\frac{\xi\omega\sum_{i=1}^{D}\mu_{i,k}z^{-i}}{1-(1-\omega)z^{-1}-\sum_{i=1}^{D}\mu_{i,k}Qz^{-i}}\right]\alpha(z)\right\}+E\left\{\left[1+\frac{Q}{1-(1-\omega)z^{-1}-\sum_{i=1}^{D}\mu_{i,k}Qz^{-i}}\right]\xi T\right\}\\&=E\left[\frac{1-(1-\omega)z^{-1}-\sum_{i=1}^{D}\mu_{i,k}\omega z^{-i}}{1-(1-\omega)-Q}\alpha(z)\right]+\left[1+\frac{Q}{1-(1-\omega)-Q}\right]\xi T\\&=T+\frac{1}{\omega\xi}E\left[\alpha_k-(1-\omega)\alpha_{k-1}-\omega\sum_{i=1}^{D}\mu_{i,k}\alpha_{k-i}\right]\end{aligned} \tag{7.39}$$

将式(7.34)代入式(7.28)，可以得到

$$E(y_k)=T+\frac{1}{\omega\xi}\left[k\delta-(1-\omega)(k-1)\delta-\omega\sum_{i=1}^{D}\mu_{i,k}(k-i)\delta\right] \tag{7.40}$$

通过取$E(y_k)$的渐进值可以得到式(7.38)。

说明 7.4 由定理 7.3 可推得系统输出的均值稳定偏移(mean steady off-set, MSO)，由下式给出：

$$\text{MSO}=\frac{\delta}{\xi}\left(\frac{1-\omega}{\omega}+\langle\tau\rangle\right) \tag{7.41}$$

这和过程有一个均值为$\langle\tau\rangle$的固定延迟的情况类似。最小偏移$\delta\langle\tau\rangle/\xi$可以由$\omega=1$求出。

说明 7.5 可以从式(7.40)得出结论，更大的均值$\langle\tau\rangle$能导致更多的均值偏差。因此，测量延迟对过程性能有负面影响。

多产品过程中，产品 1 的均值偏差可以由推论 7.3 导出。

推论 7.3 如果制程稳定，那么多产品过程中产品 1 的输出期望值为

$$E(y_{1,\infty})=T_1+\frac{\delta}{\xi_1}\left(\frac{1-\omega_1}{\omega_1}\lim_{m\to\infty}\Delta k_{m,m-1}+\sum_{i=1}^{D}\mu_{1,i,\infty}\lim_{m\to\infty}\Delta k_{m,m-i}\right) \tag{7.42}$$

证明 如果制程稳定，可以导出类似于式(7.39)的表达式：

$$\begin{aligned}
E(y_{1,m})&=T_1+\frac{1}{\omega_1\xi_1}\left[E(\alpha_{1,m})-(1-\omega_1)E(\alpha_{1,m-1})-\omega_1\sum_{i=1}^{D}\mu_{1,i,m}E(\alpha_{1,m-i})\right]\\
&=T_1+\frac{\delta}{\omega_1\xi_1}\left(\Delta k_{m,m-1}+\omega_1k_{m-1}-\omega_1k_m+\omega_1k_m-\omega_1\sum_{i=2}^{D}\mu_{1,i,m}k_{m-i}\right)\\
&=T_1+\frac{\delta}{\omega_1\xi_1}\left(\Delta k_{m,m-1}-\omega_1\Delta k_{m,m-1}+\omega_1\sum_{i=1}^{D}\mu_{1,i,m}\Delta k_{m,m-i}\right)\\
&=T_1+\frac{\delta}{\xi_1}\left(\frac{1-\omega_1}{\omega_1}\Delta k_{m,m-1}+\omega_1\sum_{i=1}^{D}\mu_{1,i,m}\Delta k_{m,m-i}\right)
\end{aligned} \tag{7.43}$$

当m趋向无穷时，可以得到

$$\text{MSO}_1\approx\frac{\delta\langle\Delta\rangle}{\xi_1}\left(\frac{1-\omega_1}{\omega_1}+\omega_1\langle\tau_1\rangle\right) \tag{7.44}$$

式中，$\langle \varDelta \rangle$ 表示产品 1 批次间的平均间隔：

$$\langle \varDelta \rangle \equiv \lim_{m\to\infty} \Delta k_{m,m-1} \approx E\left(\Delta k_{m,m-1}\right) \tag{7.45}$$

$\langle \tau_1 \rangle$ 表示产品 1 在自身序号下的平均延迟：

$$\langle \tau_1 \rangle \equiv \frac{\sum_{i=1}^{d} \mu_{1,i,m} \lim_{m\to\infty} \Delta k_{m,m-i}}{\langle \varDelta \rangle} \approx \sum_{i=1}^{D} \mu_{1,i,m} i \tag{7.46}$$

说明 7.6　从式(7.44)中也可以得到，更大的均值 $\langle \tau_1 \rangle$ 和平均间隔 $\langle \varDelta \rangle$ 能导致更多的均值偏移。因此，测量延迟对制程性能有负面影响。

7.4.3　方差估计

7.4.2 节中推导了带随机延迟的单产品过程和多产品过程均值偏移的表达。单产品过程方差估计也可以由闭环响应方程式(7.12)推出，多产品过程可以由式(7.28)推出。

定理 7.4　如果制程稳定，则带有时变延迟的单产品过程的输出方差由下式给定：

$$\mathrm{Var}\left(y_k\right) = \mathrm{Var}\left[\frac{1-\omega+\omega\sum_{i=1}^{D}\mu_{i,k}\frac{\left(1-z^{-i}\right)}{\left(1-z^{-1}\right)}}{1-(1-\omega)z^{-1}-\sum_{i=1}^{D}\mu_{i,k}Qz^{-i}}\left(1-\theta z^{-1}\right)e_k\right] \tag{7.47}$$

证明　根据式(7.12)，得到

$$\begin{aligned}\mathrm{Var}\left(y_k\right) = {} & \mathrm{Var}\left\{\left[1-\frac{\xi\omega\sum_{i=1}^{D}\mu_{i,k}z^{-i}}{1-(1-\omega)z^{-1}-Q\sum_{i=1}^{D}\mu_{i,k}Qz^{-i}}\right]\alpha_k\right\} \\ & + \mathrm{Var}\left\{\left[1+\frac{Q}{1-(1-\omega)z^{-1}-Q\sum_{i=1}^{D}\mu_{i,k}z^{-i}}\right]\xi T\right\}\end{aligned} \tag{7.48}$$

将式(7.35)代入式(7.48)，得到

$$\begin{aligned}\operatorname{Var}\left(y_k\right) &= \operatorname{Var}\left[\frac{1-(1-\omega)z^{-1}+\omega\sum_{i=1}^{D}\mu_{i,k}z^{-i}}{1-(1-\omega)z^{-1}-Q\sum_{i=1}^{D}\mu_{i,k}z^{-i}}\frac{1-\theta z^{-1}}{1-z^{-1}}e_k\right] \\ &= \operatorname{Var}\left[\frac{1-z^{-1}-\omega\left(1-z^{-1}\right)+\omega\sum_{i=1}^{D}\mu_{i,k}\left(1-z^{-i-1}\right)}{1-(1-\omega)z^{-1}-Q\sum_{i=1}^{D}\mu_{i,k}z^{-i}}\frac{\left(1-\theta z^{-1}\right)}{\left(1-z^{-1}\right)}e_k\right] \\ &= \operatorname{Var}\left[\frac{1-\omega+\omega\sum_{i=1}^{D}\mu_{i,k}\frac{\left(1-z^{-i}\right)}{\left(1-z^{-1}\right)}}{1-(1-\omega)z^{-1}-Q\sum_{i=1}^{D}\mu_{i,k}z^{-i}}\left(1-\theta z^{-1}\right)e_k\right]\end{aligned} \tag{7.49}$$

说明 7.7 时间序列

$$\left[1-(1-\omega)z^{-1}-\sum_{i=1}^{D}\mu_{i,k}Qz^{-i}\right]y_k=\left(1-\omega+\omega\sum_{i=1}^{D}\mu_{i,k}\frac{1-z^{-i}}{1-z^{-1}}\right)\left(1-\theta z^{-1}\right)e_k \tag{7.50}$$

可以转换成 ARMA(d,d)模型。在式(7.50)中，$\operatorname{Var}\left(y_k\right)$可以按照文献[130]中描述的步骤求出。

说明 7.8 根据式(7.12)和式(7.28)的类比，如果过程稳定，则多产品制程的输出方差可以用文献[130]中的时间序列理论求出，公式如下：

$$\left[1-(1-\omega)z^{-1}-Q\sum_{i=1}^{D}\mu_{1,i,m}z^{-i}\right]y_{1,m}=\left(1-\omega+\omega\sum_{i=1}^{D}\mu_{1,i,m}\frac{1-z^{-i}}{1-z^{-i}}\right)\left(1-\theta z^{-1}\right)e_{1,m} \tag{7.51}$$

7.4.4 偏移补偿控制器设计

从推论 7.3 中可知，带测量延迟的过程的稳态误差不为零。如果稳态误差超过了能够容忍的界限，那么会生产出众多不合格产品导致返工率非常高，这将大大增加支出。为了减少不合格产品，本节提出了 COM-EWMA-RtR 算法。

对于多产品制程式(7.21)～式(7.24)，可将控制算法(7.23)改为下述的形式：

$$u_{1,m} = \frac{T_1 - \hat{a}_{1,m} - \mathrm{COM}_{1,m}}{b_1} \tag{7.52}$$

式中，$\mathrm{COM}_{1,m}$ 为批次之间的补偿项，可计算如下：

$$\mathrm{COM}_{1,m} = \frac{\delta}{\xi_1}\left(\frac{1-\omega_1}{\omega_1}\Delta k_{m,m-1} + \omega_1 \sum_{i=1}^{D} \mu_{1,i,m} \Delta k_{m,m-i}\right) \tag{7.53}$$

因此，式(7.25)中的 T-S 规则可以改进为下述形式。

规则 $i\,(i=1,2,\cdots,D)$：

IF τ_m 是 i，

THEN 干扰估计的局部模型为

$$\hat{a}_{1,m} = (1-\omega_1)\hat{a}_{1,m-1} + \omega_1(1-\xi_1)\hat{a}_{1,m-i} + \omega_1\alpha_{1,m-i} + \omega_1(\xi_1 - 1)(T_1 - \mathrm{COM}_{1,m}) \tag{7.54}$$

因此，干扰估计的全局模型为

$$\hat{a}_{1,m} = (1-\omega_1)\hat{a}_{1,m-1} + \sum_{i=1}^{D}\mu_{1,i,m} Q_1 \hat{a}_{m-i} + \omega_1 \sum_{i=1}^{D}\mu_{1,i,m}\alpha_{1,m} - Q(T_1 - \mathrm{COM}_{1,m}) \tag{7.55}$$

则产品 1 的输出为

$$\begin{aligned} y_{1,m} = {} & \left[1 - \frac{\xi_1 \omega_1 \sum_{i=1}^{D} \mu_{1,i,m} z^{-i}}{1-(1-\omega_1)z^{-1} - Q\sum_{i=1}^{D}\mu_{1,i,m} z^{-i}}\right]\alpha_{1,m} \\ & + \left[1 + \frac{Q_1}{1-(1-\omega_1)z^{-1} - \sum_{i=1}^{D}\mu_{1,i,m} Q_1 z^{-i}}\right]\xi_1(T_1 - \mathrm{COM}_{1,m}) \end{aligned} \tag{7.56}$$

由式(7.56)可以推出，仅需用式(7.28)的 T_1 来代替这里的 $T_1 - \mathrm{COM}_{1,m}$ 就可以得到通过 COM-EWMA-RtR 算法求得的产品 1 生产时的系统输出，其均值可以通过定理 7.3 求取。

推论 7.4　如果过程是稳定的，那么通过 COM-EWMA-RtR 算法得到的产品 1 生产时的系统输出的均值为

$$E\left(y_{1,m}\right) \approx T_1 \tag{7.57}$$

证明 不失一般性，这里仅考虑产品 1。如果过程是稳定的，那么以式(7.56)为基础得出下面的公式：

$$\begin{aligned} &E\left(y_{1,m}\right) \\ &= E\left[1-\frac{\xi_1\omega_1\sum_{i=1}^{D}\mu_{1,i,m}z^{-i}}{1-(1-\omega_1)z^{-1}-Q\sum_{i=1}^{D}\mu_{1,i,m}z^{-i}}\right]\alpha_{1,m}+E\left\{\left[1+\frac{Q_1}{1-(1-\omega_1)z^{-1}-\sum_{i=1}^{D}\mu_{1,i,m}Q_1z^{-i}}\right]\xi\left(T_1-\mathrm{COM}_{1,m}\right)\right\} \\ &= T_1+\frac{\delta}{\xi_1}\left(\frac{1-\omega_1}{\omega_1}\lim_{m\to\infty}\Delta k_{m,m-1}+\sum_{i=1}^{D}\mu_{1,i,\infty}\lim_{m\to\infty}\Delta k_{m,m-i}\right)-E\left[\frac{\delta}{\xi_1}\left(\frac{1-\omega_1}{\omega_1}\Delta k_{m,m-1}+\omega_1\sum_{i=1}^{D}\mu_{1,i,m}\Delta k_{m,m-i}\right)\right] \end{aligned} \tag{7.58}$$

通过式(7.45)，即 $\lim_{m\to\infty}\Delta k_{m,m-1}\approx E\left(\Delta k_{m,m-1}\right)$，得到

$$\frac{\delta}{\xi_1}\left(\frac{1-\omega_1}{\omega_1}\lim_{m\to\infty}\Delta k_{m,m-1}+\sum_{i=1}^{D}\mu_{1,i,\infty}\lim_{m\to\infty}\Delta k_{m,m-i}\right)\approx E\left[\frac{\delta}{\xi_1}\left(\frac{1-\omega_1}{\omega_1}\Delta k_{m,m-1}+\omega_1\sum_{i=1}^{D}\mu_{1,i,m}\Delta k_{m,m-i}\right)\right] \tag{7.59}$$

因此有 $E\left(y_{1,m}\right)\approx T_1$。

由推论 7.4 可知，如果是单产品过程，则有 $E\left(y_k\right)\approx T_1$；相比传统的 EWMA 方法，COM-EWMA-RtR 算法有更小的稳态误差。

7.5 仿真示例

本节的仿真示例是模拟半导体制造中的 CMP 过程。在 CMP 过程中，主要考虑的是在最大化材料研磨率的同时最小化晶片内不均匀。因此，在过程模型(7.4)中，输出 y_k 可以看成一个材料研磨率和晶片不均匀度的聚合参数，输入 u_k 则是打磨片与晶片之间的相对速度。

下面将本章提出的 T-S 模型应用于单产品和多产品过程，在此基础上分别讨论制程稳定性，并将 COM-EWMA-RtR 算法与传统的 EWMA 算法进行比较。

7.5.1 单产品制程

本节讨论的是单产品过程。设 $\beta=1$，$T=0$，$\sigma_\varepsilon^2=1$，$\theta=0.5$，$d=3$，$p_n=$

0.2782， $p_1=0.2707$， $p_2=0.2707$， $p_3=0.1084$。根据推论 7.1，测量延迟的稳定概率，即 T-S 局部模型 i 的稳定成员函数为 $\mu_{1,\infty}=0.2707$，$\mu_{2,\infty}=0.3948$，$\mu_{3,\infty}=0.2414$，$\mu_{4,\infty}=0.0672$，$\mu_{5,\infty}=0.0187$，$\mu_{6,\infty}=0.0052$，$\cdots$。当 $p_n=0$ 时，虽然理论上测量延迟可以无限大，但是仅有更高概率的测量延迟才被 T-S 模型考虑。在本例中，$\sum_{i=1}^{3}\mu_{i,\infty}=0.9069<90\%$，因此，$\mu_{j,\infty}(j\geqslant 4)$可以忽略，仅需要下列规则来建立 T-S 局部模型。

规则 $i(i=1,2,\cdots,D)$：

IF $\tau_k=i$，

THEN 干扰估计的局部模型 $\hat{a}_k$ 为

$$\hat{a}_k=(1-\omega)\hat{a}_{k-1}+Q\hat{a}_{k-i}+\omega\alpha_{k-i}-QT$$

其中，$\mu_{i,k}$ 为批次 k 的局部模型 i 的成员函数。

显然，如果包含了更长延迟的可能性，就可以获得更近似的模型。基于 T-S 模型的全局模型输出可以通过式(7.12)获得。不失一般性，假设每个区域模型的初始函数是 $\mu(0)=[1/3,1/3,1/3]$，也就是说，初始概率分布是 $\mu_{1,0}=\mu_{2,0}=\mu_{3,0}=1/3$。$\mu(k)=[\mu_{1,k},\mu_{2,k},\mu_{3,k}]$可以通过式(7.14)和定理 7.1 导出，也就是说，$\mu(k+1)=\mu(k)\times S$。最后，$\mu(k)$将到达 $\mu(\infty)$。

表 7.3 给出了带不同参数 δ、ω、ξ 的四个示例模拟仿真的 500 批次产品的输出均值方差、由定理 3 计算的封闭形式的均值估计以及由定理 4 得到的半封闭形式的方差。显然，通过定理 3、定理 4 得到的期望均值和方差非常接近于仿真输出、T-S 模型输出的均值和方差。图 7.4 分别给出了上述 4 个示例的 T-S 模型预测输出(y 轴)和过程模拟输出(x 轴)的对照，可见结果点与 $y=x$ 距离较近。表 7.3 和图 7.4 的结果展示了本章方法在表示带随机测量延迟的单产品过程的有效性。

表 7.3　仿真输出与 T-S 模型输出的均值和方差以及运用定理 3、定理 4 的估计结果的比较

序号	δ	ω	ξ	仿真输出		T-S 模型输出(定理 7.3)		模型预估	
				均值	方差	均值	方差	定理 3 均值	定理 4 方差
1	0.5	0.1	0.8	6.9032	2.6464	7.0276	2.6700	7.0414	2.2851
2	0.1	0.1	0.8	1.3535	2.5439	1.3696	2.6828	1.4083	2.2851
3	0.1	0.9	0.8	0.3123	1.2287	0.3655	1.1136	0.2972	1.0165
4	0.1	0.9	0.5	0.5082	1.2651	0.4595	1.2242	0.4755	1.0077

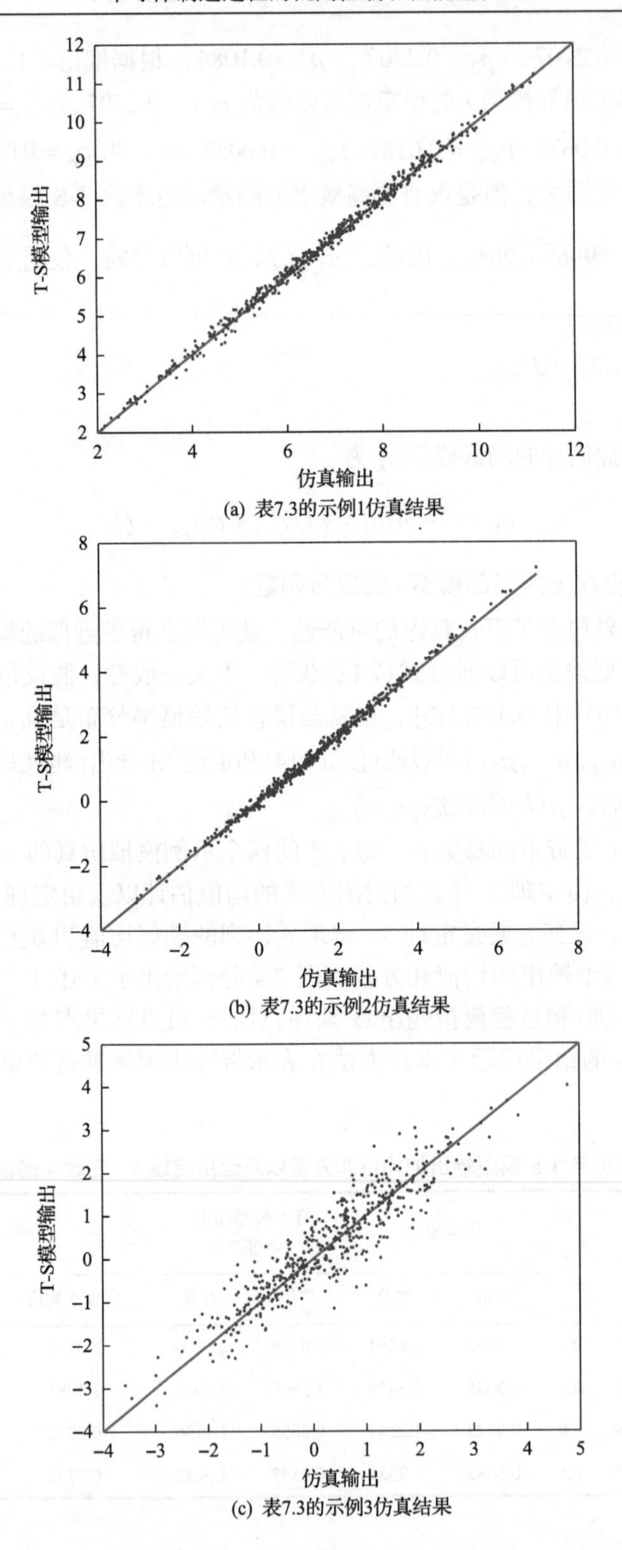

(a) 表7.3的示例1仿真结果

(b) 表7.3的示例2仿真结果

(c) 表7.3的示例3仿真结果

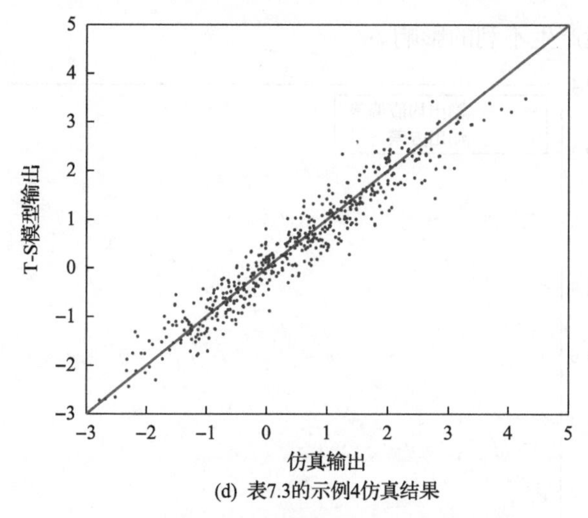

(d) 表7.3的示例4仿真结果

图 7.4　T-S 模型输出和四个示例仿真输出的比较

为了研究测量延迟的影响，这里还考虑了另外两种情况。在示例 5 中，p_n、p_1、p_2、p_3 和前面示例中相同，平均延迟是 2.1927。在示例 6 中，$p_n = 0.2782$，$p_1 = 0$，$p_2 = 0$，$p_3 = 0.7218$；平均延迟是 3.3854。显然，示例 6 中的平均测量延迟比示例 5 中的更长。当 $\xi = 4$、$\omega = 0.25$ 时，图 7.5 显示了示例 5 的输出情况(线)是稳定的，而示例 6 的输出情况是不稳定的(点)。

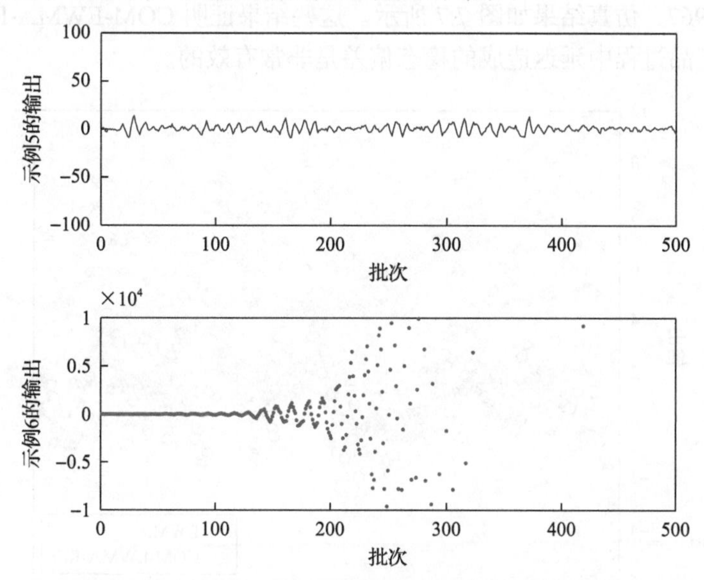

图 7.5　当 $\xi = 4$、$\omega = 0.25$ 时示例 5 和示例 6 的输出

设 $\xi = 0.9$、$\omega = 0.5$，改变延迟的分布以获得不同的平均延迟，得到不同的输出均值偏差和方差如图 7.6 所示。可见，均值偏差和平均延迟的增加使得输出方

差都对过程性能产生不利的影响。

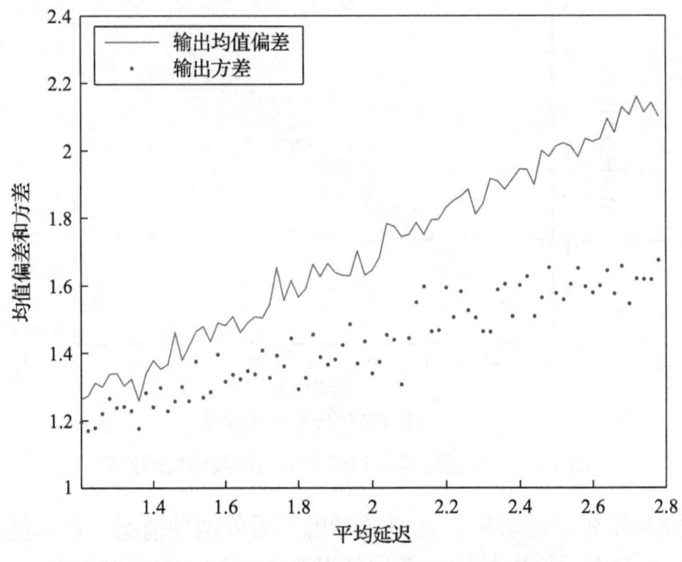

图 7.6　不同延迟下输出的均值偏差和方差

通过上述研究可以知道延迟均值的增大对于批间控制过程的表现和稳定性有负面影响。当使用 COM-EWMA-RtR 算法而不是传统的 EWMA 算法时，输出均值减小到 1.1967，仿真结果如图 7.7 所示。这些结果证明 COM-EWMA-RtR 算法对于去除单产品过程中延迟造成的稳态偏差是非常有效的。

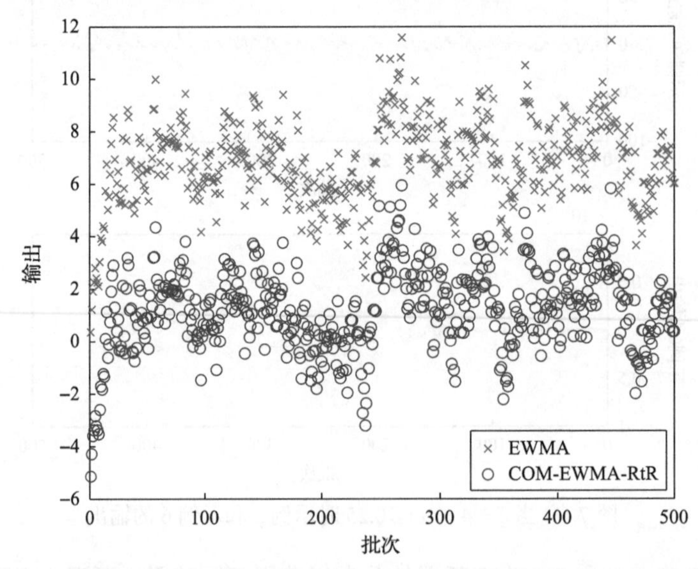

图 7.7　示例 5 的 EWMA 和 COM-EWMA-RtR 算法控制下仿真输出比较

7.5.2　混合产品制程

本节讨论多产品过程。为了研究产品分布对稳定性和系统性能的影响，这里将产品 1 改为一种双产品过程下的产品。设 $\beta_1 = 1.5$，$T_1 = 0$，$\beta_3 = 2$，$T_3 = 10$，$p_n = 0$，$p_1 = 0.1$，$p_2 = 0.3$。在示例 1 中，产品 1 和产品 2 的分布为 90%和 10%。在示例 2 中，产品 1 和产品 2 的分布为 10%和 90%。如果产品 1 生产频繁，最新的同种产品的批次将会很大可能在下一批次到来前被报告。生产不频繁的产品所经历的平均延迟实际上会小一些(示例 1 中占 90%的产品 1 的平均延迟为 2.28，而示例 2 中占 10%的产品 1 的平均延迟为 1.14)。

从图 7.8 中可以看到，当 $\xi = 7$、$\omega = 0.2$ 时，示例 1 中产品 1 的输出是不稳定的，而在示例 2 中是稳定的。因此，测量延迟对于过程稳定性有不利的影响。

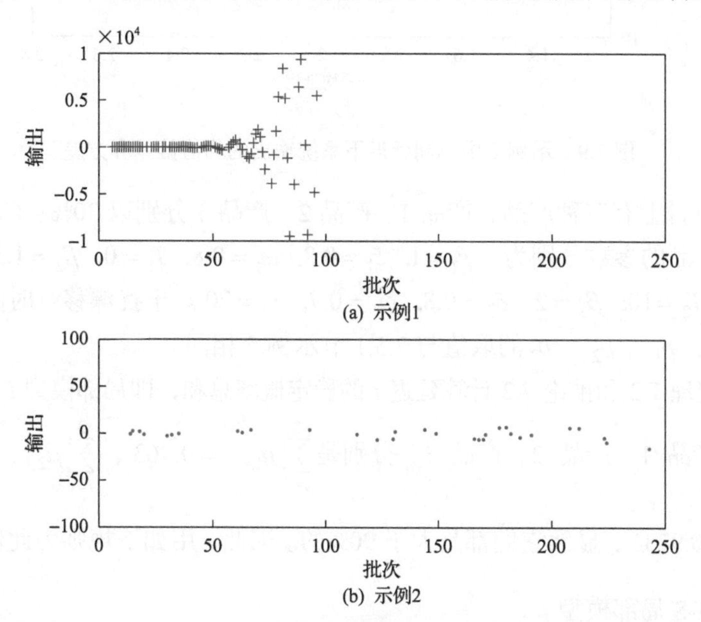

图 7.8　$\xi = 7$、$\omega = 0.2$ 时示例 1 和示例 2 中产品 1 生产的系统输出

以示例 2 为例，设 ξ=9，ω=0.5，同时改变延迟的分布以获取不同均值的延迟。图 7.9 展示了不同延迟下系统输出的均值偏差和方差。可见，均值偏差和方差随着平均延迟的增加而增大。

上述讨论已经展示了 T-S 模型可以用于分析混合批次过程的性能和稳定性，且不频繁产品的稳定区间总是比频繁产品的稳定区间更大，这是因为不频繁产品更有可能收到上一批次同产品的信息，所以批间控制器将经历更短的平均延迟。如果过程的设计能满足单产品制程的稳定性，就不必担心多产品制程情况下的稳定性。

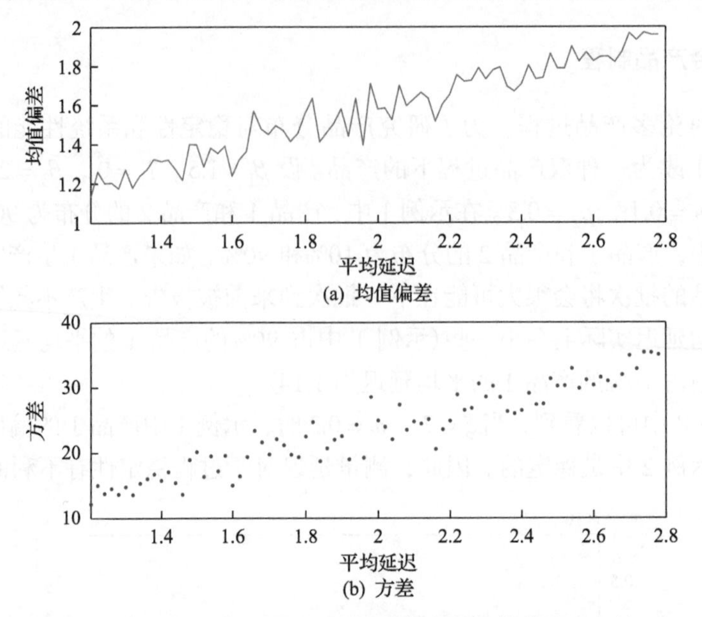

图 7.9　示例 2 中不同延迟下系统输出的均值偏差和方差

假设机台上有三种产品，产品 1、产品 2、产品 3 分别以 30%、60%、10%分布。三种产品的参数分别为：$\beta_1=1$，$\xi_1=0.8$，$\omega_1=0.8$，$T_1=0$；$\beta_2=1.5$，$\xi_2=0.9$，$\omega_2=0.5$，$T_2=10$；$\beta_3=2$，$\xi_3=0.8$，$\omega_3=0.7$，$T_3=20$。干扰漂移、时间相关性以及 d、p_n、p_1、p_2、p_3 的取值与 7.5.1 节示例 5 相同。

根据定理 7.2 和推论 7.2 计算延迟 i 的稳定概率总和，即局部模型 i 的成员函数值，对于产品 1、产品 2、产品 3，分别是 $\sum_{i=1}^{3}\mu_{1,i,\infty}=0.963$、$\sum_{i=1}^{3}\mu_{2,i,\infty}=0.9435$、$\sum_{i=1}^{3}\mu_{3,i,\infty}=0.9736$，显然它们都是大于 90%的。因此，用如下规则为此例中的所有产品建立 T-S 局部模型。

规则 $i\,(i=1,2,\cdots,D)$：

IF $\tau_{j,m}$ 是 i，

THEN 干扰估计的局部模型 $\hat{a}_k$ 可以根据式(7.21)得到：

$$\hat{a}_{j,m}=\left(1-\omega_j\right)\hat{a}_{j,m-1}+\omega_j\left(1-\xi_j\right)\hat{a}_{j,m-i}+\omega_j\alpha_{j,m-i}-Q_jT_j$$

其中，$\mu_{j,i,k}$ 为局部模型 i 在产品 j 的第 m 批次的成员函数。

初始成员函数 $\mu_i(0)=[1/3,1/3,1/3]$ 和 $\mu_j(k)=[\mu_{j,1,k},\mu_{j,2,k},\mu_{j,3,k}]$ 可以通过推

论 7.2 和式(7.17)导出。基于 T-S 模型的全局输出可以由式(7.26)导出。

图 7.10 显示了 1000 批次下模拟过程输出(红点)和产品 1～产品 3 的 T-S 模糊模型输出(蓝点)。比较这两种输出，可以发现三种产品的分布和统计学特征值都很相似。表 7.4 列出了产品 1～产品 3 的仿真输出、T-S 模型输出的均值偏移和方差。从图 7.10 和表 7.4 中可知 T-S 模型输出非常接近于仿真输出，说明 T-S 模型在带有随机测量延迟的混合产品制程中也非常有效。

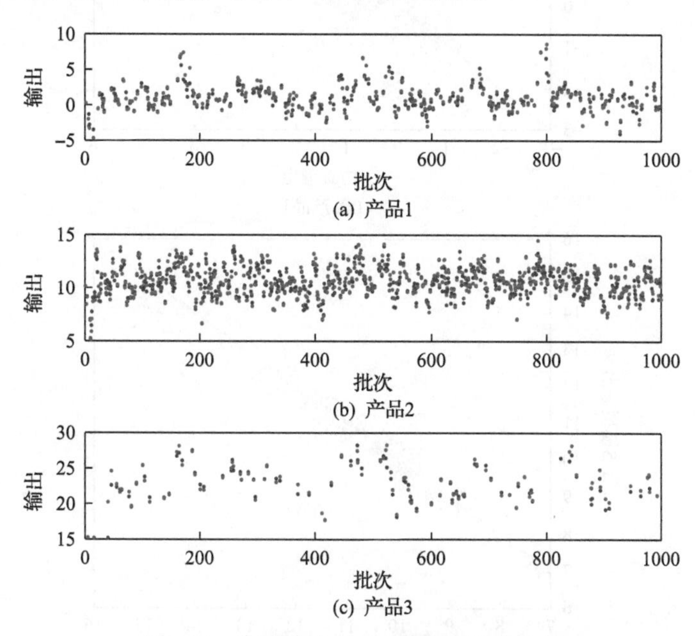

图 7.10　实际输出和 T-S 模型输出的比较

表 7.4　产品 1～产品 3 的均值、方差的仿真输出和 T-S 模型输出

输出	产品 1(30%)		产品 2(60%)		产品 3(10%)	
	均值	方差	均值	方差	均值	方差
仿真输出	1.2633	3.2160	10.7699	1.9765	23.5293	9.1378
T-S 模型输出	1.1970	2.7771	10.7616	1.8848	23.4351	8.8256

图 7.11(a)～(c)分别给出了产品 1～产品 3 的 T-S 模型输出和过程仿真输出的比较。显然，图中的所有点都接近于 $y=x$。不失一般性，仅考虑各参数对产品 2 的输出的影响。表 7.5 给出了产品 2 在不同 δ 、ω、ξ 参数下输出的均值和方差。显然，仿真输出的均值和 T-S 模型输出的均值非常接近，证明 T-S 模型方法是非常有效的。

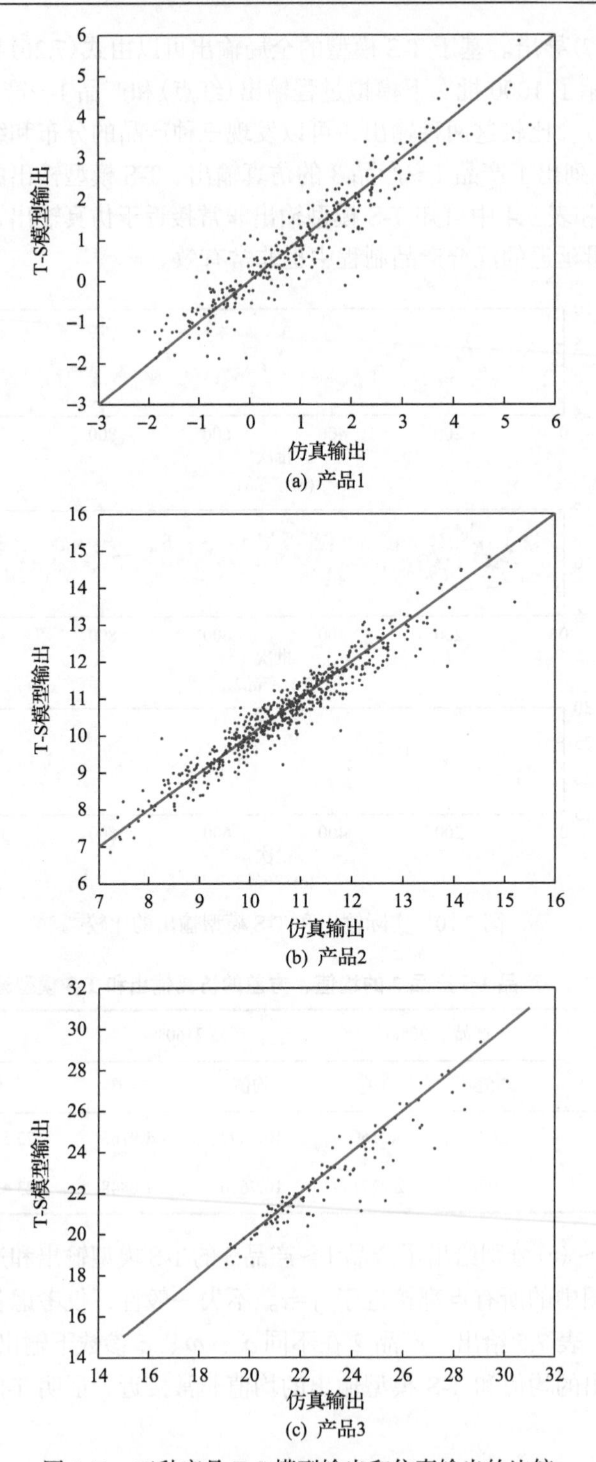

图 7.11 三种产品 T-S 模型输出和仿真输出的比较

表 7.5　对比产品 2 T-S 模型的输出与仿真输出的均值偏差和方差

序号	δ	ω	ξ	仿真输出		T-S 模型输出	
				均值偏差	方差	均值偏差	方差
1	0.3	0.1	0.8	6.5125	4.1276	6.7261	3.9324
2	0.1	0.1	0.8	2.3663	3.1087	2.2178	3.0045
3	0.1	0.9	0.8	0.6558	1.8936	0.3687	1.6680
4	0.1	0.9	0.5	0.8661	2.5312	0.6024	2.1929

如果使用 COM-EWMA-RtR 算法代替传统的 EWMA 算法(参数与表 7.4 和图 7.10 的相同)，产品 1～产品 3 的均值偏差分别是 0.4301、10.2433 和 21.3972。比较 EWMA 和 COM-EWMA 方法，三种产品的均值偏差分别从 1.2633 减少到 0.4301，0.7669 减少到 0.2433，3.5293 减少到 1.3972。图 7.12 展示了产品 2 采用 EWMA 和 COM-EWMA-RtR 算法的输出。从图中可以看出，使用 COM-EWMA-RtR 算法输出的均值(虚线)明显比使用 EWMA 算法(黑线)更加接近控制目标(点划线)，这也表明 COM-EWMA-RtR 算法对于减少混合产品过程的稳态误差的有效性。

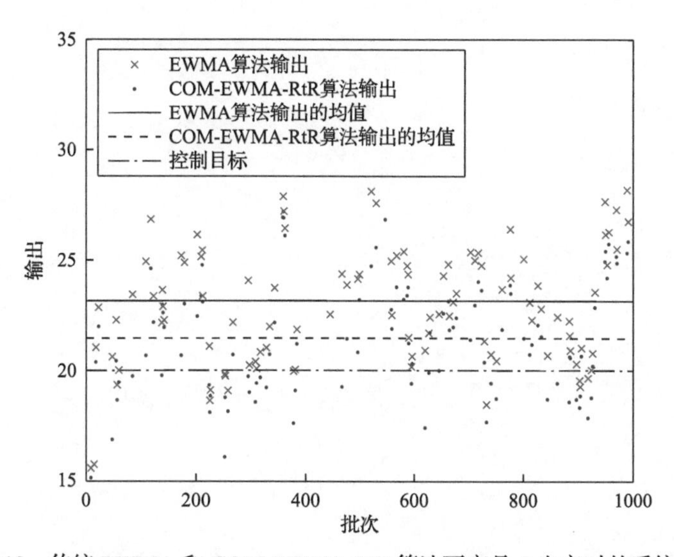

图 7.12　传统 EWMA 和 COM-EWMA-RtR 算法下产品 2 生产时的系统输出

7.6　本 章 小 结

本章使用 T-S 模型来描述带有随机测量延迟的批间控制系统。这种建模方法不需要考虑随机延迟的精确值，仅基于延迟的马尔可夫特征和概率密度分布，推导出 T-S 模型的成员函数。在 T-S 模型和 EWMA 的基础上，求取并讨论了混合产品制程输出的均值和方差，进而得到闭环系统的稳态误差，它将导致输出均值偏离预期。为了移除稳态误差，引入 COM-EWMA-RtR 算法。通过单产品和混合产品制程的仿真示例来证实 T-S 模型和 COM-EWMA-RtR 算法的有效性。

第8章 基于数据的EWMA批间控制器的建模质量评估

8.1 引　言

半导体制造业是一个高成本、高精尖的产业，平移和漂移干扰会严重影响半导体制造过程的产品质量。近几十年来，批间控制广泛地应用于半导体制造过程中[226]。该方法是根据历史批次的输入输出数据调节下一批次的操纵变量，从而降低平移、漂移等形式的过程干扰对产品质量的影响[227]。指数加权移动平均(EWMA)控制器[228]是一种最常见的批间控制器。Box 等[17]指出，当存在 IMA(1,1) 干扰时，具有适当调节参数的 EWMA 控制器能够实现均方误差的控制要求。为了提高机台的利用率，半导体制造企业的同一台机台上需要生产多种不同规格的产品，即混合制程，具有自适应功能的 EWMA 批间控制器在高度混合的半导体制程中也得到了广泛应用[21,22,26,49,229]。

在批间控制器投入运行一段时间后，由于生产条件的变化和半导体生产过程的复杂性，控制器整定不佳、模型失配、干扰的动态性和执行器/传感器故障等因素会导致批间控制器的控制性能退化。EWMA 控制器是根据过程模型来设计的，过程模型失配是导致控制性能下降的一个主要因素。被控对象的动态特性总是在不断变化，在控制系统运行一段时间后，不可避免地会出现过程模型与被控对象之间的失配。反馈控制器以其较强的鲁棒性，可以处理轻度的模型失配，但当模型失配严重时，系统的控制性能会受到影响，甚至危及系统的稳定性，该问题就不能忽略了。

近年来，国内外学者研究了 MPC 控制系统和 PID 控制系统的模型失配问题，取得了丰富的成果。Sun 等[230]提出模型评价指标，利用常规操作的闭环数据评估了过程和干扰的整体模型质量。Selvanathan 等[231]使用模型-对象的乘性不确定性提出对象-模型比率(plant model ratio，PMR)的概念，检测了 IMC-PID 控制器的模型失配，同时区分了增益、时延和时间常数这三种常见的模型参数失配。Yin 等[232]使用子空间方法从闭环数据中获得了子空间矩阵的马尔可夫参数，通过比较正常情况实时工况下马尔可夫参数的统计带宽，实现了模型失配的检测。Jiang 等[233]用离散状态空间的形式表示模型失配模型，提出三种模型失配的检测指标，这三个指标被用于诊断造成系统矩阵和输入矩阵模型失配的因素。Chen 等[234]采用子空间投影与统计假设检验相结合的方法，确定了离散状态空间模型中模型失配的因素。Botelho 等[235]通过比较名义输出方差与实际输出方差的差异检测了闭环控制系统的模型失配。Botelho 等[236]指出基于输出灵敏度函数的方法不仅能够检测模型失配，而且能够区分模型失配和不可测干扰对控制性能的影响。Wang 等[237]把对象输入输出的自协方差矩阵表示成模型失配的函数，提出了一种基于自协方差矩阵的多变量 MPC 控制系统模型失配的估计方法。Wang 等[238]把模型失配的计算方法推广到带有时变设定点和时变干扰的多变量 MPC 系统中。

本章提出了一种基于数据的 EWMA 控制器的建模质量评估方法[239]。首先，根据 EWMA 批间控制系统的结构特点定义模型质量变量，并把其推导成白噪声驱动的移动平均过程。其中，闭环系统的白噪声是利用正交投影方法估计得到的，而模型质量变量是由带遗忘因子的递推增广最小二乘方法估计的干扰模型和输出误差计算得到的。然后，根据白噪声方差和模型质量变量方差之比，提出了模型评价指标，该指标并不受控制器调节和干扰模型改变的影响，在不需要向半导体生产过程中引入外界激励的情况下即可获得。

8.2　内部模型控制框架

本节把带有 EWMA 控制器的闭环控制系统推导成 IMC 结构的形式。Chen 等[85]指出大部分批间控制器都是基于 IMC 框架设计的，因此本章的研究结果可以推广到其他批间控制器。

半导体制程的离散数学模型表示为

$$y(t) = \beta u\left(t-1\right) + \alpha + n(t) \tag{8.1}$$

式中，β 为过程增益；α 为过程截距；$y(t)$ 为第 t 批次的过程输出；$u\left(t-1\right)$ 为该批次的过程输入(即操纵变量)；$n(t)$ 为过程干扰，它可以用一个时间序列模型表示：

$$n(t) = G_{\varepsilon}(q)\varepsilon(t) \tag{8.2}$$

其中，$\varepsilon(t)$ 表示高斯白噪声，即 $\varepsilon(t) \sim N\left(0, \sigma_{\varepsilon}^{2}\right)$；$G_{\varepsilon}(q)$ 含有一个积分项且其首项为 1，q 为后向移位算子。于是，$G_{\varepsilon}(q)$ 可以表示为 $G_{\varepsilon}(q) = 1 + q^{-1}\tilde{G}_{\varepsilon}(q)$，其中，$\tilde{G}_{\varepsilon}(q)$ 满足因果性。

EWMA 控制器由一个 EWMA 滤波器和一个无差拍控制器构成。其中，EWMA 滤波器估计了过程截距与过程干扰之和，即

$$a(t)=\lambda\big(y(t)-bu(t-1)\big)+(1-\lambda)a(t-1) \tag{8.3}$$

而无差拍控制律确定了操纵变量(即过程输入)，即

$$u(t-1)=\frac{T-a(t-1)}{b} \tag{8.4}$$

式中，$a(t)$ 为下一批次 $\alpha+n(t)$ 的在线估计值；b 为模型增益；λ 为 EWMA 控制器的调节参数，且 $\lambda>0$；T 为过程输出的设定值，本章中设为常数。

带有 EWMA 控制器的闭环控制系统的结构如图 8.1 所示，其中，$G_p(q)=\beta q^{-1}$ 为实际过程的脉冲传递函数，$G_m(q)=bq^{-1}$ 为过程模型的脉冲传递函数，$G_\varepsilon(q)$ 为外界干扰的脉冲传递函数，$G_c(q)=\dfrac{1}{b}$ 为控制器的脉冲传递函数，$G_{\text{EWMA}}(q)=\dfrac{\lambda}{1-(1-\lambda)q^{-1}}$ 为 EWMA 滤波器的脉冲传递函数。

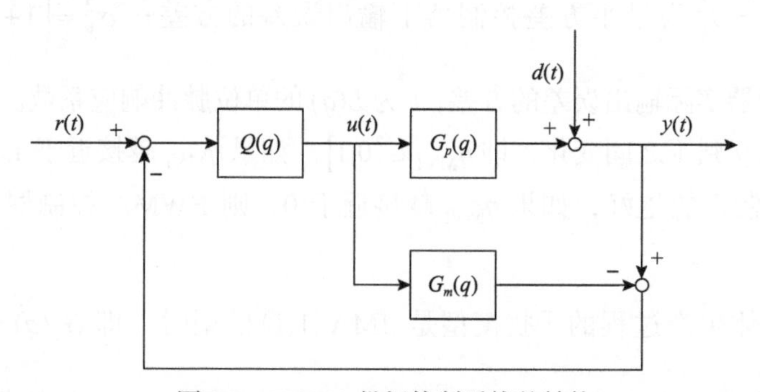

图 8.1　EWMA 批间控制系统的结构

根据图 8.1，闭环系统的过程输出 $y(t)$ 可以表示为

$$y(t)=\frac{\lambda\xi T}{1-(1-\lambda\xi)q^{-1}}+\frac{\left(1-q^{-1}\right)G_\varepsilon(q)}{1-(1-\lambda\xi)q^{-1}}\varepsilon(t) \tag{8.5}$$

式中，$\xi=\beta/b$ 为半导体生产过程的模型不匹配参数。

由式(8.5)可知，如果 $|1-\lambda\xi|<1$，那么该闭环控制系统的特征根都位于单位圆外，从而带有 EWMA 控制器的闭环控制系统是稳定的。此外，由于 T 是时不变信号，式(8.5)可视为一个稳定的 ARMA 模型。当过程输出 $y(t)$ 达到稳态时，式(8.5)变为

$$y(t)=T+\varepsilon(t)+L(q)\varepsilon(t-1) \tag{8.6}$$

式中，$L(q)=\tilde{G}_{\varepsilon}(q)-\dfrac{\lambda\xi G_{\varepsilon}(q)}{1-(1-\lambda\xi)q^{-1}}$，且$L(q)$满足因果性。

在式(8.6)中，如果白噪声$\varepsilon(t)$的系数是1，则白噪声$\varepsilon(t)$不受EWMA控制器的影响，即$\varepsilon(t)$是反馈不变的。此外，式(8.6)右端前两项的系数都是1，而第三项与EWMA控制器调节参数λ有关。因此，前两项是不可控的，第三项是可控的。在获得干扰模型后，适当调节EWMA控制器参数λ，式(8.6)右端的第三项将变为0，这就使得$y(t)$无限接近设定值T。而调节后的EWMA控制器是一个最小方差控制器。于是，本章使用最小方差指标(MVI)评估EMWA批间控制器的控制性能：

$$\eta_{\text{MVI}}=\frac{\sigma_{\text{MV}}^2}{\sigma_y^2}=\frac{1}{1+\sum_{i=1}^{\infty}l_i^2} \tag{8.7}$$

式中，$\sigma_{\text{MV}}^2=\sigma_{\varepsilon}^2$为最小方差控制器下输出误差的方差；$\sigma_y^2=\left(1+\sum_{i=1}^{\infty}l_i^2\right)\sigma_{\varepsilon}^2$为EWMA控制器实际输出误差的方差；$l_i$为$L(q)$的单位脉冲响应系数。由于$l_i^2\geqslant 0$，所以$\eta_{\text{MVI}}$在0到1之间变化，即$\eta_{\text{MVI}}\in(0,1]$。如果$\eta_{\text{MVI}}$越接近于1，则EWMA控制器的控制性能越好；如果$\eta_{\text{MVI}}$越接近于0，则EWMA控制器的控制性能越差。

当半导体生产过程的干扰模型是IMA(1,1)模型时，即$G_{\varepsilon}(q)=\dfrac{1-\theta q^{-1}}{1-q^{-1}}$，式(8.6)中的$L(q)$变为$(1-\theta-\lambda\xi)\big/\left[1-(1-\lambda\xi)q^{-1}\right]$，EWMA控制器的$\eta_{\text{MVI}}$是$1\Big/\left[1+(1-\lambda\xi-\theta)^2\sum_{i=0}^{\infty}(1-\lambda\xi)^{2i}\right]$。如果$\lambda$和$\xi$满足$\lambda\xi=1-\theta$，则$y(t)=T+\varepsilon(t)$，从而$\eta_{\text{MVI}}=1$。因此，无论过程模型增益是否失配，只要$\lambda=(1-\theta)/\xi$，EWMA控制器的最小方差指标就是1，从而当前控制器的控制性能是最优的。

式(8.7)给出的η_{MVI}指标评估了EWMA控制器的整体控制性能。然而，由式(8.6)可知，控制器调节参数、模型不匹配参数以及干扰模型的改变都会影响EWMA控制器的控制性能。因此，η_{MVI}是一个多因素的综合性能评估指标，它不能确定模型失配是否为导致控制性能退化的原因。为了评估EWMA控制器的过程模型质量，需要单独检测EWMA控制器的过程模型失配。

8.3 干扰估计

本节首先利用正交投影方法估计闭环系统的白噪声，然后根据输出误差和估计的白噪声，利用带遗忘因子的递推增广最小二乘(recursive extended least squares, RELS)方法辨识闭环控制系统的干扰模型。

8.3.1 白噪声的估计

在 EWMA 控制器中，输出误差 $e(t)$ 定义为

$$e(t) = y(t) - T \tag{8.8}$$

把式(8.8)代入式(8.6)，$e(t)$ 变为

$$e(t) = \varepsilon(t) + L(q)\varepsilon(t-1) \tag{8.9}$$

式中，$1+q^{-1}L(q)$ 是首项为 1 的多项式。根据反馈不变原理，输出误差 $e(t)$ 可以看作一个移动平均过程。

由式(8.9)可知，$1+q^{-1}L(q)=\dfrac{\left(1-q^{-1}\right)G_{\varepsilon}(q)}{1-\left(1-\lambda\xi\right)q^{-1}}$，而 $G_{\varepsilon}(q)$ 是带有一个积分项的可逆的脉冲传递函数。因此，$1+q^{-1}L(q)$ 是可逆的，从而式(8.9)是一个可逆的移动平均模型。于是，$e(t)$ 可以变成一个稳定的 AR 模型，即

$$e(t) = \sum_{i=1}^{\infty} g_i e(t-i) + \varepsilon(t) \approx \sum_{i=1}^{M} g_i e(t-i) + \varepsilon(t) \tag{8.10}$$

式中，g_i 为 $1-\left(1+q^{-1}L(q)\right)^{-1}$ 的单位脉冲响应系数；M 为一个足够大的正整数。

由式(8.9)可知，$\varepsilon(t)$ 与过去批次的输出误差不相关，即对于任意的 $i \geqslant 1$，$E\left(\varepsilon(t)e(t-i)\right)=0$。因此，白噪声 $\varepsilon(t)$ 可以根据式(8.10)的残差进行估计。利用文献[240]给出的正交投影方法，得到白噪声序列的估计值为

$$\hat{\varepsilon}_P(t) = e_P(t)\Pi^{\perp}_{E_P(t)}, \quad P \to \infty \tag{8.11}$$

式中，$e_P(t)=[e(t), e(t-1), \cdots, e(t-P+1)]$ 为一个包含 P 个输出误差的向量；$\hat{\varepsilon}_P(t)=\left[\hat{\varepsilon}(t), \hat{\varepsilon}(t-1), \cdots, \hat{\varepsilon}(t-P+1)\right]$；$E_P(t)=[e_P^{\mathrm{T}}(t-1), e_P^{\mathrm{T}}(t-2), \cdots, e_P^{\mathrm{T}}(t-M)]^{\mathrm{T}}$；$\Pi^{\perp}_{E_P(t)} = I - E_P^{\mathrm{T}}(t)\left(E_P(t)E_P^{\mathrm{T}}(t)\right)^{-1}E_P(t)$ 表示 $E_P(t)$ 的行空间在其正交补空间上的投影。

式(8.11)表明，在不需要任何模型信息和外界激励的条件下，利用常规操作

的闭环数据就可以估计出白噪声。

8.3.2 干扰模型的估计

半导体生产过程中常见的干扰是 IMA(1,1)干扰和一阶差分自回归移动平均模型 ARIMA(1,1,1)干扰。本节使用输出误差和估计的白噪声辨识批间控制器的干扰模型。

当干扰是 IMA(1,1)干扰时，干扰模型表示如下：

$$G_{\varepsilon}(q)=\frac{1-\theta q^{-1}}{1-q^{-1}} \tag{8.12}$$

式中，参数 θ 是未知的。

将式(8.12)代入式(8.5)，可以得到

$$y(t)=(1-\lambda\xi)y(t-1)+\lambda\xi T+\varepsilon(t)-\theta\varepsilon(t-1) \tag{8.13}$$

由于设定值 T 是常数，$e(t)$ 可以表示为一个 ARMA 过程，即

$$e(t)=\phi_1 e(t-1)+\phi_2\hat{\varepsilon}(t-1)+\hat{\varepsilon}(t) \tag{8.14}$$

式中，$\phi_1=1-\lambda\xi$，$\phi_2=-\theta$；$\hat{\varepsilon}(t)$ 为估计的白噪声。

RELS 是一种广泛应用的在线的模型参数辨识方法。一种改进的带有变遗忘因子的 RELS 方法[241]描述为

$$\begin{cases}\hat{\Phi}(t)=\hat{\Phi}(t-1)+K(t)[e(t)-h^{\mathrm{T}}(t-1)\hat{\Phi}(t-1)]\\ P(t)=\dfrac{1}{\omega}[I-K(t)h^{\mathrm{T}}(t-1)]P(t-1), \quad P(0)=\delta I\\ K(t)=\dfrac{P(t-1)h(t-1)}{\omega+h^{\mathrm{T}}(t-1)P(t-1)h(t-1)}\end{cases} \tag{8.15}$$

式中，ω（$0<\omega<1$）为遗忘因子；$h(t-1)=[\mathrm{e}(t-1),\hat{\varepsilon}(t-1)]$；$\hat{\Phi}(t)=\left[\hat{\phi}_1,\hat{\phi}_2\right]^{\mathrm{T}}$ 为需要估计的模型参数；$K(t)$ 为 $\hat{\Phi}(t)$ 的增益向量；$P(t)$ 为 $\hat{\Phi}(t)$ 的协方差矩阵。

本节采用上述改进 RELS 方法辨识模型(8.14)的系数 $\Phi=\left[\phi_1,\phi_2\right]^{\mathrm{T}}$。用 $\hat{\theta}$ 表示估计的干扰模型系数，$\hat{G}_{\varepsilon}(q)$ 表示估计的干扰模型，分别是 $\hat{\theta}=-\hat{\phi}_2$、$\hat{G}_{\varepsilon}(q)=\dfrac{1-\hat{\theta}q^{-1}}{1-q^{-1}}$。

当半导体生产过程的干扰改为 ARIMA(1,1,1) 干扰时，即 $G_{\varepsilon}(q)=\dfrac{1-\theta q^{-1}}{\left(1-q^{-1}\right)\left(1-\varphi q^{-1}\right)}$，式(8.14)变为

$$e(t)=(1-\lambda\xi+\varphi)e(t-1)-\varphi(1-\lambda\xi)e(t-2)-\theta\varepsilon(t-1)+\varepsilon(t) \tag{8.16}$$

式中，$\phi_1=1-\lambda\xi+\varphi$，$\phi_2=-\varphi(1-\lambda\xi)$，$\phi_3=-\theta$，$\theta$ 和 φ 为需要估计的干扰模型系数。

使用带有变遗忘因子的 RELS 方法估计的 ARIMA(1,1,1) 干扰模型为

$$\hat{G}_\varepsilon(q)=\frac{1+\hat{\phi}_3q^{-1}}{(1-q^{-1})\left(1+\frac{\hat{\phi}_1-\sqrt{\hat{\phi}_1^2-4\hat{\phi}_2}}{2}q^{-1}\right)}$$

其中，$\hat{\Phi}=\left[\hat{\phi}_1,\hat{\phi}_2,\hat{\phi}_3\right]^{\mathrm{T}}$ 为带变遗忘因子的 RELS 方法估计的模型参数。

8.4　模型质量评估指标

8.4.1　模型质量变量

根据估计的干扰模型、输出误差和 EWMA 控制器的调节参数 λ，本节提出一个反映过程模型质量的变量，同时讨论模型质量变量与白噪声之间的关系。

将式(8.4)和式(8.8)代入式(8.3)，$a(t)$ 与 $e(t)$ 的关系可表示为

$$a(t)=\frac{\lambda}{1-q^{-1}}e(t) \tag{8.17}$$

由图 8-1 可知，$\Delta a(t)$、$\Delta u(t)$ 和 $\Delta y(t)$ 的线性关系为

$$\Delta a(t)=G_f(q)\left(\Delta y(t)-G_m(q)\Delta u(t)\right) \tag{8.18}$$

式中，$\Delta a(t)=a(t)-a(t-1)=(1-q^{-1})a(t)$，$\Delta u(t)=u(t)-u(t-1)=(1-q^{-1})u(t)$，$\Delta y(t)=y(t)-y(t-1)=(1-q^{-1})y$。而 $\lambda\neq0$，则 $G_f(q)$ 是一个可逆的脉冲传递函数。在式(8.17)的两端同乘以 $1-q^{-1}$，再将结果代入式(8.18)，$\Delta y(t)$ 可以表示为

$$\Delta y(t)=G_m(q)\Delta u(t)+\lambda G_f^{-1}(q)e(t) \tag{8.19}$$

式中，$G_f^{-1}(q)=\dfrac{1-(1-\lambda)q^{-1}}{\lambda}$ 为 $G_f(q)$ 的逆。

此外，$y(t)=G_p(q)u(t)+G_\varepsilon(q)\varepsilon(t)$。该式两端同乘以 $1-q^{-1}$，代入式(8.19)，

得到如下的关系式：

$$G_\lambda(q)e(t)=\left(G_p(q)-G_m(q)\right)u(t)+G_\varepsilon(q)\varepsilon(t) \tag{8.20}$$

式中，$G_\lambda(q)=\dfrac{1-(1-\lambda)q^{-1}}{1-q^{-1}}$。

根据式(8.20)，定义 EWMA 控制器的模型质量变量 $v(t)$ 为

$$v(t)=\hat{G}_\varepsilon^{-1}(q)G_\lambda(q)e(t) \tag{8.21}$$

式中，$\hat{G}_\varepsilon^{-1}(q)$ 为估计的干扰模型 $\hat{G}_\varepsilon(q)$ 的逆，且 $\hat{G}_\varepsilon^{-1}(q)$ 的首项为 1。

由式(8.21)可知，利用估计的干扰模型、EWMA 控制器调节参数 λ 和输出误差可以得到 $v(t)$。

前面使用带有变遗忘因子的 RELS 方法估计了干扰模型，有 $\hat{G}_\varepsilon(q)\approx G_\varepsilon(q)$。结合式(8.20)和式(8.21)，$v(t)$ 可以表示为

$$v(t)\approx\hat{G}_\varepsilon^{-1}(q)\left(G_p(q)-G_m(q)\right)u(t)+\varepsilon(t) \tag{8.22}$$

式中，$G_p(q)-G_m(q)$ 表示实际对象的脉冲传递函数与过程模型的脉冲传递函数之间的差异。如果过程模型与实际对象完全匹配，即 $G_p(q)=G_m(q)$，则 $v(t)$ 等于 $\varepsilon(t)$；如果过程模型中出现失配，即 $G_p(q)\neq G_m(q)$，则 $v(t)$ 不等于 $\varepsilon(t)$。

定理 8.1　对于一个带有 EWMA 控制器的半导体制程，式(8.21)定义的模型质量变量 $v(t)$ 可以表示成一个 MA 过程，即

$$v(t)=\varepsilon(t)+\lambda(1-\xi)\sum_{i=1}^{\infty}[(1-\lambda\xi)^{i-1}\varepsilon(t-i)] \tag{8.23}$$

证明　根据图 8.1，$a(t)$ 可以表示如下：

$$a(t)=G_f(q)\left(y(t)-G_m(q)u(t)\right) \tag{8.24}$$

根据 $G_\lambda(q)$ 的定义和 λ 的取值范围，易知 $G_\lambda^{-1}(q)$ 存在。结合式(8.4)和式(8.24)，$\Delta u(t)$ 可以表示为

$$-G_\lambda^{-1}(q)\Delta u(t)=\frac{1}{b}G_f(q)\Delta y(t) \tag{8.25}$$

根据式(8.1)和式(8.2)，$\Delta y(t)$ 可以表示为

$$\Delta y(t)=\beta\Delta u(t-1)+G_{\varepsilon}(q)\Delta\varepsilon(t) \tag{8.26}$$

式中，$\Delta\varepsilon(t)=\varepsilon(t)-\varepsilon(t-1)$。

由于$\Delta y(t)=(1-q^{-1})y(t)$且$G_{\varepsilon}(q)$含有一个积分项，将式(8.25)代入式(8.26)，$y(t)$可以表示为

$$y(t)=\frac{1-(1-\lambda)z^{-1}}{1-(1-\lambda\xi)z^{-1}}G_{\lambda}^{-1}(z^{-1})G_{\varepsilon}(z^{-1})\varepsilon(t) \tag{8.27}$$

本章考虑的设定值T是常数。不失一般性，假设$T=0$。将式(8.27)代入式(8.8)，$e(t)$可以表示为

$$e(t)=\frac{1-(1-\lambda)q^{-1}}{1-(1-\lambda\xi)q^{-1}}G_{\lambda}^{-1}(q)G_{\varepsilon}(q)\varepsilon(t) \tag{8.28}$$

将式(8.28)代入式(8.21)，$v(t)$可以表示为

$$v(t)=\frac{1-(1-\lambda)q^{-1}}{1-(1-\lambda\xi)q^{-1}}\hat{G}_{\varepsilon}^{-1}(q)G_{\varepsilon}(q)\varepsilon(t) \tag{8.29}$$

根据$\hat{G}_{e}(q)\approx G_{e}(q)$，$v(t)$与$\varepsilon(t)$之间的数学关系为

$$\begin{aligned}v(t)&\approx\frac{1-(1-\lambda)q^{-1}}{1-(1-\lambda\xi)q^{-1}}\varepsilon(t)\\&=\left[1+\lambda(1-\xi)\sum_{i=1}^{\infty}(1-\lambda\xi)^{-i+1}q^{-i}\right]\varepsilon(t)\end{aligned} \tag{8.30}$$

定理 8.1 表明无论批间控制器中是否存在过程模型失配，$v(t)$都可以看作由白噪声序列驱动的 MA 过程。根据式(8.23)，干扰模型的改变不会影响$v(t)$与$\varepsilon(t)$之间的关系。如果过程模型与实际对象匹配，即$\xi=1$，则$v(t)$近似地等于$\varepsilon(t)$；反之，$v(t)$和$\varepsilon(t)$不相等。由于$\varepsilon(t)$是高斯白噪声，下面通过比较$\varepsilon(t)$的方差与$v(t)$的方差之间的差异，实现 EWMA 控制系统模型失配的检测。

8.4.2　模型评价指标

由定理 8.1 可知，$\varepsilon(t)$是$v(t)$的更新序列，而$v(t)$和$\varepsilon(t)$都可以利用常规的闭环数据获得。因此，本章基于数据来得到估计白噪声$\hat{\varepsilon}(t)$的方差和模型质量变量$v(t)$的方差，从而进行模型评价。针对 EWMA 控制器，本节提出一个基于数据的模型评价指标(model evaluation index, MEI)，其定义如下：

$$\eta_{\mathrm{MEI}} = \frac{E\left(\hat{\varepsilon}(t)^2\right)}{E\left(v(t)^2\right)} \tag{8.31}$$

式中，$E\left(\hat{\varepsilon}(t)^2\right)$为白噪声的方差，即$E\left(\hat{\varepsilon}(t)^2\right) = \frac{1}{N}\sum_{t=1}^{N}\hat{\varepsilon}(t)^2$；$E\left(v(t)^2\right)$为$v(t)$的方差，即$E\left(v(t)^2\right) = \frac{1}{N}\sum_{t=1}^{N}v(t)^2$，$N$为采样数据个数；$\eta_{\mathrm{MEI}}$为模型评价指标。

由式(8.23)可知，η_{MEI}在0和1之间变化，即$\eta_{\mathrm{MEI}} \in (0,1]$。如果$\eta_{\mathrm{MEI}}$接近于1，则表明过程模型是最优的，即过程模型与实际对象完全匹配；如果η_{MEI}接近于0，则说明过程模型质量很差，即过程模型与实际对象之间存在严重的不匹配。当辨识的干扰模型和实际的干扰模型不相同但$\hat{G}_{\varepsilon}^{-1}(q)G_{\varepsilon}(q)$几乎稳定时，由式(8.29)可知，$v(t)$仍然是一个由$\varepsilon(t)$构成的MA过程，从而$\eta_{\mathrm{MEI}}$仍可以反映过程模型是否存在失配。

为了分析η_{MEI}与EWMA控制器调节参数λ之间的关系，本节推导了如下的定理。

定理 8.2 在EWMA控制器中，当$\xi \to 1$时，η_{MEI}与λ不相关；当$\xi \neq 1$但$2-\sqrt{3} \ll \xi < 2/\lambda$时，$\eta_{\mathrm{MEI}}$与$\lambda$弱相关。

证明 根据式(8.30)和$\varepsilon(t)$的高斯分布特征，$v(t)$的均值也是0。于是，结合式(8.30)和式(8.31)，η_{MEI}可以表示为

$$\eta_{\mathrm{MEI}} \approx \frac{1}{1+\lambda^2(1-\xi)^2\sum_{i=1}^{\infty}(1-\lambda\xi)^{2(i-1)}} = \frac{\xi(2-\lambda\xi)}{2\xi+\lambda-2\lambda\xi} \tag{8.32}$$

当$0<\lambda<1$时，式(8.32)可以用一阶泰勒级数来近似表示，即

$$\begin{aligned}\eta_{\mathrm{MEI}} &\approx \eta_{\mathrm{MEI}}\big|_{\lambda=0} + \left.\frac{\partial \eta_{\mathrm{MEI}}}{\partial \lambda}\right|_{\lambda=0} + \left.\frac{\partial^2 \eta_{\mathrm{MEI}}}{\partial \lambda^2}\right|_{\lambda=0} \\ &= \eta_0 - \frac{(\xi-1)^2}{2\xi}\lambda + \frac{(\xi-1)^2(1-2\xi)}{2\xi^2}\lambda^2\end{aligned} \tag{8.33}$$

式中，$\eta_0 = \eta_{\mathrm{MEI}}\big|_{\lambda=0}$。由于$|1-\lambda\xi|<1$且$0<\lambda<1$，所以$\xi$的取值范围是$0<\xi<2/\lambda$。由式(8.33)可知，如果$\frac{(\xi-1)^2}{2\xi}$趋于0，则模型评价指标$\eta_{\mathrm{MEI}}$独立于控制器的调节。

当 $\xi \to 1$ 时，$\eta_{\mathrm{MEI}} \approx \eta_{\mathrm{MEI}}\big|_{\lambda=0}$，表明 η_{MEI} 不受控制器调节的影响。当 $(\xi-1)^2 \ll 2$ 且 $|1-\lambda\xi|<1$，即 $2-\sqrt{3} \ll \xi < \dfrac{2}{\lambda}$ 时，控制器调节参数 λ 对 η_{MEI} 有微小的影响。

8.4.3　半导体制程的模型失配检测步骤

带有 EWMA 控制器的半导体制程的模型失配检测方法的具体步骤如下：

(1) 确定 M 和 P 的大小；收集半导体生产过程的输入和输出数据，根据式(8.8)计算输出误差 $e(t)$。

(2) 构造数据矩阵 $e_P(t)$ 和 $E_P(t)$，利用式(8.11)估计闭环过程的白噪声 $\hat{\varepsilon}(t)$。

(3) 采用带有遗忘因子的 RELS 方法，从输出误差和估计的白噪声中估计干扰模型。

(4) 利用估计的干扰模型 $\hat{G}_{\varepsilon}(q)$、输出误差和 EWMA 控制器的调节因子 λ 计算模型质量变量 $v(t)$。

(5) 利用式(8.31)计算半导体制程的模型评价指标 η_{MEI}；根据 η_{MEI} 判断 EWMA 控制器的过程模型是否存在失配。

8.5　仿 真 示 例

8.5.1　化学机械研磨过程

CMP 是一种广泛使用的平坦化技术，已成为半导体工业中的一种重要技术。CMP 过程示意图如图 8.2 所示。该 CMP 过程的离散模型[85]描述如下：

$$y_1(t) = 159.3u_1(t-1) + 1563.5 + \frac{1-\theta_1 q^{-1}}{1-q^{-1}}\varepsilon_1(t)$$

$$y_2(t) = 32.6u_1(t-1) + 254 + \frac{1-\theta_2 q^{-1}}{1-q^{-1}}\varepsilon_2(t)$$

式中，θ_1=0.7，θ_2=0.7，$\varepsilon_1(t) \sim N(0,100)$，$\varepsilon_2(t) \sim N(0,64)$。

由上式可知，该过程包括两个操纵变量和两个被控变量，其中操纵变量分别是台板转速 $u_1(t)$ 和抛光压力 $u_2(t)$，被控变量分别是去除率 $y_1(t)$ 和镜片内的非均匀性 $y_2(t)$。去除率 $y_1(t)$ 表示晶圆上初始的磷硅玻璃厚度和最终的磷硅玻璃厚度差的平均值，镜片内的非均匀性 $y_2(t)$ 表示抛光后薄膜的非均匀性。本节使用两个 EWMA 控制器调节 CMP 过程。

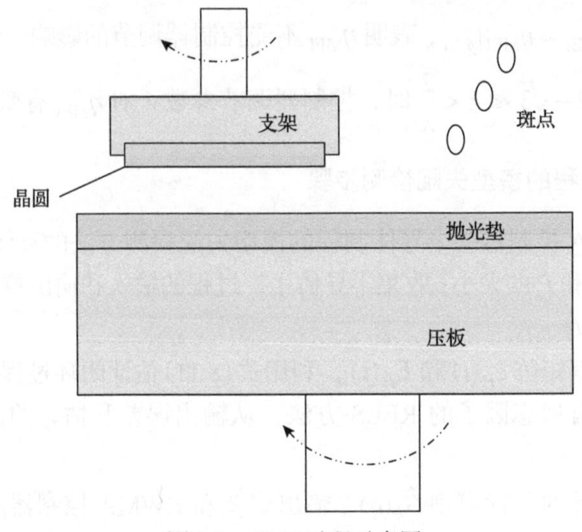

图 8.2 CMP 过程示意图

当两个 EWMA 控制器的过程模型与实际对象匹配时，模型不匹配参数ξ_1和ξ_2都是 1，控制器的调节参数λ_1和λ_2都设置为 0.6。通过对 CMP 过程数据进行采样，得到 2000 组闭环数据。带有变遗忘因子的 RELS 方法估计的干扰模型分别是$\hat{G}_{\varepsilon,1}(q)=\dfrac{1-0.705q^{-1}}{1-q^{-1}}$和$\hat{G}_{\varepsilon,2}(q)=\dfrac{1-0.684q^{-1}}{1-q^{-1}}$，它们和实际的干扰模型很接近。根据采集的数据，计算这两个闭环回路的最小方差指标，得到$\eta_{\mathrm{MVI},1}=0.89$和$\eta_{\mathrm{MVI},2}=0.92$，说明两个回路的控制性能都不是最优的。而这两个回路的模型评价指标都是 0.99，即$\eta_{\mathrm{MEI},1}=\eta_{\mathrm{MEI},2}=0.99$，表明两个回路的过程模型和实际对象几乎是匹配的。当过程模型与实际对象匹配时，根据辨识的干扰模型，两个 EWMA 控制器的最佳调节参数分别是$\lambda_1=1-\hat{\theta}_1=0.295$和$\lambda_2=1-\hat{\theta}_2=0.316$。因此，重新设置两个控制器的调节参数，即$\lambda_1=0.295$和$\lambda_2=0.316$，再对闭环系统进行仿真。根据采集的闭环数据，得到它们的控制性能指标 MVI 和模型评价指标 MEI 都是 0.99，说明不仅两个回路的过程模型与实际对象是匹配的，而且它们的控制性能也是最优的。

将两个回路的控制器调节参数被设置为 0.6，即$\lambda_1=\lambda_2=0.6$，此时两个回路的模型不匹配参数ξ_1和ξ_2都是在 0.33 和 3 之间变化。表 8.1 给出了不同模型不匹配参数ξ的控制性能评估结果和过程模型失配检测结果。当$\xi_1=\xi_2=0.5$时，两个回路的控制性能指标 MVI 分别是 0.98 和 0.99，说明两个回路的控制性能是最优的；而它们的模型评价指标 MEI 分别是 0.88 和 0.87，说明两个回路出现了过程模型失配。由表 8.1 可知，b离β越远，即$|\xi-1|$越大，模型评价指标越小。在回

路 1 中，$\xi_1 = 0.5$ 时的模型评价指标比 $\xi_1 = 1$ 时的模型评价指标小，但是 $\xi_1 = 0.5$ 时的控制性能指标比 $\xi_1 = 1$ 时的控制性能指标大。在回路 2 中，当 $\xi_2 = 1.5$ 时，η_{MEI} 是 0.91，η_{MVI} 是 0.74；而当 $\xi_2 = 2$ 时，η_{MEI} 却是 0.73，η_{MVI} 是 0.57。这说明控制性能指标 η_{MVI} 是一个多因素综合指标，不能用于检测闭环系统的过程模型失配。但是本章提出的 MEI 指标可以有效地检测半导体制程的过程模型失配。

表 8.1　当 $\lambda_1 = \lambda_2 = 0.6$ 时不同过程模型下的 η_{MEI} 和 η_{MVI}

(ξ_1, ξ_2)	回路 1		回路 2	
	η_{MEI}	η_{MVI}	η_{MEI}	η_{MVI}
(0.33,0.33)	0.74	0.94	0.71	0.93
(0.4,0.4)	0.8	0.96	0.78	0.95
(0.5,0.5)	0.88	0.98	0.87	0.99
(1,1)	0.99	0.89	0.99	0.92
(1.5,1.5)	0.91	0.71	0.91	0.74
(2,2)	0.71	0.53	0.73	0.57
(3,3)	0.2	0.14	0.22	0.19

当两个回路的过程模型与实际对象都匹配，即 $\xi_1 = \xi_2 = 1$ 时，讨论控制器调节参数的改变对 η_{MEI} 和 η_{MVI} 的影响。表 8.2 给出了控制器调节参数 λ_1 和 λ_2 在 0.2 和 0.8 之间变化时的控制性能评估和模型失配检测结果。在回路 1 中，当 λ_1 从 0.2 增加到 0.8 时，η_{MVI} 在 0.78 和 0.99 之间变化，即 $\Delta\eta_{MVI} = 0.21$；而 η_{MEI} 保持不变，即 $\Delta\eta_{MEI} = 0$。在回路 2 中，η_{MVI} 在 0.81 和 0.99 之间变化，即 $\Delta\eta_{MVI} = 0.18$，而 $\Delta\eta_{MEI}$ 是 0。这说明当过程模型匹配时，控制器调节对控制性能指标产生影响，但对模型评价指标没有影响。

表 8.2　当 $\xi_1 = \xi_2 = 1$ 时不同控制器调节参数对 η_{MEI} 和 η_{MVI} 的影响

(λ_1, λ_2)	回路 1		回路 2	
	η_{MEI}	η_{MVI}	η_{MEI}	η_{MVI}
(0.2,0.2)	0.99	0.97	0.99	0.94
(0.3,0.3)	0.99	0.99	0.99	0.99
(0.4,0.4)	0.99	0.97	0.99	0.98
(0.5,0.5)	0.99	0.93	0.99	0.96
(0.6,0.6)	0.99	0.89	0.99	0.92
(0.7,0.7)	0.99	0.83	0.99	0.87
(0.8,0.8)	0.99	0.78	0.99	0.81

当两个回路的过程模型都失配时，如模型不匹配参数 ξ_1 和 ξ_2 是 1.5，控制器调

节参数的改变对控制性能指标和模型评价指标的影响如表 8.3 所示。在回路 1 中，当 λ_1 从 0.3 增加到 0.7 时，η_{MEI} 在 0.89 和 0.93 之间变化，即 $\Delta\eta_{MEI}=0.04$；而 η_{MVI} 在 0.61 和 0.94 之间变化，即 $\Delta\eta_{MVI}=0.33$，$\Delta\eta_{MVI}$ 相当于 $\Delta\eta_{MEI}$ 的 8 倍。在回路 2 中，当 λ_2 从 0.3 增加到 0.7 时，$\Delta\eta_{MEI}$ 是 0.05，而 $\Delta\eta_{MVI}$ 是 0.32。这说明当过程模型失配时，尽管控制器调节参数的改变对模型评价指标 η_{MEI} 有微小的影响，但是 η_{MEI} 仍能反映过程模型的匹配情况。

表 8.3　当 $\xi_1=\xi_2=1.5$ 时不同控制器调节参数对 η_{MEI} 和 η_{MVI} 的影响

(λ_1,λ_2)	回路 1		回路 2	
	η_{MEI}	η_{MVI}	η_{MEI}	η_{MVI}
(0.3,0.3)	0.93	0.94	0.95	0.98
(0.4,0.4)	0.92	0.87	0.94	0.92
(0.5,0.5)	0.91	0.79	0.93	0.84
(0.6,0.6)	0.91	0.71	0.91	0.74
(0.7,0.7)	0.89	0.61	0.90	0.66

当两个回路的控制器调节参数分别是 $\lambda_1=0.5$ 和 $\lambda_2=0.6$ 时，控制器的模型不匹配参数 ξ_1 和 ξ_2 都是 1.5，干扰模型的改变对 η_{MVI} 和 η_{MEI} 的影响如表 8.4 所示。当两个回路的干扰模型系数改变时，回路 1 的 $\Delta\eta_{MVI}$ 是 0.22，回路 2 的 $\Delta\eta_{MVI}$ 是 0.34，而它们模型评价指标维持在 0.91 不变，即 $\Delta\eta_{MEI,1}=\Delta\eta_{MEI,2}=0$。这表明干扰模型的变化显著地影响了控制性能指标 η_{MVI}，但是模型评价指标 η_{MEI} 对干扰模型的改变不敏感。因此，本章提出的指标可以有效地把过程模型失配从干扰的动态变化中分离出去。

表 8.4　当 $\xi_1=\xi_2=1.5$ 时干扰模型的改变对 η_{MEI} 和 η_{MVI} 的影响

(θ_1,θ_2)	$(\hat{\theta}_1,\hat{\theta}_2)$	回路 1		回路 2	
		η_{MEI}	η_{MVI}	η_{MEI}	η_{MVI}
(0.35,0.75)	(0.348,0.745)	0.91	0.96	0.91	0.69
(0.65,0.25)	(0.645,0.254)	0.91	0.82	0.91	0.97
(0.75,0.35)	(0.752,0.345)	0.91	0.76	0.91	0.93
(0.25,0.85)	(0.246,0.851)	0.91	0.98	0.91	0.63
(0.45,0.55)	(0.45,0.554)	0.91	0.92	0.91	0.82

当两个回路的模型不匹配参数 ξ_1 和 ξ_2 都是 0.5 时，控制器调节参数 λ_1 和 λ_2 分别是 0.7 和 0.6，干扰模型的改变对 η_{MVI} 和 η_{MEI} 的影响如表 8.5 所示。可见，估计

的干扰模型系数和实际的干扰模型系数存在很大的差别。当实际过程的干扰模型系数分别是 $\theta_1 = 0.3$ 和 $\theta_2 = 0.75$ 时，带有变遗忘因子的 RELS 方法估计的干扰模型系数分别是 $\hat{\theta}_1 = 0.25$ 和 $\hat{\theta}_2 = 0.7$。随着干扰模型系数的改变，回路 1 的 $\Delta\eta_{\mathrm{MVI}}$ 是 0.15，回路 2 的 $\Delta\eta_{\mathrm{MVI}}$ 是 0.3，但是它们的模型评价指标 η_{MEI} 都保持不变。这当干扰模型辨识得不正确而 $\hat{G}_{\varepsilon}^{-1}(q)G_{\varepsilon}(q)$ 几乎稳定时，本章提出的指标 η_{MEI} 仍能有效检测 EWMA 批间控制系统的过程模型失配。

表 8.5　当 $\xi_1 = \xi_2 = 0.5$ 时干扰模型系数的改变对 η_{MEI} 和 η_{MVI} 的影响

(θ_1,θ_2)	$(\hat{\theta}_1,\hat{\theta}_2)$	回路 1		回路 2	
		η_{MEI}	η_{MVI}	η_{MEI}	η_{MVI}
(0.3,0.75)	(0.25,0.7)	0.88	0.84	0.87	0.99
(0.65,0.25	(0.62,0.2)	0.88	0.99	0.87	0.69
(0.7,0.85)	(0.66,0.81)	0.88	0.98	0.87	0.95
(0.85,0.5)	(0.82,0.54)	0.88	0.92	0.87	0.91

8.5.2　浅沟道隔离刻蚀过程

本节使用浅沟道隔离(shallow trench isolation, STI)刻蚀过程中的晶圆刻蚀生产数据来证明所提出方法的有效性。由于 STI 过程可以防止相邻半导体组件之间的电流泄漏，所以被用于隔离半导体制造过程中相邻氧化物的半导体晶体管。其最关键步骤是通过活性离子刻蚀工艺来刻蚀沟道，该步骤的工艺流程如图 8.3 所示[227]。由于刻蚀深度是顶尖设备的关键性能指标，STI 刻蚀过程的主要目标是控

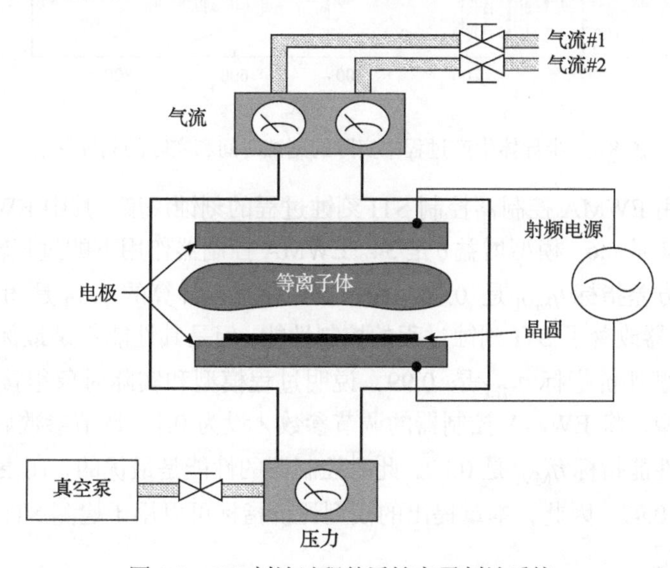

图 8.3　STI 刻蚀过程的活性离子刻蚀系统

制刻蚀深度。Miwa 等[242]提出根据刻蚀时间来调节 STI 过程的刻蚀深度。在实际的半导体工业中，同一台机台需要同时生产多种产品，不同产品的过程增益是不同的。但是，一个 EWMA 控制器只能设置一种模型增益。因此，STI 刻蚀过程经常出现过程模型失配，这就需要检测 STI 刻蚀过程的模型失配，同时分析过程模型失配对控制性能的影响。

本节使用在某机台上收集的 948 组晶圆刻蚀数据进行仿真，其中，操纵变量是刻蚀时间，过程输出是刻蚀深度，如图 8.4 所示。由于刻蚀溶液的损耗和高温炉中热电偶的退化都会引起斜坡干扰，IMA(1,1)干扰可以描述实际 STI 过程的干扰[243]。利用本章提出的干扰模型辨识方法，估计的干扰模型系数 $\hat{\theta}$ 是 0.90。利用最小二乘拟合方法，估计的过程增益 $\hat{\beta}$ 是 34。根据估计的过程增益 $\hat{\beta}$，通过改变控制器的模型增益 b 来得到不同的过程模型不匹配参数。

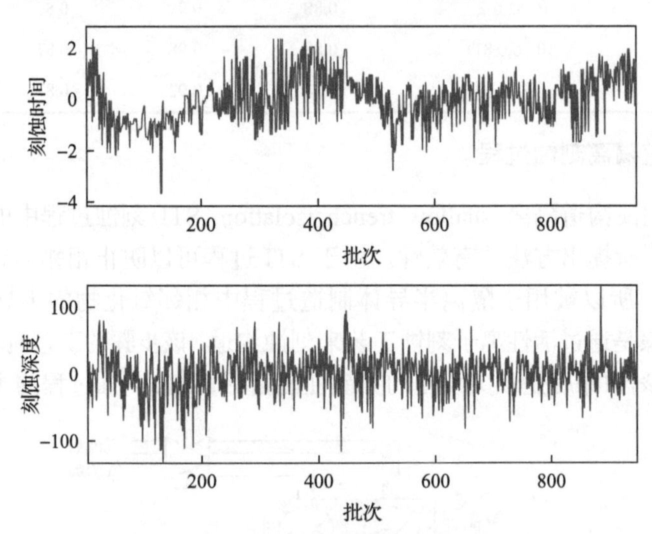

图 8.4 半导体生产过程中实际的刻蚀时间和实际的刻蚀深度

本节使用 EWMA 控制器控制 STI 刻蚀过程的刻蚀深度，其中 EWMA 控制器的调节参数 λ 是 0.6，模型增益 b 是 34。EWMA 控制器作用下的过程输出如图 8.5 所示，最小方差指标 η_{MVI} 是 0.76，而根据原始数据计算的 η_{MVI} 是 0.30，这表明 EWMA 控制器改善了 STI 刻蚀过程的控制性能，但是其性能不是最优的。EWMA 控制器的模型评价指标 η_{MEI} 是 0.99，说明过程模型和实际对象很接近。根据辨识的干扰模型，将 EWMA 控制器的调节参数 λ 设为 0.1。调节参数后 EWMA 控制器的控制性能指标 η_{MVI} 是 0.99，此时控制器的性能是最优的，而模型评价指标 η_{MEI} 仍然是 0.99。因此，本章提出的模型评价指标可以用于检测 STI 刻蚀过程的过程模型失配。

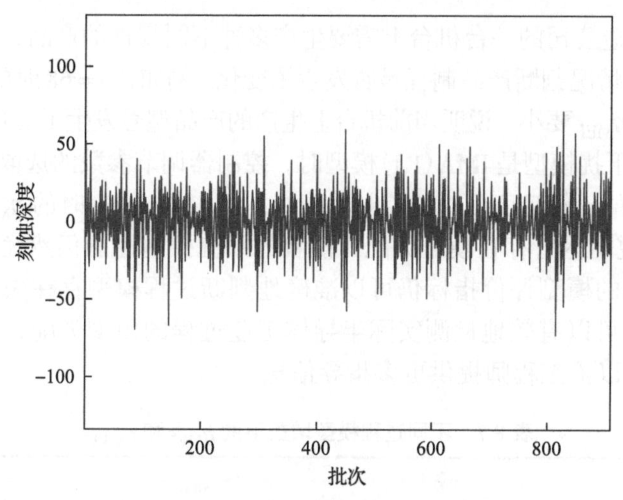

图 8.5 EWMA 控制器作用下的刻蚀深度

当过程模型增益 b 是 34 时，分析不同的调节参数 λ 对模型评价指标 MEI 的影响。表 8.6 给出了 λ 在 0.2 和 0.8 之间变化时模型失配的检测结果和控制性能评估结果。可知 η_{MEI} 保持在 0.99 不变，即 $\Delta\eta_{\mathrm{MEI}}=0$，$\eta_{\mathrm{MVI}}$ 在 0.66 和 0.97 之间变化，即 $\Delta\eta_{\mathrm{MVI}}=0.31$。这表明控制器参数的调节影响了控制性能，但没有影响模型评价指标。因此，本章提出的干扰模型识别方法能够把过程模型失配从控制器调节中分离出来。

表 8.6 当 b=34 时控制器调节对 η_{MEI} 和 η_{MVI} 的影响

λ	$\hat{\theta}$	η_{MEI}	η_{MVI}
0.2	0.90	0.99	0.97
0.3	0.899	0.99	0.92
0.4	0.895	0.99	0.87
0.5	0.902	0.99	0.82
0.6	0.90	0.99	0.76
0.7	0.905	0.99	0.71
0.8	0.897	0.99	0.66

为了展示过程模型的改变对模型质量和控制性能的影响，表 8.7 给出了过程模型增益 b 在 11.33 和 102 之间变化时相应的模型失配检测和控制性能评估结果。EWMA 控制器的调节参数 λ 设为 0.6。当 $b=34$ 时，η_{MEI} 和 η_{MVI} 分别是 0.99 和 0.76。这说明过程模型增益与实际对象的增益是匹配的，而由 η_{MVI} 的大小可知此时的控制性能不是最优的。当 $b=17$ 时，η_{MEI} 和 η_{MVI} 分别是 0.72 和 0.43，这说明过程模型出现了失配，且导致控制性能下降。

半导体制造公司的一台机台上需要生产多种不同规格的产品，工程师可以根据η_{MEI}的变化情况判断产品制程是否发生了变化。例如，$b=68$时的η_{MEI}是0.88，比$b=34$时的η_{MEI}要小，说明当前机台上生产的产品型号发生了变化。由8.2节的分析可知，当干扰模型是IMA(1,1)模型时，控制器调节参数的选取可以使模型失配时的控制性能比模型匹配时的控制性能好。例如，$b=68$时的η_{MVI}比$b=34$时的η_{MVI}大，说明尽管存在模型失配，前者的系统控制性能仍然优于后者，但是此时本章提出的模型评价指标仍可以准确地判断过程模型存在失配。因此，本章提出的方法可以有效地检测实际半导体工业过程的模型失配，而模型失配的检测结果也可以给工程师提供更多指导信息。

表 8.7　不同过程模型增益下的η_{MEI}和η_{MVI}

b	$\hat{\theta}$	η_{MEI}	η_{MVI}
11.33	0.899	0.20	0.11
13.6	0.901	0.47	0.27
17	0.895	0.72	0.43
22.67	0.903	0.90	0.59
34	0.90	0.99	0.76
51	0.897	0.91	0.86
68	0.905	0.88	0.91
85	0.914	0.78	0.85
102	0.906	0.71	0.77

8.6　本 章 小 结

本章针对带有EWMA控制器的半导体制程，提出一种批间控制器的过程模型失配检测方法。这种方法不用向闭环系统中引入任何外界激励，只需要常规操作的闭环数据。本章使用正交投影方法从闭环数据中估计白噪声，同时使用带有变遗忘因子的RELS方法辨识干扰模型。根据输出误差和估计的干扰模型，定义并计算了过程模型质量变量。用移动平均模型表示模型质量变量，利用白噪声的方差和模型质量变量的方差之比，提出模型评价指标。与传统的控制性能指标相比，模型评价指标能够有效地检测批间控制系统模型失配，并且其检测结果不受控制器调节参数或干扰模型改变的影响。该方法在模拟的CMP过程和实际工业的STI刻蚀过程中得到了成功应用。

第 9 章　带有时延的闭环制程的过程监控

9.1 引　　言

如前所述，批间控制是一种离散的控制方法，它广泛地应用于半导体批次过程[5]，而 EWMA 和 DEWMA 是批间控制器的两种重要算法[9]。

在半导体批次过程中，由于时延的存在，测量的数据往往需要经过几个批次之后才能获得。时延会影响系统的稳定性和可靠性。在模型不匹配和时延存在的情况下，Good 等[214,215]分析了 SISO-EWMA 和 MIMO-DEWMA 控制器的稳定性界限。他们利用劳斯判据分析了时延对闭环 MIMO-EWMA 控制器的影响[216]。Wan 等[244]基于晶圆质量、实测时延、估计时延和工艺漂移之间的逻辑关系，利用贝叶斯统计分析提出了一种时变度量时延的估计算法。Chen 等[221]开发了一种基于确定性和随机模型控制(deterministic and stochastic model based control, DSMBC)的批间控制算法用来对确定变化作出快速反应并减少延迟的影响。Fan 等[34]考虑计量延迟，使用 PLS 技术开发了一种用于 MIMO 半导体工艺的新 APC 系统，以通过虚拟计量数据提供逐次运行控制。

然而，上述研究的着重点集中在稳定性和控制器设计方面，很少考虑带有时延的半导体批次过程的监控。由于半导体批次过程的动态性和机器的不断老化，批次过程中会存在各种各样的故障[245]。近几年来，多变量 SPC 技术被用于半导体批次过程的在线监测[246,247]。但是研究发现多变量 SPC 技术只适用于平稳过程，因为半导体批次过程经常存在漂移干扰，这会导致过程数据的非平稳性。因此，多变量 SPC 技术不能直接处理存在漂移干扰的批次过程数据。此外，把不同的故障检测和分离方法结合起来可以得到更好的故障诊断结果，也是今后过程监测研究的一个方向。Ono 等[149,150]提出了影响矩阵的方法用来分离动态系统的故障，进行实时故障诊断和参数追踪。

本章考虑带有时延的 EWMA 控制器和 DEWMA 控制器的批次过程，把它们分别推导成 ARMAX 模型。批次过程的过程特性和干扰特性都包含在 ARMAX 模型中，通过辨识 ARMAX 模型的结构和系数，可得到批次过程的过程特性和干扰特性。本章提出参数重置递推增广最小二乘(parameter recursive extended least squares, PRELS)算法，与 RELS 算法相比，它通过重置参数解决了模型系数突变的问题，具有更快的收敛速度和更高的准确性。此外，由于 ARMAX 模型不受复杂干扰的影响，模型系数是平稳的，可采用多变量统计过程控制方法来监测时序模型的系数，从而实现故障检测。最后用 IMX 的方法来分离过程故障或干扰故障。

9.2 带有时延和 EWMA 的过程监控

9.2.1 对象描述

本章针对的是带有 EWMA 控制器的半导体闭环批次生产过程，见图 8.1。通常把半导体制程(如 CMP)表示为一个 SISO 系统的线性模型[159]，即

$$y(t)=\alpha+\beta x(t)+\eta(t) \tag{9.1}$$

式中，t 为批次数；$x(t)$ 为过程输入；$y(t)$ 为与产品有关的变量；α、β 为批次过程中的未知控制参数；$\eta(t)$ 服从 IMA(1,1) 模型(4.16)。若要求产品产出的指标值为 T，则建立过程输出的预测模型：

$$\hat{y}(t)=a_0+bx(t) \tag{9.2}$$

式中，a_0、b 分别为未知参数 α、β 的起始估计值。

传统的 EWMA 控制器利用折扣因子 λ，对产品制程进行批间控制。一般假设目标值 $T=0$，则 EWMA 控制器的表达式为[159]

$$a(\mathrm{t})=\lambda[y(t)-bx(t)]+(1-\lambda)a(t-1) \tag{9.3}$$

$$x(t)=-\frac{a(t-1)}{b} \tag{9.4}$$

将式(9.1)代入式(9.4)，可得简化后的 EWMA 控制器表达式：

$$\begin{aligned}a(t)&=\lambda[y(t)-bx(t)]+(1-\lambda)a(t-1)\\&=\lambda[\alpha+\beta x(t-1)+\eta(t)-bx(t)]+(1-\lambda)a(t-1)\end{aligned} \tag{9.5}$$

9.2.2 ARMAX 模型和批次过程的关系

由于时延的存在，系统的输入输出数据一般需要经过几个批次之后才能获得。如果批次 t 的时延为 d，那么输出值 $y(t)$ 会变成 $y(t-d)$ 的值，EWMA 算法估计的 $a(t)$ 将表示为[159]

$$a(t)=\lambda[y(t-d)-bx(t-d)]+(1-\lambda)a(t-1) \tag{9.6}$$

定理 9.1 带有时延和 EWMA 控制器的批次过程可以推导成一个带有漂移的

ARMAX 模型：

$$y(t)-y(t-1)=-\frac{\beta\lambda}{b}y(t-1-d)-\beta\lambda x(t-1)+\beta\lambda x(t-1)+\delta+\varepsilon(t)+\rho\varepsilon(t-1) \quad (9.7)$$

证明　根据式(9.1)～式(9.6)，可以得到

$$\begin{aligned}x(t)-x(t-1)&=-\frac{a(t-1)-a(t-2)}{b}\\&=-\frac{\lambda y(t-1-d)-\lambda bx(t-1-d)+\lambda bx(t-1)}{b}\end{aligned} \quad (9.8)$$

和

$$y(t)-y(t-1)=\beta(x(t)-x(t-1))+\eta(t)-\eta(t-1) \quad (9.9)$$

把式(9.8)代入式(9.9)，可以得到

$$y(t)-y(t-1)=-\frac{\beta\lambda}{b}y(t-1-d)-\beta\lambda x(t-1)+\beta\lambda x(t-1-d)+\eta(t)-\eta(t-1) \quad (9.10)$$

如果把干扰公式(4.16)代入式(9.10)，就可以把式(9.10)重新写成式(9.7)。

因此，根据 Box 对 ARMAX 模型的定义，带有时延和 EWMA 控制器的批次过程可以推导成一个带有漂移的 ARMAX 模型[130]。

9.2.3　参数重置递推增广最小二乘法

假设基于输入输出数据和白噪声 $\varepsilon(t)$ 的 ARMAX 模型可以表示如下：

$$\begin{aligned}y(t)-y(t-1)=&\phi_1 y(t-1-d)+\psi_1 x(t-1)+\psi_2 x(t-1-d)\\&+\delta+\varepsilon(t)+\theta_1\varepsilon(t-1)\end{aligned} \quad (9.11)$$

本章 ARMAX 模型的系数将被实时估计，它们可以表示为 $\pi_1(t)=[\phi_1(t),\psi_1(t),\psi_2(t),\delta(t),\theta_1(t)]$。比较式(9.7)和式(9.11)，可知 $\pi_1(t)$ 是 $\left[-\frac{\beta}{b}\lambda,-\beta\lambda,\beta\lambda,\delta,\theta\right]$ 的估计值，则可得到以下的公式：

$$\phi_1=-\frac{\beta}{b}\lambda,\ \psi_1=-\beta\lambda,\ \psi_2=\beta\lambda,\ \theta_1=\theta \quad (9.12)$$

为了实时估计 ARMAX 模型的系数 $\pi_1(t)$，需要一种在线参数辨识方法。RLS 方法被广泛地应用于模型参数的辨识，它是一种在线实时估计模型参数的方法，利用新的输入输出数据来不断地修正估计值，改善估计的精度。传统的带有遗忘

因子μ的RELS算法可以描述为

$$\hat{\pi}_1(t)=\hat{\pi}_1(t-1)+K(t)[y(t)-h^{\mathrm{T}}(t-1)\hat{\pi}_1(t-1)] \tag{9.13}$$

$$P(t)=\frac{1}{\mu}[I-K(t)h^{\mathrm{T}}(t-1)]P(t-1),\quad P(0)=\alpha I \tag{9.14}$$

$$K(t)=\frac{P(t-1)h(t-1)}{\mu+h^{\mathrm{T}}(t-1)P(t-1)h(t-1)} \tag{9.15}$$

式中，$K(t)$是维度为$p\times 1$的增益向量；$P(t)$为$p\times p$的矩阵，p为$\hat{\pi}_1(t)$中元素的个数；$h(t-1)=[y(t-1-d),x(t-1),\cdots,x(t-1-d),\hat{\varepsilon}(t-1)]^{\mathrm{T}}$，$\hat{\varepsilon}(t)$为$\varepsilon(t)$的估计值，可以由下式来计算：

$$\hat{\varepsilon}(t)=y(t)-\hat{y}(t)=y(t)-h^{\mathrm{T}}(t-1)\hat{\pi}(t) \tag{9.16}$$

研究结果表明，当ARMAX模型的系数发生突变时，协方差矩阵$P(t)$会很快减少为零矩阵，从而失去了对参数估计的修正能力。如果协方差矩阵$P(t)$失去了修正能力，则RELS算法的收敛速度将会很慢。而且当系数$\hat{\theta}(t)$发生突变时，白噪声的估计值$\hat{\varepsilon}(t)$也会发生突变，将会影响RELS算法对ARMAX模型辨识的精确性。为了解决这种系数突变的问题，本章提出的PRELS算法中定义了一个白噪声的估计范围υ，该范围由工厂操作人员进行设定。如果白噪声的估计值$|\hat{\varepsilon}(t)|>\upsilon$，就把协方差矩阵$P(t)$重置为$\alpha I$，$\hat{\varepsilon}(t)$重置为$\hat{\varepsilon}(t-1)$，这样就避免了ARMAX模型系数突变问题的发生。具体PRELS算法的操作步骤如下所示：

(1) 定义参数的初值：$\hat{\pi}_1(0), P(t), \varepsilon(t)=0$。

(2) 对当前系统的输出值$y(t)$进行采样。

(3) 构造$h(t-1)$，计算当前样本t的$K(t)$、$\hat{\pi}_1(t)$、$P(t)$。

(4) 根据式(9.16)计算噪声的估计值$\hat{\varepsilon}(t)$，并判断$|\hat{\varepsilon}(t)|$是否大于υ。如果$|\hat{\varepsilon}(t)|>\upsilon$，则$P(t)=\alpha \mathrm{I}$，$\hat{\varepsilon}(t)=\hat{\varepsilon}(t-1)$；如果$|\hat{\varepsilon}(t)|\leqslant\upsilon$，则继续执行步骤(5)。

(5) 令$t\to t+1$，返回步骤(2)。

9.2.4 基于DPCA的故障监测

在ARMAX模型的系数$\hat{\theta}(t)$上采用DPCA来进行故障检测。和一般的PCA不同，DPCA的数据矩阵包含一些历史数据的动态性[248]。在PRELS算法估计完系数$\theta_1(t)=[\phi_1(t),\psi_1(t),\psi_2(t),\delta(t),\rho_1(t)]$之后，对于系数$\pi_1(t)$将会得到$n$个辨识结果。根据DPCA数据矩阵的定义，带有$h$个延迟的系数矩阵$\Pi_1$可以表示为

$$
\begin{aligned}
\Pi_1(t)=&\left[\begin{matrix}
\phi_1(t) & \psi_1(t) & \psi_2(t) & \delta(t) & \theta_1(t) & \cdots \\
\phi_1(t-1) & \psi_1(t-1) & \psi_2(t-1) & \delta(t-1) & \theta_1(t-1) & \cdots \\
\vdots & \vdots & \vdots & \vdots & \vdots & \\
\phi_1(t-n+h) & \psi_1(t-n+h) & \psi_2(t-n+h) & \delta(t-n+h) & \theta_1(t-n+h) & \cdots
\end{matrix}\right. \\
&\qquad\left.\begin{matrix}
\phi_1(t-h) & \psi_2(t-h) & \psi_2(t-h) & \delta(t-h) & \theta_1(t-h) \\
\phi_1(t-h-1) & \psi_2(t-h-1) & \psi_2(t-h-n) & \delta(t-h-n) & \theta_1(t-h-n) \\
\vdots & \vdots & \vdots & \vdots & \vdots \\
\phi_1(t-n) & \psi_2(t-n) & \psi_2(t-n) & \delta(t-n) & \theta_1(t-n)
\end{matrix}\right]
\end{aligned} \tag{9.17}
$$

正常的系数矩阵 $\Pi_1 \in \mathbf{R}^{(n-h)\times 5h}$ 会被用来建立 DPCA 模型，故障检测将结合 T^2 统计图和 SPE 统计图进行。T^2 统计图用来监测变量在主元空间的变化，SPE 统计图用来监测样本向量在残差空间投影的变化。本章选择 h=1 来构造系数矩阵，即

$$
\begin{aligned}
\Pi_1(t)=&\left[\begin{matrix}
\phi_1(t) & \psi_1(t) & \psi_2(t) & \delta(t) & \rho_1(t) \\
\phi_1(t-1) & \psi_1(t-1) & \psi_2(t-1) & \delta(t-1) & \rho_1(t-1) \\
\vdots & \vdots & \vdots & \vdots & \vdots \\
\phi_1(t-n+1) & \psi_1(t-n+1) & \psi_2(t-n+1) & \delta(t-n+1) & \rho_1(t-n+1)
\end{matrix}\right. \\
&\qquad\left.\begin{matrix}
\phi_1(t-1) & \psi_1(t-1) & \psi_2(t-1) & \delta(t-1) & \rho_1(t-1) \\
\phi_1(t-2) & \psi_1(t-2) & \psi_2(t-2) & \delta(t-2) & \rho_1(t-2) \\
\vdots & \vdots & \vdots & \vdots & \vdots \\
\phi_1(t-n) & \psi_1(t-n) & \psi_2(t-n) & \delta(t-n) & \rho_1(t-n)
\end{matrix}\right]
\end{aligned} \tag{9.18}
$$

9.2.5 基于 IMX 的故障分离

用 DPCA 方法检测出故障后，可以利用影响矩阵把有故障的参数分离。假设物理参数和模型系数之间呈线性的关系，影响矩阵可以分离出反映在 ARMAX 模型系数的批次过程物理参数的变化。影响矩阵由多个影响向量组成，每个影响向量反映每个批次过程的物理参数对模型系数的影响[149]。

ARMAX 的系数 θ_1 中存在 3 个与故障相关的物理参数，即 β 、δ 和 θ 。模型系数向量为 $\pi_1(t)=[\phi_1(t),\psi_1(t),\psi_2(t),\delta(t),\theta_1(t)]$ ，可能产生故障的物理参数向量定义为 $\kappa=[\kappa_1=\beta,\kappa_2=\delta,\kappa_3=\theta]^{\mathrm{T}}$ 。模型系数向量 $\pi_1(t)$ 和物理参数向量 κ 的关系定义为 $\pi_1=f(\kappa)$ 。根据 9.2.2 节的描述，$\pi_1=[\phi_1=-\beta\lambda/b,\psi_1=-\beta\lambda,\psi_2=\beta\lambda,\delta,\theta_1=\theta]^{\mathrm{T}}$ 。令物理参数的正常向量为 $\kappa^{\mathrm{nom}}=[\kappa_1^{\mathrm{nom}}=\beta^{\mathrm{nom}},\kappa_2^{\mathrm{nom}}=\delta^{\mathrm{nom}},\kappa_3^{\mathrm{nom}}=\theta^{\mathrm{nom}}]^{\mathrm{T}}$ ，物理参

数的变化向量为 $\Delta\kappa=[\Delta\kappa_1=\Delta\beta,\Delta\kappa_2=\Delta\delta,\Delta\kappa_3=\Delta\theta]^{\mathrm{T}}$ 。假设批次过程产生的是单一故障，每个模型系数向量的元素和物理参数之间的关系都是线性的，可以得到模型系数向量 $\theta_1=f(\kappa^{\mathrm{nom}}+\Delta\kappa)$ 在每一个物理参数 κ_i 方向的泰勒展开式：

$$\pi_1=(\pi_1)^{\mathrm{nom}}+\left.\frac{\partial\pi_1}{\partial\kappa_i}\right|_{\kappa^{\mathrm{nom}}}\Delta\kappa_i \tag{9.19}$$

对于每个物理参数 κ_i ，相应的影响向量定义为

$$\Omega_i^{\mathrm{nom}}=\left.\frac{\partial\pi_1}{\partial\kappa_i}\right|_{\kappa=\kappa^{\mathrm{nom}}},\quad i=1,2,\cdots,q \tag{9.20}$$

式中，q是物理参数的个数，在这里 $q=3$ 。

影响矩阵是q个影响向量的组合：

$$\Omega=[\Omega_1\cdots\Omega_3]=\left[\frac{\partial\pi_1}{\partial\beta}\quad\frac{\partial\pi_1}{\partial\delta}\quad\frac{\partial\pi_1}{\partial\theta}\right]_{\kappa=\kappa^{\mathrm{nom}}} \tag{9.21}$$

式中，$\Omega_1=\left[-\frac{\lambda}{b},-\lambda,\lambda,0,0\right]^{\mathrm{T}}$ ；$\Omega_2=[0,0,0,1,0]$ ；$\Omega_3=[0,0,0,0,1]^{\mathrm{T}}$ 。可见，物理参数的变化 $\Delta\kappa_i$ 会引起模型系数向量的偏离 $\Delta\theta_1$ ，可以得到 $\Delta\theta_1=\Omega_i\Delta\kappa_i$ 。

物理参数的变化 $\Delta\kappa_i$ 可以由 LS 方法得到：

$$\Delta\kappa_i^*=(\Omega_i^{\mathrm{T}}\Omega_i)^{-1}\Omega_i^{\mathrm{T}}\Delta\theta_1=\frac{\Omega_i^{\mathrm{T}}\Delta\pi_1}{\|\Omega_i\|^2} \tag{9.22}$$

通过比较每一个物理参数的变化$|\Delta\kappa_i|$，根据变化最大的物理参数得到发生故障的参数，可分离出故障。

9.3　带有时延和 DEWMA 的过程监控

EWMA 控制器虽然简单，但是处理一些由设备老化造成的漂移和斜坡干扰的效果不佳。为了更加有效地处理漂移和斜坡干扰，可使用 DEWMA[12]。和 EWMA 控制器不同的是，DEWMA 控制器中多引入一个过滤项 $D(t)$，其输出可以表示为

$$x(t)=\frac{-a(t-1)-D(t-1)}{b} \tag{9.23}$$

$$a(t)=\lambda_1[y(t)-bx(t)]+(1-\lambda_1)a(t-1) \tag{9.24}$$

$$D(t)=\lambda_2[y(t)-bx(t)-a(t-1)]+(1-\lambda_2)D(t-1) \tag{9.25}$$

式中，b 为 β 的估计值；$a(t)+D(t)$ 为 $\alpha+\delta\mathrm{t}+\eta(t)$ 的无偏估计值；λ_1 和 λ_2 为 DEWMA 控制器的折扣因子，一般假设 $0\leqslant\lambda_1\leqslant 1$，$0\leqslant\lambda_2\leqslant 1$。

如果批次 t 的时延是 α，那么输出为 $y(t-d)$ 的值。DEWMA 算法中的 $a(t)$、$D(t)$ 表示为

$$a(t)=\lambda_1[y(t-d)-bx(t-d)]+(1-\lambda_1)a(t-1) \tag{9.26}$$

$$D(t)=\lambda_2[y(t-d)-bx(t-d)-a(t-1)]+(1-\lambda_2)D(t-1) \tag{9.27}$$

式中，$D(0)=0$。

定理 9.2　带有时延和 DEWMA 控制器的批次过程可以推导成一个 ARMAX 模型：

$$\begin{aligned}y(t)-2y(t-1)+y(t-2)=&-\frac{\beta(\lambda_1+\lambda_2)}{b}y(t-d-1)+\frac{\beta(\lambda_1+\lambda_2-\lambda_1\lambda_2)}{b}y(t-d-2)\\&-\beta(\lambda_1+\lambda_2)x(t-1)+\beta(\lambda_1+\lambda_2-\lambda_1\lambda_2)x(t-2)\\&+\beta(\lambda_1+\lambda_2)x(t-d-1)-\beta(\lambda_1+\lambda_2-\lambda_1\lambda_2)x(t-d-2)\\&+\varepsilon(t)-(1-\theta)\varepsilon(t-1)-\theta\varepsilon(t-2)\end{aligned} \tag{9.28}$$

证明　由式(9.1)、式(9.24)、式(9.27)和式(9.28)可以得到

$$\begin{aligned}x(t)-x(t-1)&=-\frac{a(t-1)-a(t-2)+D(t-1)-D(t-2)}{b}\\&=-\frac{(\lambda_1+\lambda_2)y(t-d-1)-b(\lambda_1+\lambda_2)x(t-d-1)}{b}\\&\quad-\frac{b(\lambda_1+\lambda_2)x(t-1)+\lambda_1 D(t-2)}{b}\end{aligned} \tag{9.29}$$

和

$$y(t)-y(t-1)=\beta[x(t)-x(t-1)]+\delta+\eta(t)-\eta(t-1) \tag{9.30}$$

把式(9.29)代入式(9.30)，可以得到

$$\begin{aligned}y(t)=&\left[1-\frac{\beta(\lambda_1+\lambda_2)}{b}\right]y(t-d-1)+\beta(\lambda_1+\lambda_2)x(t-d-1)\\&-\beta(\lambda_1+\lambda_2)x(t-1)-\frac{\beta\lambda_1}{b}D(t-2)+\delta+\eta(t)-\eta(t-1)\end{aligned} \tag{9.31}$$

输出可以表示为

$$\begin{aligned} y(t) &= 2y(t-1) - y(t-2) - \frac{\beta(\lambda_1+\lambda_2)}{b}y(t-d-1) + \frac{\beta(\lambda_1+\lambda_2)}{b}y(t-d-2) \\ &\quad + \beta(\lambda_1+\lambda_2)x(t-d-1) - \beta(\lambda_1+\lambda_2)x(t-d-2) - \beta(\lambda_1+\lambda_2)x(t-1) \\ &\quad + \beta(\lambda_1+\lambda_2)x(t-2) - \frac{\beta\lambda_1}{b}[D(t-2)-D(t-3)] \\ &\quad + \eta(t) - 2\eta(t-1) + \eta(t-2) \end{aligned} \tag{9.32}$$

由于

$$D(t-2) - D(t-3) = \lambda_2 y(t-d-2) - b\lambda_2 x(t-d-2) + b\lambda_2 x(t-2) \tag{9.33}$$

将式(9.33)代入式(9.32)，可以得到

$$\begin{aligned} y(t) &= 2y(t-1) - y(t-2) - \frac{\beta(\lambda_1+\lambda_2)}{b}y(t-d-1) + \frac{\beta(\lambda_1+\lambda_2-\lambda_1\lambda_2)}{b}y(t-d-2) \\ &\quad - \beta(\lambda_1+\lambda_2)x(t-1) + \beta(\lambda_1+\lambda_2-\lambda_1\lambda_2)x(t-2) + \beta(\lambda_1+\lambda_2)x(t-d-1) \\ &\quad - \beta(\lambda_1+\lambda_2-\lambda_1\lambda_2)x(t-d-2) + \eta(t) - 2\eta(t-1) + \eta(t-2) \end{aligned} \tag{9.34}$$

最后把式(4.16)代入式(9.34)得到式(9.28)。

因此，根据 Box 对 ARMAX 模型的定义，带有时延和 DEWMA 控制器的批次过程可以推导成一个 ARMAX 模型：

$$\begin{aligned} y(t) &= \phi_1 y(t-1-d) + \phi_2 y(t-2-d) + \psi_1 x(t-1) + \psi_2 x(t-2) \\ &\quad + \psi_3 x(t-1-d) + \psi_4 x(t-2-d) + \varepsilon(t) + \rho_1\varepsilon(t-1) + \rho_2\varepsilon(t-2) \end{aligned} \tag{9.35}$$

模型(9.35)的系数 $\pi_2(t) = [\phi_1(t), \phi_2(t), \psi_1(t), \psi_2(t), \psi_3(t), \psi_4(t), \theta_1(t), \theta_2(t)]$ 可以通过 9.2.3 节描述的 PRELS 算法得出，式(9.13)中，$h(t-1) = [y(t-1-d), y(t-2-d), x(t-1), x(t-2), x(t-1-d), x(t-2-d), \hat{\varepsilon}(t-1), \hat{\varepsilon}(t-2)]^{\mathrm{T}}$。

比较式(9.12)和式(9.35)，得到

$$\begin{aligned} \pi_2 = \Bigg[&-\frac{\beta(\lambda_1+\lambda_2)}{b}, \frac{\beta(\lambda_1+\lambda_2-\lambda_1\lambda_2)}{b}, \beta(\lambda_1+\lambda_2), -\beta(\lambda_1+\lambda_2-\lambda_1\lambda_2), \\ &-\beta(\lambda_1+\lambda_2), \beta(\lambda_1+\lambda_2-\lambda_1\lambda_2), -(1-\theta), -\theta \Bigg] \end{aligned} \tag{9.36}$$

本节利用DPCA算法监测带有时延d和DEWMA控制器的批次过程，具体方法见9.2.4节。此批次过程的ARMAX模型的系数向量$\pi_2(t)$有8个元素，可能产生故障的物理参数是$\kappa=[\kappa_1=\beta,\kappa_2=\theta]^{\mathrm{T}}$。假设物理参数的正常向量为$\kappa^{\mathrm{nom}}$，变化向量是$\Delta\kappa=[\Delta\kappa_1=\Delta\beta,\Delta\kappa_2=\Delta\theta]^{\mathrm{T}}$。

根据影响矩阵算法的式(9.19)～式(9.21)，可以得到影响矩阵的向量$\Omega_1=\left[-\frac{\lambda_1+\lambda_2}{b},\frac{\lambda_1+\lambda_2-\lambda_1\lambda_2}{b},(\lambda_1+\lambda_2),-(\lambda_1+\lambda_2-\lambda_1\lambda_2),-(\lambda_1+\lambda_2),(\lambda_1+\lambda_2-\lambda_1\lambda_2),0,0\right]$和$\Omega_2=[0,0,0,0,0,0,1,-1]$。根据式(9.22)，发生故障的参数$\kappa_i$可以由最大的$|\Delta\kappa_i|$决定。

本章提出的带有时延和批间控制器(EWMA/DEWMA)的批次过程的故障监测方法可以总结如下：

(1)批次过程被推导成一个如式(9.7)或者式(9.28)的ARMAX模型，根据式(9.12)或者式(9.36)得到ARMAX模型的系数和物理参数的关系式。

(2)用PRELS算法辨识ARMAX模型的系数。

(3)根据PRELS辨识的系数建立一个系数矩阵Π，用DPCA方法检测ARMAX模型的系数实现对过程故障的监测。

(4)根据模型系数和物理参数的关系$\pi=f(\kappa)$，根据式(9.23)，发生故障的参数κ_i可以有由最大的$|\Delta\kappa_i|$值决定。

9.4 仿真示例

本节通过一些批次过程的仿真示例来说明方法的有效性，所有仿真都是在MATLAB环境中进行的。

9.4.1 带有时延和EWMA的批次过程

考虑过程时延$d=3$，带有时延和EWMA控制器的ARMAX模型可以描述为

$$\begin{aligned}y(t)-y(t-1)&=\phi_1 y(t-4)+\psi_1 x(t-1)+\psi_2 x(t-4)\\&\quad+\delta+\varepsilon(t)+\theta_1\varepsilon(t-1)\end{aligned}\tag{9.37}$$

假设批次过程的参数为$a(0)$=2，b=3，α=2，β=2.5，λ=0.6，δ=1，σ_ε^2=0.01，$\theta=-0.5$，通过对批次过程数据的采样，采样时间为1s，得到300批次的数据。图9.1为批次过程的输入输出数据图，其中$x(t)$是过程的输入数据，$y(t)$是过程的输出数据。可以明显看到由于漂移的影响，输入数据$x(t)$是不平稳的。

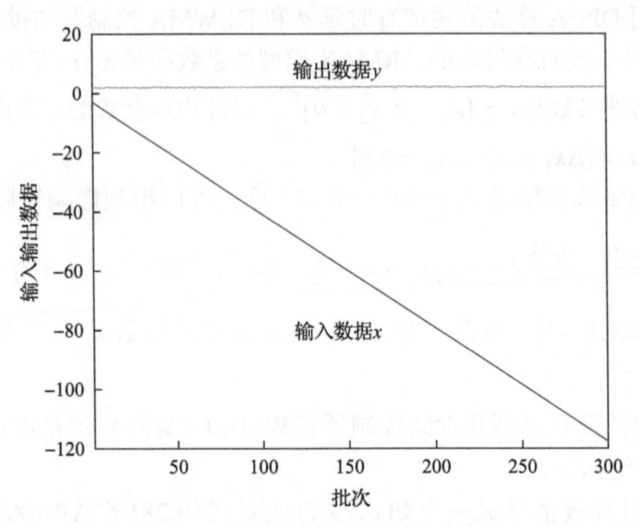

图 9.1　过程的输入输出(无故障)

图 9.2 显示了经过 PRELS 算法辨识的 ARMAX 模型的系数($\phi_1(t),\psi_1(t),\psi_2(t),\delta(t),\theta_1(t)$)的估计过程。可以看出，这 5 个系数都是平稳的时间序列。当系统运行到 100 次时，一个阶跃故障发生在系统的物理参数 $\beta(\beta\rightarrow\beta+1)$ 上，采样 300 批次的数据对 ARMAX 模型进行辨识，如图 9.3 所示，从中可以明显地看出 ARMAX

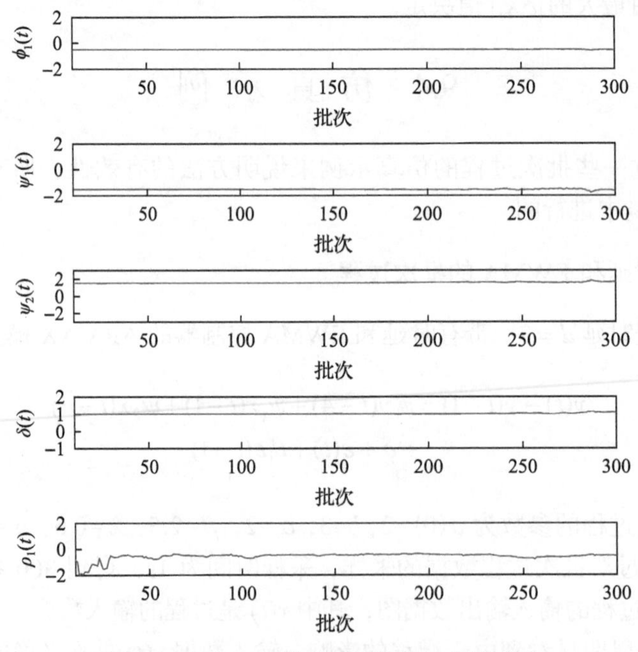

图 9.2　ARMAX 模型的系数估计(无故障)

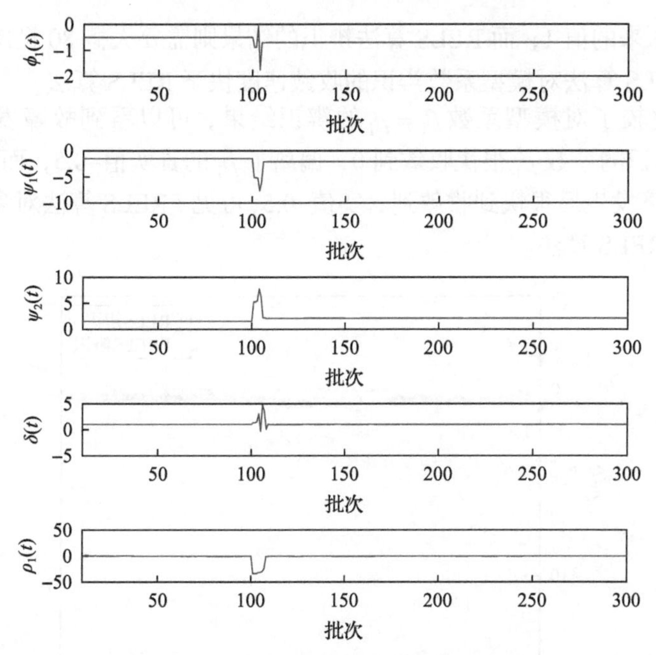

图 9.3　ARMAX 模型的系数估计(有故障)

模型的系数在故障发生后发生了改变，说明物理参数的改变会反映到时序模型 ARMAX 的系数上。

为了说明 PRELS 算法的有效性，图 9.4 比较了 RELS 方法和 PRELS 方法对模型系数 $\delta(t)$ 进行估计的收敛性和准确性。可以看到故障发生前二者辨识的结果一样，但在第 100 批次故障发生后，PRELS 算法的辨识结果在故障发生 8 批次后

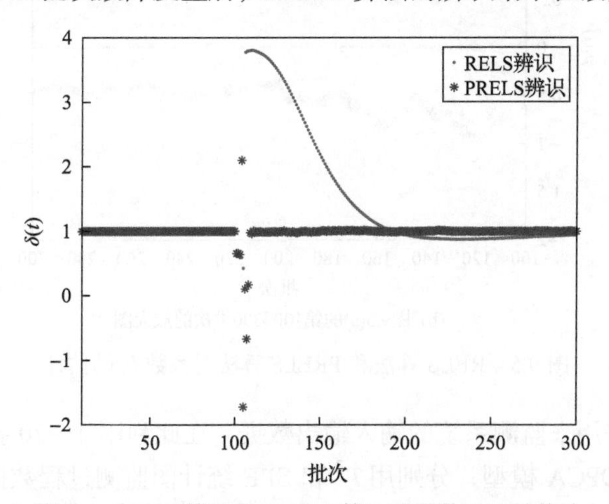

图 9.4　RELS 算法和 PRELS 算法对系数 $\delta(t)$ 的估计

很快收敛到原来的值 1，而 RELS 算法辨识的结果则需要大概 80 批次才能收敛到 1，可见 PRELS 算法对模型系数辨识的收敛速度快于 RELS 算法。

图 9.5 比较了对模型系数 $\theta_1 = \rho_1$ 的辨识结果，可以看到故障发生后，通过 RELS 算法辨识的系数 ρ_1 很快收敛到 0，偏离了 ρ_1 的真实值–0.5，而 PRELS 算法可使 ρ_1 在故障发生后很快到收敛到真实值–0.5，可见 PRELS 算法对参数辨识的准确性要优于 RELS 算法。

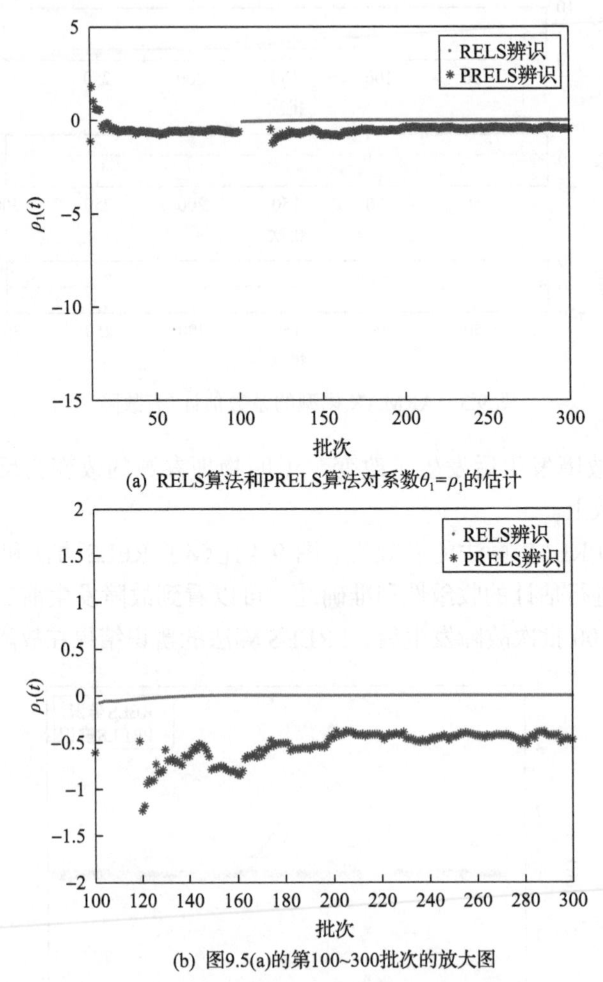

(a) RELS算法和PRELS算法对系数$\theta_1=\rho_1$的估计

(b) 图9.5(a)的第100~300批次的放大图

图 9.5 RELS 算法和 PRELS 算法对系数 θ_1 的估计

DPCA 方法用来监测系统的输入输出数据，在此利用 1～20 批次的正常输入输出数据建立 DPCA 模型，分别用 T^2 和 SPE 统计图监测过程数据的主元空间和残差空间是否发生故障。图 9.6 和图 9.7 分别为在输入输出数据上运用 DPCA 算法后 T^2 和 SPE 统计的监测图，可以看到监测图从 20 批次后的数据就开始报警，而故障是在 100 批次后才发生的。因此，不能直接用 DPCA 算法来监测带有漂移的批次过程的输入输出数据。

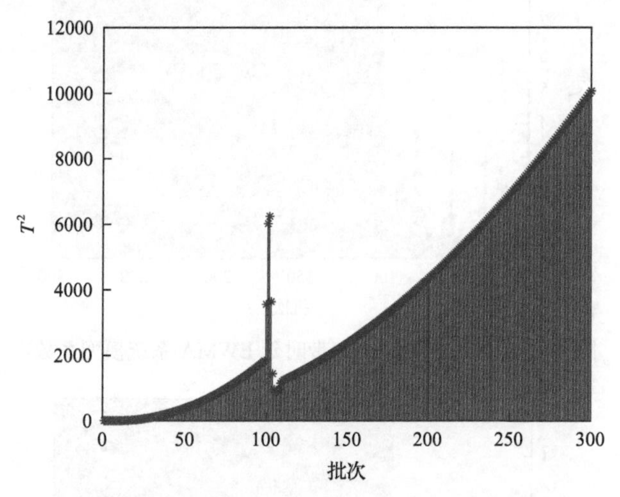

图 9.6　T^2 统计的监测图(EWMA 系统输入输出数据)

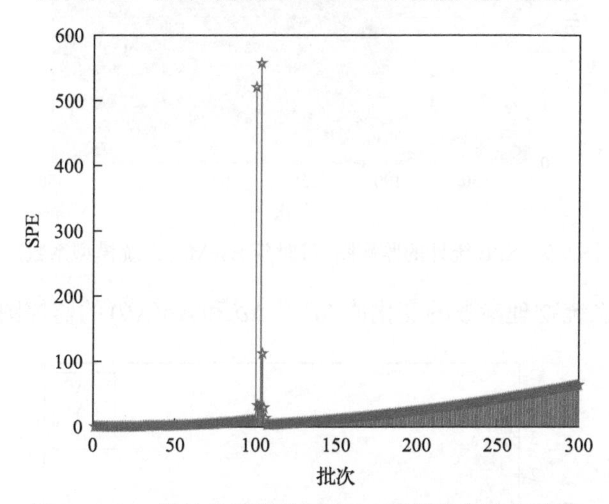

图 9.7　SPE 统计的监测图(EWMA 系统输入输出数据)

利用 DPCA 算法监测 ARMAX 的系数矩阵,可以得到矩阵的特征根 $\xi=[5.8171, 2.0153, 0.9175, 0.5306, 0.4959, 0.1552, 0.0520, 0.0164, 0.0001, 0.0000]$ 。因为前 4 个主元的贡献率超过了 90%，所以选择主元的个数为 4。图 9.8 和图 9.9 分别为在模型参数上运用 DPCA 算法后 T^2 和 SPE 统计的监测图，可以看出 T^2 和 SPE 统计值在第 100 批次时都超过了控制限,因此阶跃故障 $\beta \to \beta+1$ 在第 100 批次时被检测出来。

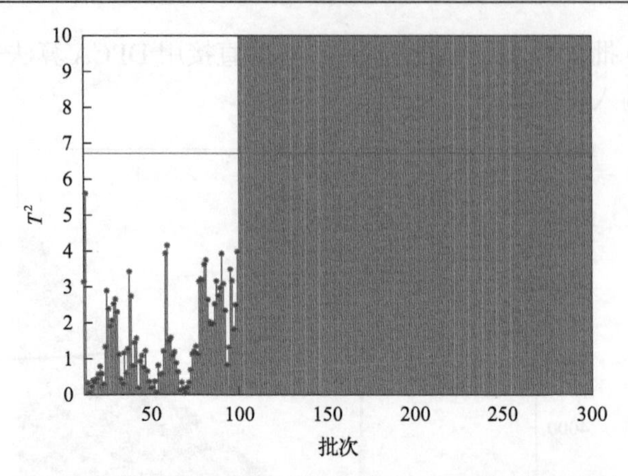

图 9.8　T^2 统计的监测图(带时延 EWMA 系统模型系数)

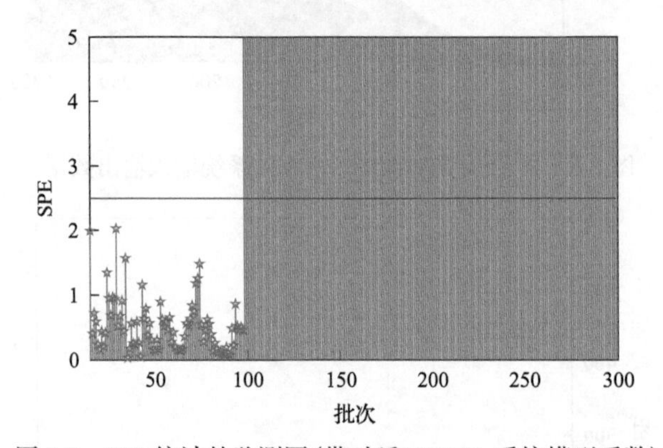

图 9.9　SPE 统计的监测图(带时延 EWMA 系统模型系数)

图 9.10 为系统物理参数的变化值 $\Delta\beta$ 、$\Delta\delta$ 和 $\Delta\rho(\Delta\theta)$ 的监控图。可以看出故

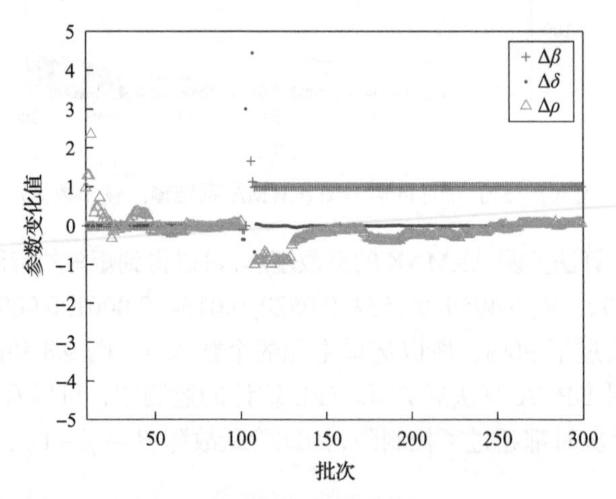

图 9.10　基于 IMX 的故障分离(参数 $\Delta\beta$ 、$\Delta\delta$ 和 $\Delta\rho$)

障发生后，$\Delta\beta$ 值大于另外两个参数。根据影响矩阵的定义，故障参数 κ_i 可以由最大的 $|\Delta\kappa_i|$ 值决定，因此可知故障在第 100 批次时发生在物理参数 β 上。

9.4.2　带有时延和 DEWMA 的批次过程

考虑时延 $d=2$，带有时延和 DEWMA 的批次过程可以描述为

$$\begin{aligned} y(t)-2y(t-1)+y(\mathrm{t}-2)= & -\frac{\beta(\lambda_1+\lambda_2)}{b}y(t-3)+\frac{\beta(\lambda_1+\lambda_2-\lambda_1\lambda_2)}{b}y(t-4) \\ & -\beta(\lambda_1+\lambda_2)x(t-1)+\beta(\lambda_1+\lambda_2-\lambda_1\lambda_2)x(t-2) \\ & +\beta(\lambda_1+\lambda_2)x(t-3)-\beta(\lambda_1+\lambda_2-\lambda_1\lambda_2)x(t-4) \\ & +\varepsilon(t)-(1-\rho)\varepsilon(t-1)-\rho\varepsilon(t-2) \end{aligned} \tag{9.38}$$

DEWMA 控制器的折扣因子设定为 $\lambda_1=0.5$，$\lambda_2=0.1$，其他系统参数和 9.5.1 节定义的参数一样。考虑系统运行到第 100 批次时，一个阶跃故障发生在系统参数 β（$\beta\to\beta-1$）上。通过对半导体批次过程数据的采样(采样时间为 1s)，得到 200 批次的数据。图 9.11 说明了 PRELS 算法对 ARMAX 模型的系数 $\pi_2(t)=[\phi_1(t),\phi_2(t),\psi_1(t),\psi_2(t),\psi_3(t),\psi_4(t),\rho_1(t),\rho_2(t)]$ 的辨识过程。可以看出 ARMAX 模型的系数在故障发生后有明显的变化，说明系统参数故障可以反应到模型系数上。

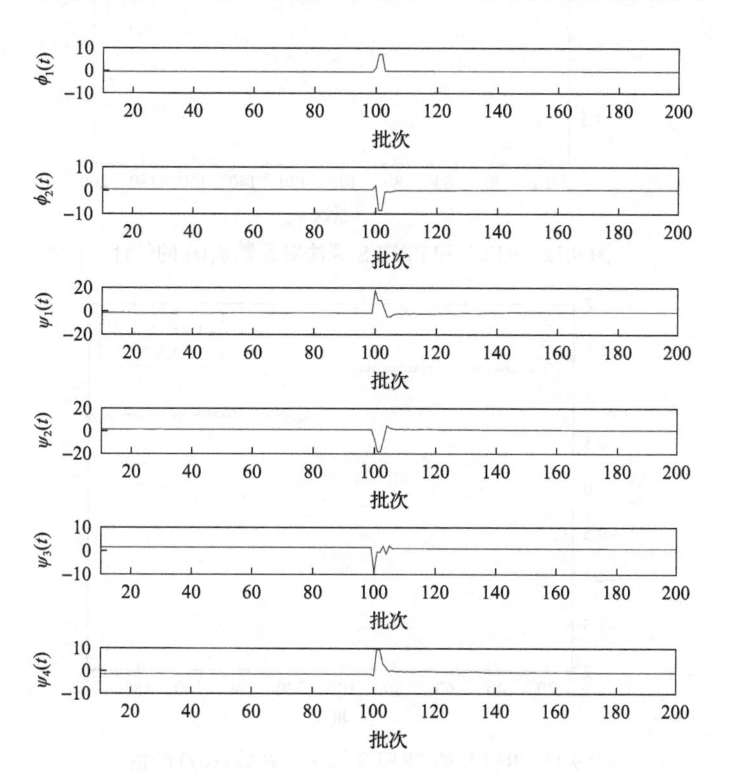

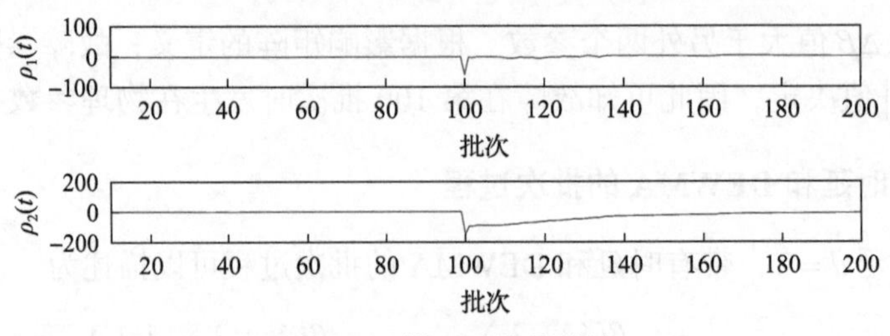

图 9.11　模型系数的估计

图 9.12 和图 9.13 比较了 RELS 算法和 PRELS 算法的收敛速度和准确性。从图 9.12 可以看出，故障发生后，PRELS 算法对系数 $\phi_2 = -\dfrac{\beta(\lambda+1+\lambda_2-\lambda_1\lambda_2)}{b}$ 的估计经过 5 批次之后就收敛到了真实值 0.275，而 RLES 算法则收敛到 0.57。从

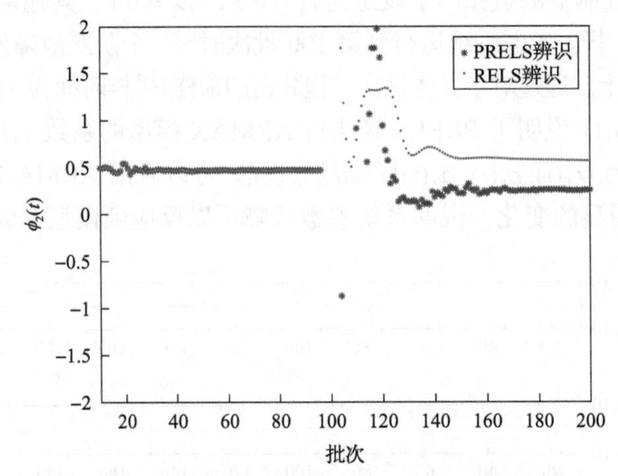

图 9.12　RELS 和 PRELS 算法对系数 $\phi_2(t)$ 的估计

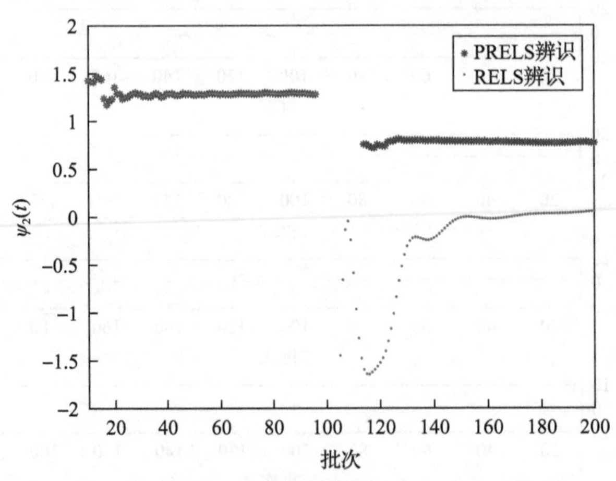

图 9.13　RELS 和 PRELS 算法对系数 $\psi_2(t)$ 的估计

图 9.13 可以看出，RELS 算法对系数 $\psi_2(t)$ 的估计在故障发生后收敛到 0，偏离了它的真实值 0.825，而 PRELS 算法使 $\psi_2(t)$ 收敛到其真实值 0.825。仿真结果同样说明 PRELS 算法比 RELS 算法有更好的收敛速度和精确性。利用 DPCA 方法监测图 9.12 估计的模型系数，可以得到系数矩阵的特征根为 $\xi=[7.5914, 3.1375, 2.7359, 0.8874, 0.5201, 0.4047, 0.2545, 0.1974, 0.1525, 0.0846, 0.0336, 0.0003, 0.0000, 0.0000, 0.0000, 0.0000]$。因为前 5 个主元的贡献率超过了 90%，所以选择主元个数选择为 5 个。

在模型系数上运用 DPCA 算法，得到的 T^2 统计图和 SPE 统计的监测图分别如图 9.14 和图 9.15 所示，可以看到 T^2 统计值和 SPE 统计值在第 100 批次都超过了控制限，这说明故障发生在第 100 批次。图 9.16 比较了物理参数 $\Delta\beta$ 和 $\Delta\rho(\Delta\theta)$ 在故障发生后的变化，可以看出 $\Delta\beta$ 的变化大于 $\Delta\rho$ 的变化。根据 IMX 方法对故障

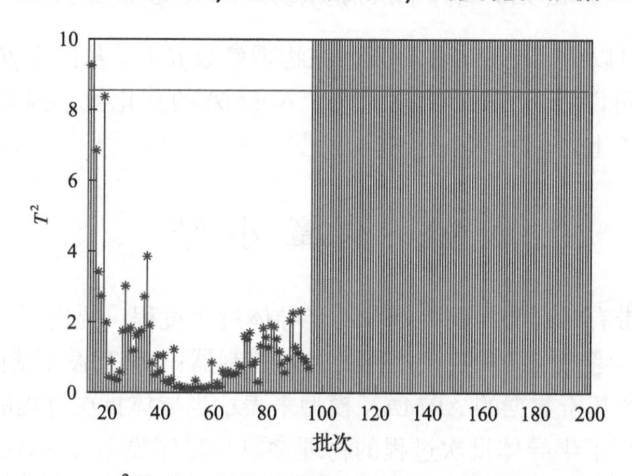

图 9.14　T^2 统计的监测图(带时延 DEWMA 系统模型系数)

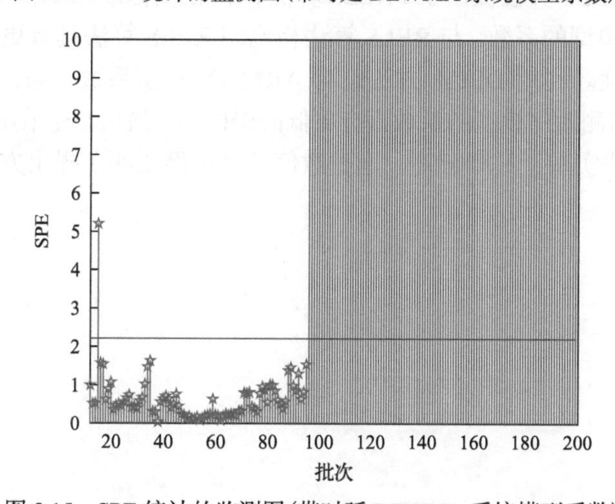

图 9.15　SPE 统计的监测图(带时延 DEWMA 系统模型系数)

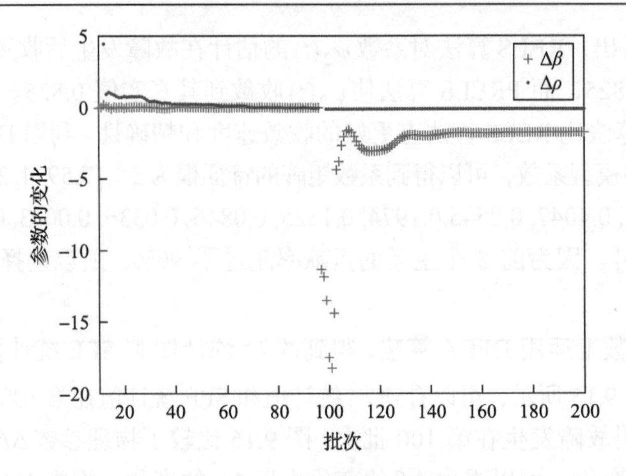

图 9.16　基于 IMX 的故障分离(参数 $\Delta\beta$ 和 $\Delta\rho$)

参数的定义，可以得出结论：故障发生在物理参数 β 上。从图中 β 和 ρ 在故障发生后的变化，可以看出 $\Delta\beta$ 的变化值大于 $\Delta\rho(\Delta\theta)$ 的变化值。因此，可知故障发生在物理参数 β 上。

9.5　本章小结

本章针对带有时延和批间控制器的半导体批次过程，提出了一种基于数据的故障监测方法。考虑了两种广泛应用的批间控制器：EWMA 控制器和 DEWMA 控制器，用一种基于数据的 ARMAX 模型来表示半导体批次过程的数学模型，进一步推导和分析了半导体批次过程的物理参数与时序模型 ARMAX 的系数的关系。通过改进 RELS 算法提出了 PRELS 算法，采用采集的输入输出数据来实时地估计 ARMAX 模型的系数。与 RELS 算法相比，PRELS 算法具有更快的收敛速度和更高的精确性。利用 DPCA 方法监测 ARMAX 模型系数，与监测过程输入输出数据相比，监测时序模型的系数具有更低的误检率。最后，还采用基于最小二乘的影响矩阵方法实现了故障分离。通过数值仿真示例说明了提出方法的有效性。

第 10 章　二维动态批次过程的建模和过程监控

10.1　引　　言

批次生产过程是半导体制造、精细化工、生物制药等高附加值产品的主要生产方式。在批次过程中，批次之间以及一个批次的时间点之间的变量都具有很强的自相关性。因此，批次过程的动态性不仅存在于批次与批次之间，还存在于一个批次的时间点之间。这种自相关性可以称作二维(two-dimensional，2D)动态性，这里的二维是指时间轴和批次轴。大部分的批次过程都存在二维动态性。为了更好地保证批次过程的安全性，可以用 SPC 技术监测批次过程的二维动态性。

二维动态批次过程可以表示成一个二维的时间序列模型。Yao 等[249,250]把二维动态批次过程表示为一个 2D-AR 模型。本章考虑了干扰对批次过程的影响，认为二维动态批次过程可以表示为一个 2D-ARMA 模型，并把带有迭代学习控制器的批次过程推导成一个 2D-ARMA 模型。

近几年，很多学者开始研究二维动态批次过程的辨识。Aksasse 等[251]提出了二维 AIC 准则用来辨识二维自回归模型。Yao 等[252,253]提出了基于 SWR 的支持区间自动测定的方法用来辨识二维自回归模型，获得较好的辨识结果。可以自动选取回归模型变量的 LASSO 方法越来越受到学者的欢迎[254,255]。Yoon 等[256]考虑了 LASSO 方法的不稳定性，利用自适应 LASSO 方法来辨识系统的 ARMA 模型。目前自适应 LASSO 方法只被用于一维模型的辨识，本章把自适应 LASSO 的思想扩展到二维批次过程。仿真结果显示，自适应 LASSO 方法对模型结构的辨识优于其他的二维模型辨识方法。

SPC 技术经常用来在线监测工业过程的异常，从而保障工业过程的安全性。近几年很多学者开始研究二维动态批次过程的故障监测。Ge 等[257]提出用二维动态主成分分析(two-dimensional dynamic PCA，2D-DPCA)模型来表示二维动态性，并结合主元分析、支持向量机等方法来监测批次过程。

另外，保证批次过程的稳定性是生产高附加值产品时主要考虑的因素之一。Siljak[258]、Jury[259]和 Kanellakis 等[260]提出了基于 Schwarz 形式和内部矩阵的二维系统稳定性测试方法。本章在其基础上提出了二维批次过程的稳定性指标。稳定性指标分为批次时间方向上的稳定性和批次方向上的稳定性。这些稳定性指标是根据 2D-ARMA 模型的系数得来的。利用自适应 LASSO 方法辨识出系统的 2D-ARMA

模型后，就可以根据模型的系数计算稳定性指标，再利用统计过程控制来监测这些指标。

10.2　基于自适应 LASSO 的 2D-ARMA 模型辨识

考虑噪声的影响，半导体制程，也就是一个单变量的二维动态批次过程可以表示为如下的 2D-ARMA 模型：

$$y(i,k)=\underbrace{\sum_{m=0}^{M}\sum_{n=0}^{N}}_{m,n\neq 0,0}a_{mn}y(i-m,k-n)+\underbrace{\sum_{p=0}^{P}\sum_{q=0}^{Q}}_{p,q\neq 0,0}b_{pq}\varepsilon(i-p,k-q)+\varepsilon(i,k)\tag{10.1}$$

式中，i 表示每个批次的时间轴，k 表示批次轴；a_{mn} 为 2D-ARMA 模型 AR 部分的系数，b_{mn} 为 2D-ARMA 模型移动平均部分的系数；$\varepsilon(i,k)$ 为一个服从正态分布 $N(0,\sigma^2)$ 的二维白噪声序列；M 、N 和 P 、Q 分别为 2D-ARMA 模型 AR 部分和 MA 部分的二维阶次。

为了估计白噪声 $\varepsilon(i,k)$ 的值，采用一个二维长 AR 模型来表示系统的输出：

$$y(i,k)=\underbrace{\sum_{m'=0}^{M'}\sum_{n'=0}^{N'}}_{m',n'\neq 0,0}c_{m'n'}y(i-m,k-n)+\hat{\varepsilon}(i,k)\tag{10.2}$$

式中，$M',N'\gg M,N$；二维长 AR 模型的系数 $c_{m'n'}$ 和 $\hat{\varepsilon}(i,k)$ 可以通过线性回归获得。

对于当前批次 k，利用前 K 批次的数据来进行二维模型的辨识。利用自适应 LASSO 方法对模型系数 a_{mn} 和 b_{pq} 进行辨识：

$$\hat{\beta}(k)=\arg\min_{\beta}\left\{\|Y(k)-X(k)\beta\|_{L_2}+\lambda\sum_{j=1}^{S}\hat{w}_j\left|\beta_j\right|\right\}\tag{10.3}$$

式中，$\hat{w}_j=\left|\tilde{\beta}_j\right|^{-\gamma}$ 为惩罚项的权重；$\tilde{\beta}_j$ 为模型系数 β_j 的最初估计，可以通过 LS 方法或者 LASSO 方法获得；γ 为已知的非负参数，通常取 $\gamma=1$ 或者 $\gamma=2$；S 为模型系数的个数，$S=(M+1)(N+1)+(P+1)(Q+1)-2$；$\lambda$ 为一个调节参数，用来控制惩罚项 $\sum_{j=1}^{S}\hat{w}_j\left|\beta_j\right|$ 的惩罚度。当 $\lambda\to\infty$ 时，模型的回归系数将会收缩，一些无关的系数项将会收缩到 0。λ 的最优值可以通过 AIC 准则或者 BIC 准则来选取[261]。

式(10.4)中的$Y(k)$是一个维度为$(K+1)L\times 1$的向量：

$$Y(k)=\left[y(i,k),y(i,k-1),\cdots,y(i,k-K)\right]^{\mathrm{T}},\quad i=1,2,\cdots,L \tag{10.4}$$

回归矩阵$X(k)$是一个$(K+1)L\times S$的矩阵：

$$X(k)=\left[x(i,k),x(i,k-1),\cdots,x(i,k-K)\right]^{\mathrm{T}},\quad i=1,2,\cdots,L \tag{10.5}$$

式中，$x(i,k)$是一个包含二维输出值和估计噪声的维度为$S\times 1$的向量：

$$x(i,k)=\Big[\underbrace{y(i-m,k-n)}_{\substack{m=0,1,\cdots,M;n=0,1,\cdots,N\\ m,n\neq 0}},\underbrace{\hat{\varepsilon}(i-p,k-q)}_{\substack{p=0,1,\cdots,P;q=0,1,\cdots,Q\\ p,q\neq 0}}\Big]^{\mathrm{T}} \tag{10.6}$$

此外，还有如下定义：

$$\begin{aligned} &i-m\leqslant 0\text{ 或 }k-n\leqslant 0\Rightarrow y(i-m,k-n)=0\\ &i-p\leqslant 0\text{ 或 }k-q\leqslant 0\Rightarrow \hat{\varepsilon}(i-p,k-q)=0 \end{aligned} \tag{10.7}$$

系数向量β是一个维度为$S\times 1$的向量：

$$\beta=\Big[\underbrace{a_{m,n}}_{\substack{m=0,1,\cdots,M;n=0,1,\cdots,N\\ m,n\neq 0}},\underbrace{b_{p,q}}_{\substack{p=0,1,\cdots,P;q=0,1,\cdots,Q\\ p,q\neq 0}}\Big]^{\mathrm{T}} \tag{10.8}$$

基于自适应 LASSO 的 2D-ARMA 模型辨识方法总结如下：

(1) 估计二维白噪声$\varepsilon(i,k)$的值：根据二维长 AR 模型(10.2)，$\varepsilon(i,k)$的估计值可表示为

$$\hat{\varepsilon}(i,k)=y(i,k)-\underbrace{\sum_{m'=0}^{M'}\sum_{n'=0}^{N'}}_{m',n'\neq 0,0}c_{m'n'}y(i-m,k-n) \tag{10.9}$$

(2) 根据估计的白噪声和系统输出值建立回归矩阵$X(k)$，利用自适应 LASSO 算子(10.3)确定系统的 2D-ARMA 模型。

10.3　二维动态批次过程的稳定性分析

10.3.1　2D-ARMA 模型的稳定性分析

一个 2D-ARMA 模型可以表示为一个传递函数如式(10.10)所示的离散系统：

$$H\left(z_1^{-1},z_2^{-1}\right)=\frac{B\left(z_1^{-1},z_2^{-1}\right)}{A\left(z_1^{-1},z_2^{-1}\right)}=\frac{\sum_{p=0}^{P}\sum_{q=0}^{Q}b_{pq}z_1^{-p}z_2^{-q}}{\sum_{m=0}^{M}\sum_{n=0}^{N}a_{mn}z_1^{-m}z_2^{-n}} \tag{10.10}$$

式中，z_1^{-1}为二维系统时间轴i的后移算子（$z_1^{-1}y(i,k)=y(i-1,k)$）；z_2^{-1}为二维系统批次轴k的后移算子（$z_2^{-1}y(i,k)=y(i,k-1)$）。

根据有界输入-有界输出(Bounded input bounded output, BIBO)的稳定性定义，若系统具有 BIBO 稳定性，则针对每一个有界的输入，系统的输出也都会有界，不会发散到无限大。考虑到一维系统的稳定性条件是$A\left(z_1^{-1},0\right)$的所有零点不超过单位圆，那么二维动态批次过程(10.10)的稳定性条件可定义为[258]

$$\begin{aligned}&A\left(z_1^{-1},0\right)\neq 0,\quad \left|z_1^{-1}\right|\leqslant 1\\&A\left(z_1^{-1},z_2^{-1}\right)\neq 0,\quad \left|z_1^{-1}\right|=1,\left|z_2^{-1}\right|\leqslant 1\end{aligned} \tag{10.11}$$

Jury[259]提出了基于矩阵$\varDelta_{2m}$的一维系统的稳定性判定方法，具体内容如下。

引理 10.1[259]　令$A(z_1^{-1})=a_0+a_1z_1^{-1}+a_2z_1^{-2}+\cdots+a_mz_1^{-m}$，则满足$A(z_1^{-1})=0$的所有根均在单位圆内的充分必要条件为矩阵$\varDelta_{2m}$是内部正的。

令$\bar{a}_0$为a_0的复数共轭，构造矩阵$\varDelta_{2m}$。所谓内部矩阵正是指矩阵$\varDelta_{2m}$中的子矩阵$\varDelta_2,\varDelta_4,\cdots,\varDelta_{2(m-1)}$以及$\varDelta_{2m}$的行列式都大于0。

$$\varDelta_{2m}=\begin{bmatrix}a_m & a_{m-1} & \cdots & a_2 & a_1 & 0 & 0 & \cdots & 0 & a_0\\ 0 & a_m & \cdots & a_3 & a_2 & 0 & 0 & \cdots & a_0 & a_1\\ \vdots & \vdots & \ddots & \vdots & \vdots & \vdots & \vdots & \iddots & \vdots & \vdots\\ 0 & 0 & \cdots & a_m & a_{m-1} & 0 & a_0 & \cdots & \vdots & \vdots\\ 0 & 0 & \cdots & 0 & a_m & a_0 & a_1 & \cdots & \vdots & \vdots\\ 0 & 0 & \cdots & 0 & \bar{a}_0 & \bar{a}_m & \bar{a}_{m-1} & \cdots & \vdots & \vdots\\ 0 & 0 & \cdots & \bar{a}_0 & \bar{a}_1 & 0 & \bar{a}_m & \cdots & \vdots & \vdots\\ \vdots & \vdots & \iddots & \vdots & \vdots & \vdots & \vdots & \ddots & \vdots & \vdots\\ 0 & \bar{a}_0 & \cdots & \cdots & \bar{a}_{m-2} & 0 & 0 & \cdots & \bar{a}_m & \bar{a}_{m-1}\\ \bar{a}_0 & \bar{a}_1 & \cdots & \cdots & \bar{a}_{m-1} & 0 & 0 & \cdots & 0 & \bar{a}_m\end{bmatrix} \tag{10.12}$$

$$\varDelta_2=\begin{bmatrix} a_m & a_0 \\ \bar{a}_0 & \bar{a}_m \end{bmatrix},\ \varDelta_4=\begin{bmatrix} a_m & a_{m-1} & 0 & a_0 \\ 0 & a_m & a_0 & a_1 \\ & \bar{a}_0 & \bar{a}_m & \bar{a}_{m-1} \\ \bar{a}_0 & \bar{a}_1 & 0 & \bar{a}_m \end{bmatrix},\cdots$$

如果把带有 z_1^{-1} 的多项式当作传递函数(10.10)中分母 $A\left(z_1^{-1},z_2^{-1}\right)$ 的系数，那么 $A\left(z_1^{-1},z_2^{-1}\right)$ 可以表示为 z_2^{-1} 的多项式：

$$A\left(z_1^{-1},z_2^{-1}\right)=\sum_{n=0}^{N} d_{N-n}\left(z_1^{-1}\right) z_2^{-n} \tag{10.13}$$

其中

$$d_{N-n}\left(z_1^{-1}\right)=\sum_{m=0}^{M} a_{mn} z_1^{-m} \tag{10.14}$$

把 Jury 的思想扩展到二维系统，令 $\bar{d}_{N-n}$ 表示 d_{N-n} 的复数共轭，可以构造矩阵 $\varDelta\left(z_1^{-1}\right)$。Siljak[258]和 Jury[259]指出矩阵 $\varDelta\left(z_1^{-1}\right)$ 内部正必须满足两个条件，一个是在某一点 $z_1^{-1}=1$ 时，$\varDelta(1)$ 是内部正的；另一个是对于满足 $\left|z_1^{-1}\right|=1$ 的所有点，$\varDelta\left(z_1^{-1}\right)$ 的行列式值都是大于 0 的。

$$\varDelta\left(z_1^{-1}\right)=\begin{bmatrix}
d_N\left(z_1^{-1}\right) & d_{N-1}\left(z_1^{-1}\right) & \cdots & d_2\left(z_1^{-1}\right) & d_1\left(z_1^{-1}\right) & 0 & 0 & \cdots & 0 & d_0\left(z_1^{-1}\right) \\
0 & d_N\left(z_1^{-1}\right) & \cdots & d_3\left(z_1^{-1}\right) & d_2\left(z_1^{-1}\right) & 0 & 0 & \cdots & d_0\left(z_1^{-1}\right) & d_1\left(z_1^{-1}\right) \\
\vdots & \vdots & & \vdots & \vdots & \vdots & \vdots & & \vdots & \vdots \\
0 & 0 & \cdots & d_N\left(z_1^{-1}\right) & d_{N-1}\left(z_1^{-1}\right) & 0 & d_0\left(z_1^{-1}\right) & \cdots & \vdots & \vdots \\
0 & 0 & \cdots & 0 & d_N\left(z_1^{-1}\right) & d_0\left(z_1^{-1}\right) & 0 & \cdots & \vdots & \vdots \\
0 & 0 & \cdots & 0 & \bar{d}_0\left(z_1^{-1}\right) & \bar{d}_N\left(z_1^{-1}\right) & 0 & \cdots & \vdots & \vdots \\
0 & 0 & \cdots & \bar{d}_0\left(z_1^{-1}\right) & \bar{d}_1\left(z_1^{-1}\right) & 0 & \bar{d}_N\left(z_1^{-1}\right) & \cdots & \vdots & \vdots \\
\vdots & \vdots & & \vdots & \vdots & \vdots & \vdots & & \vdots & \vdots \\
0 & \bar{d}_0\left(z_1^{-1}\right) & \cdots & \bar{d}_{N-3}\left(z_1^{-1}\right) & \bar{d}_{N-2}\left(z_1^{-1}\right) & 0 & 0 & \cdots & \bar{d}_N\left(z_1^{-1}\right) & \bar{d}_{N-1}\left(z_1^{-1}\right) \\
\bar{d}_0\left(z_1^{-1}\right) & \bar{d}_1\left(z_1^{-1}\right) & \cdots & \bar{d}_{N-2}\left(z_1^{-1}\right) & \bar{d}_{N-1}\left(z_1^{-1}\right) & 0 & 0 & & 0 & \bar{d}_N\left(z_1^{-1}\right)
\end{bmatrix} \tag{10.15}$$

根据 Siljak[258]、Jury[259]和 Kanellaki 等[260]对二维系统稳定性的定义，对于 $\forall z_1$，$\left|z_1^{-1}\right|=1$，本章提出了二维动态批次过程的稳定性指标：

(1) $R_1=A\left(z_1^{-1},0\right)=0$ 的最大根 $\leqslant 1$；

(2) $R_2=\varDelta\left(z_1^{-1}\right)$ 的最小行列式值 >0。

指标 R_1 表示每个批次在时间轴上的稳定性，如果 $R_1>1$，就说明各批次在时间轴上是不稳定的，整个系统也是不稳定的。指标 R_2 表示在 R_1 稳定的情况下批次轴上的稳定性，也就是说，只有在指标(1)满足的情况下才考虑指标(2)。

10.3.2　基于迭代学习控制的批次过程稳定性分析

批次过程的控制器设计和连续过程的控制器设计是不同的。当过程是连续操作时，有很多方法可以确保闭环反馈控制回路的稳定。而批次过程动态性的存在，连续的常规反馈控制器设计可能无法保证在有限的时间内生产出合格的高附加值产品。

近几年来，基于迭代学习控制(ILC)的控制器设计越来越广泛地应用于批次过程[262]。ILC 是一种能够在重复执行相同的操作时改善系统跟踪性能的方法。其批处理操作通过从过去批次提取有效信息来处理新批次的运行，从而提高产品质量。基于 ILC 的批次控制不但利用反馈控制器保证系统在每一批次运行的稳定性，而且利用前馈控制器不断地改善系统的跟踪性能。

考虑一个 SISO 系统在有限的时间内重复地执行一个给定的任务。每执行一次，称为一个批次的运行。批次过程的反馈控制结构如图 10.1 所示。

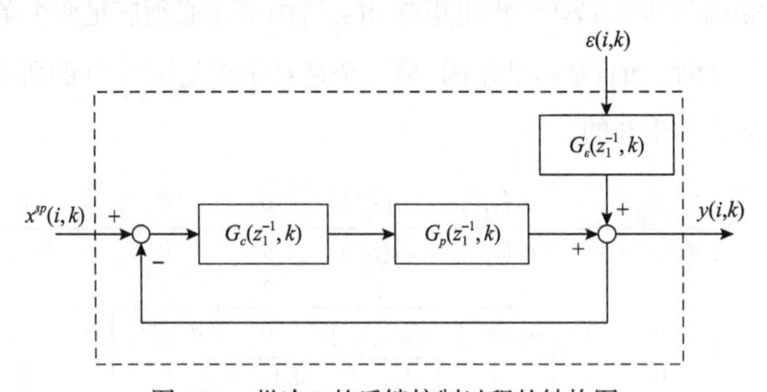

图 10.1　批次 k 的反馈控制过程的结构图

可以描述为

$$y(i,k)=G_p(z_1^{-1},k)u(i,k)+G_\varepsilon(z_1^{-1},k)\varepsilon(i,k),\quad i=1,2,\cdots,t;k=1,2,\cdots \tag{10.16}$$

式中，t 是每一批次的运行时间；$y(i,k)$ 是系统运行到第 k 批次在时间点 i 的输出，它可以表示为控制器输入 $u(i,k)$ 和白噪声 $\varepsilon(i,k)$ 的组合函数；$G_p(z_1^{-1},k)$ 和 $G_\varepsilon(z_1^{-1},k)$ 分别为系统的过程传递函数和干扰传递函数。

控制器的输出可以表示为

$$u(i,k)=G_c(z_1^{-1},k)(x^{sp}(i,k)-y(i,k)) \tag{10.17}$$

式中，$G_c(z_1^{-1},k)$ 为控制器的传递函数。将式(10.17)代入式(10.16)，系统的闭环输出可以表示为

$$y(i,k)=\frac{G_p(z_1^{-1},k)G_c(z_1^{-1},k)}{1+G_p(z_1^{-1},k)G_c(z_1^{-1},k)}x^{sp}(i,k)+\frac{G_\varepsilon(z_1^{-1},k)}{1+G_p(z_1^{-1},k)G_c(z_1^{-1},k)}\varepsilon(i,k) \tag{10.18}$$

ILC 控制器通过控制输入信号 $x^{sp}(i,k)$ 的改变来影响系统的输出响应 $y(i,k)$，具体的控制过程如图 10.2 所示。

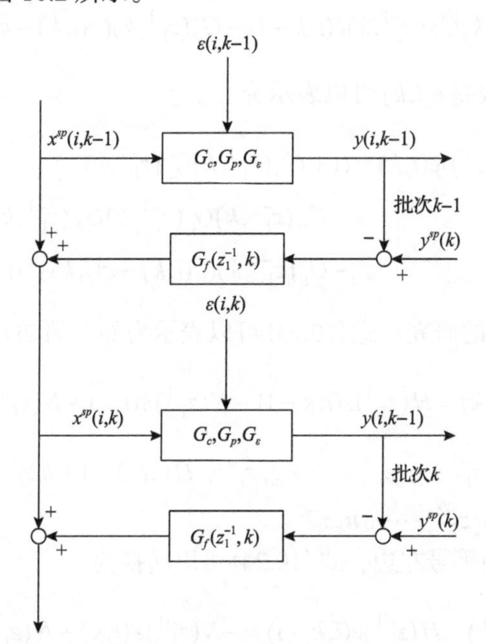

图 10.2　带有反馈、前馈控制器的 ILC 控制过程

ILC 的更新法则为

$$x^{sp}(i,k)=x^{sp}(i,k-1)+(y^{sp}(k)-y(i,k-1))G_f(z_1^{-1},k) \tag{10.19}$$

式中，$G_f(z_1^{-1},k)$ 为前馈控制器，它通过调节输出误差 $e(i,k-1)=y^{sp}(i)-y(i,k-1)$ 来更新第 k 批次的输入信号 $x^{sp}(i,k)$，继而实现系统跟踪性能的不断改善。

由于 z_2^{-1} 是二维系统批次轴 k 的后移算子 $z_2^{-1}y(i,k)=y(i,k-1)$，修正后的期望输入可以表示为

$$x^{sp}(i,k)=\frac{G_f(z_1^{-1},k)}{1-z_2^{-1}}e(i,k-1) \tag{10.20}$$

将式(10.20)代入式(10.18)，系统输出可以表示为

$$
\begin{aligned}
&(1+G_p(z_1^{-1},k)G_c(z_1^{-1},k))(y(i,k)-y(i,k-1)) \\
&=G_p(z_1^{-1},k)G_c(z_1^{-1},k)G_f(z_1^{-1},k)e(i,k-1)+G_\varepsilon(z_1^{-1},k)(\varepsilon(i,k)-\varepsilon(i,k-1))
\end{aligned}
\tag{10.21}
$$

通过对式(10.21)的左边加入和减去设定点 $y^{sp}(k)$，可以得到

$$
\begin{aligned}
&(1+G_p(z_1^{-1},k)G_c(z_1^{-1},k))(y(i,k)-y^{sp}(k)-(y(i,k-1)-y^{sp}(k)) \\
&=G_p(z_1^{-1},k)G_c(z_1^{-1},k)G_f(z_1^{-1},k)e(i,k-1)+G_\varepsilon(z_1^{-1},k)(\varepsilon(i,k)-\varepsilon(i,k-1))
\end{aligned}
\tag{10.22}
$$

因此，系统的输出误差 $e(i,k)$ 可以表示为

$$
\begin{aligned}
(1+G_p(z_1^{-1},k)G_c(z_1^{-1},k))e(i,k)=&(1+G_p(z_1^{-1},k)G_c(z_1^{-1},k) \\
&-G_p(z_1^{-1},k)G_c(z_1^{-1},k)G_f(z_1^{-1},k))e(i,k-1) \\
&-G_\varepsilon(z_1^{-1},k)(\varepsilon(i,k)-\varepsilon(i,k-1))
\end{aligned}
\tag{10.23}
$$

根据 Box 等[130]的研究，式(10.23)可以表示为如下的 2D-ARMA 模型：

$$
G(z_1^{-1})e(i,k)=H(z_1^{-1})e(i,k-1)-N(z_1^{-1})\varepsilon(i,k)+N(z_1^{-1})\varepsilon(i,k-1) \tag{10.24}
$$

式中，$G(z_1^{-1})=1+g_1z_1^{-1}+g_2z_1^{-2}+\cdots+g_rz_1^{-r}$，$H(z_1^{-1})=1+h_1z_1^{-1}+h_2z_1^{-2}+\cdots+h_sz_1^{-s}$，$N(z_1^{-1})=1+n_1z_1^{-1}+n_2z_1^{-2}+\cdots+n_kz_1^{-k}$。

把 $e(i,k-1)$ 移到等号左边，式(10.24)可以转换为

$$
G(z_1^{-1})e(i,k)-H(z_1^{-1})e(i,k-1)=-N(z_1^{-1})\varepsilon(i,k)+N(z_1^{-1})\varepsilon(i,k-1) \tag{10.25}
$$

因此，带有 ILC 控制器的批次过程的离散传递函数表示为

$$
H(z_1^{-1},z_2^{-1})=-\frac{N(z_1^{-1})(1-z_2^{-1})}{G(z_1^{-1})-H(z_1^{-1})z_2^{-1}} \tag{10.26}
$$

根据式(10.11)～式(10.14)，可以得到

$$
\begin{aligned}
&A(z_1^{-1},z_2^{-1})=d_1(z_1^{-1})+d_0(z_1^{-1})z_2^{-1} \\
&d_1(z_1^{-1})\equiv G(z_1^{-1})=1+g_1z_1^{-1}+g_2z_1^{-2}+\cdots+g_rz_1^{-r} \\
&d_0(z_1^{-1})\equiv -H(z_1^{-1})=-h_0-h_1z_1^{-1}-h_2z_1^{-2}-\cdots-h_sz_1^{-s}
\end{aligned}
\tag{10.27}
$$

根据式(10.15)对内部矩阵的定义，可以构造如下矩阵：

$$\Delta_2(z_1^{-1}) = \begin{bmatrix} d_1(z_1^{-1}) & d_0(z_1^{-1}) \\ \bar{d}_0(z_1^{-1}) & \bar{d}_1(z_1^{-1}) \end{bmatrix} \tag{10.28}$$

为了保证 ILC 批次过程的稳定性，需要保证矩阵 $\Delta_2(z_1^{-1})$ 的内部正。可根据 10.3.1 节定义的稳定性指标 R_1 和 R_2 来监测 ILC 批次过程的稳定性。

10.3.3　二维动态批次过程的建模和稳定性监测方法

二维批次过程的实时故障监测方法分为离线建模和在线监测两个阶段，总结如下。

阶段 1：

(1) 收集二维批次过程正常运行时的二维动态数据，估计二维白噪声 $\hat{\varepsilon}(i,k)$，构建矩阵 $Y(k)$ 和 $X(k)$。

(2) 利用自适应 LASSO 算子(10.3)确定系统每一批次 k 的 2D-ARMA 模型。

(3) 根据辨识的 2D-ARMA 模型的系数构造矩阵 $\Delta_2(z_1^{-1})$，并计算 $R_1(k)$ 和 $R_2(k)$。

(4) 根据正常批次计算的稳定性指标，分别针对每个指标计算其 Shewhart 控制线。

阶段 2：

(1) 收集二维批次过程实时在线的二维动态数据，估计二维白噪声 $\hat{\varepsilon}(i,k)$，构建矩阵 $Y(k)$ 和 $X(k)$。

(2) 利用自适应 LASSO 算子(10.3)确定系统当前批次 k 的 2D-ARMA 模型。

(3) 根据辨识的 2D-ARMA 模型的系数构造矩阵 $\Delta(z_1^{-1})$，并计算 $R_1(k)$ 和 $R_2(k)$。

(4) 利用 Shewhart 图表实时地监测每一个稳定性指标。

10.4　仿 真 示 例

10.4.1　2D-ARMA 模型辨识

考虑如下的 2D-ARMA 模型：

$$\begin{aligned} y(i,k) = &-0.6y(i-1,k) - 0.2y(i-1,k-1) + 0.5\varepsilon(i-1,k) \\ &-0.6\varepsilon(i-1,k-1) + \varepsilon(i,k) \end{aligned} \tag{10.29}$$

为了说明自适应 LASSO 方法对 2D-ARMA 模型辨识的有效性，这里考虑和两种常用的二维模型辨识方法进行比较：基于二维 AIC 准则的 LS 方法(后简称 AIC+LS 方法)和 SWR 方法。为了比较三种方法对模型辨识的有效性，定义如下两种指标：

$$\mathrm{RMSE}_O=\sqrt{\frac{\sum_{i=1}^{\Omega}(\tilde{O}_i-O)^{\mathrm{T}}BB^{\mathrm{T}}(\tilde{O}_i-O)}{\Omega}} \tag{10.30}$$

$$\mathrm{RMSE}_\beta=\sqrt{\frac{\sum_{i=1}^{\Omega}(\tilde{\beta}_i-\beta)^{\mathrm{T}}CC^{\mathrm{T}}(\tilde{\beta}_i-\beta)}{\Omega}} \tag{10.31}$$

式中，RMSE_O 为模型阶次 O 的均方根误差，$O=[M,N,P,Q]$ 为模型的真实阶次，$\tilde{O}_i=[\tilde{M}_i,\tilde{N}_i,\tilde{P}_i,\tilde{Q}_i]$ 为第 i 次对模型阶次的估计值，$B=[\tilde{O}_1,\tilde{O}_2,\cdots,\tilde{O}_\Omega]$，$\Omega$ 为对模型估计的次数；RMSE_β 为模型系数 β 的均方根误差，β 为模型的真实系数，$\tilde{\beta}_i$ 为第 i 次对模型估计的系数值，$C=[\tilde{\beta}_1,\tilde{\beta}_2,\cdots,\tilde{\beta}_\Omega]$。

根据数据模型(10.29)，得到 30 个采样批次，每一批次都有 200 个样本，共仿真 100 次。表 10.1 给出了三种辨识方法对模型阶次和系数的辨识结果。可以看出，自适应 LASSO 方法对二维模型阶次辨识的均方根误差比另外两种方法低，说明该方法对二维模型阶次辨识的准确度高；而 SWR 方法对模型系数辨识的准确度要略高于其他两种方法。

表 10.1　三种辨识方法对二维模型辨识的比较

辨识方法	RMSE_O	RMSE_β
自适应 LASSO 方法	2.398	0.0167
AIC+LS 方法	22.36	0.0186
SWR 方法	7.211	0.015

利用辨识出的模型阶次和模型系数来计算系统的稳定性指标 R_1 和 R_2，通过 R_1 和 R_2 的均值 μ 和方差 σ 来比较三种辨识方法的有效性，如表 10.2 所示。可以看出，自适应 LASSO 方法对系统的两个稳定性指标辨识的方差最小，说明自适应 LASSO 方法对系统稳定性指标辨识的鲁棒性较好。虽然在重复 100 次的辨识过程中，SWR 方法对指标辨识的均值比自适应 LASSO 方法更接近指标的真实值，

表 10.2　三种辨识方法对稳定性指标辨识的比较

指标	实际值	AIC+LS 方法		SWR 方法		自适应 LASSO 方法	
		μ	σ	μ	σ	μ	σ
R_1	0.6	0.634	0.056	0.63	0.053	0.618	0.043
R_2	0.12	0.201	0.104	0.14	0.062	0.16	0.037

但由于它对 2D-ARMA 模型阶次辨识的准确率没有自适应 LASSO 方法高，所以对指标辨识的方差较大。这将导致对每个指标制定的 Shewhart 图表的控制线的范围较大，不利于故障的监测。

10.4.2　2D-ARMA 模型稳定性监测

通过对模型(10.29)的数值仿真，得到 99 个采样批次，每一批次含有 200 个样本数据。考虑一个发生在 2D-ARMA 模型系数项上的阶跃故障，该故障发生在第 60 批次。由于模型的辨识需要多个采样样本，所以在后面的监测过程中，采用移动窗口的方法进行辨识。每一个采样窗口包含 30 个采样批次，采样窗口每次向前移动一个批次。最后得到 70 个采样窗口。前 30 个采样窗口的数据是正常数据，用来计算 Shewhart 图表的控制上限(UCL)和控制下限(LCL)。如果监测的变量超过了 UCL 和 LCL 的控制线，则说明系统发生了变化，系统的稳定性受到影响。每个监测图都增加了稳定性界限(stable limit, SL)，其中 R_1 的 SL=1，R_2 的 SL=0。如果监测的变量超过了 SL，则说明系统的变化已经导致了系统不稳定。

图 10.3 为基于自适应 LASSO 方法得到的二维动态批次过程的两个稳定性指标的监测图，其中图 10.3(a)是时间方向的稳定性监测图，图 10.3(b)是批次方向的稳定性监测图。从图 10.3(a)可以看出 R_1 在故障发生前后没有发生变化，说明故障没有影响到每一批次时间轴上的稳定性，各批次的动态过程都是稳定的。然而，图 10.3(b)显示稳定性指标 R_2 在 35 个采样窗口时超过了 LCL，并很快地接近于 SL，说明系统的批次与批次之间的动态性已经趋紧于不稳定。

图 10.4 和图 10.5 分别给出了基于 AIC+LS 方法和 SWR 方法得到的两个稳定性指标的监测图。虽然图中稳定性指标的变化趋势和图 10.3 相似，但对故障的监

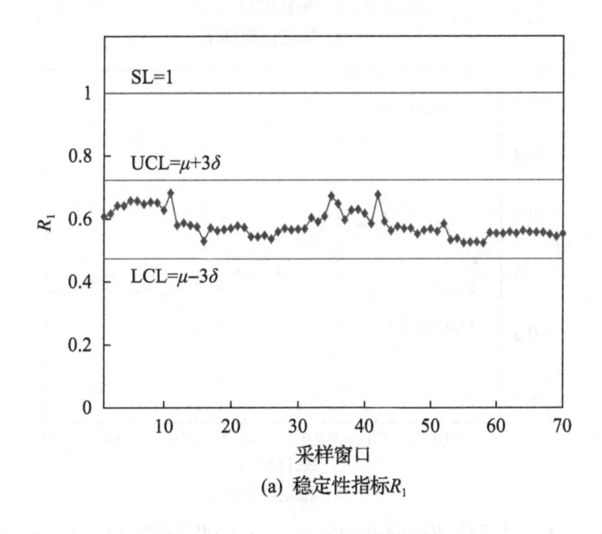

(a) 稳定性指标R_1

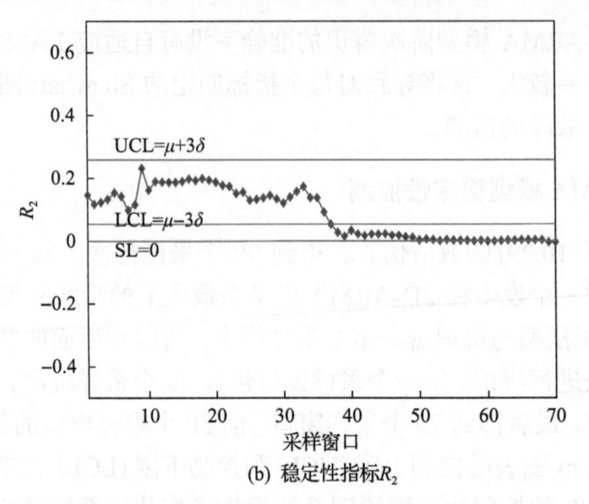

(b) 稳定性指标R_2

图 10.3　对系统的稳定性指标 R_1、R_2 的监测图(自适应 LASSO 方法)

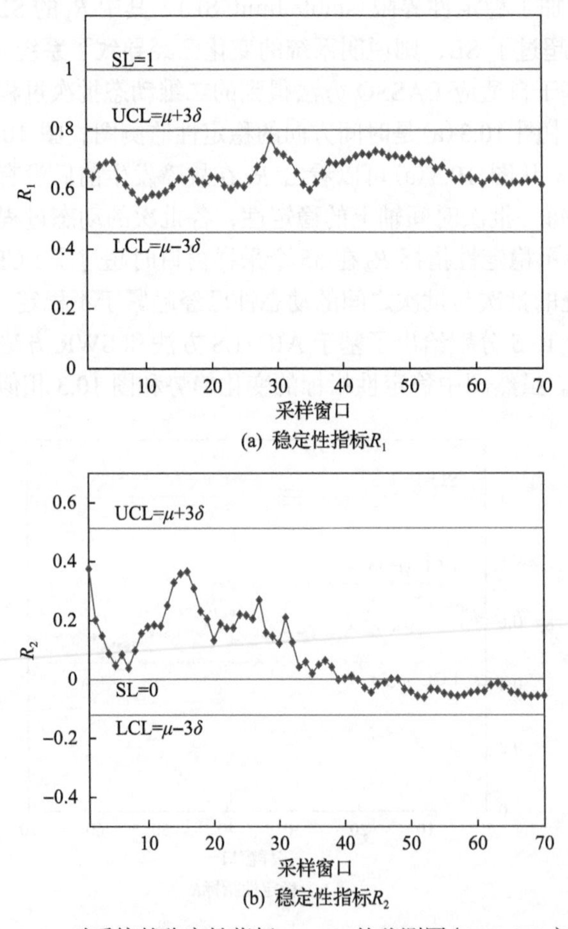

(b) 稳定性指标R_2

图 10.4　对系统的稳定性指标 R_1、R_2 的监测图(AIC+LS 方法)

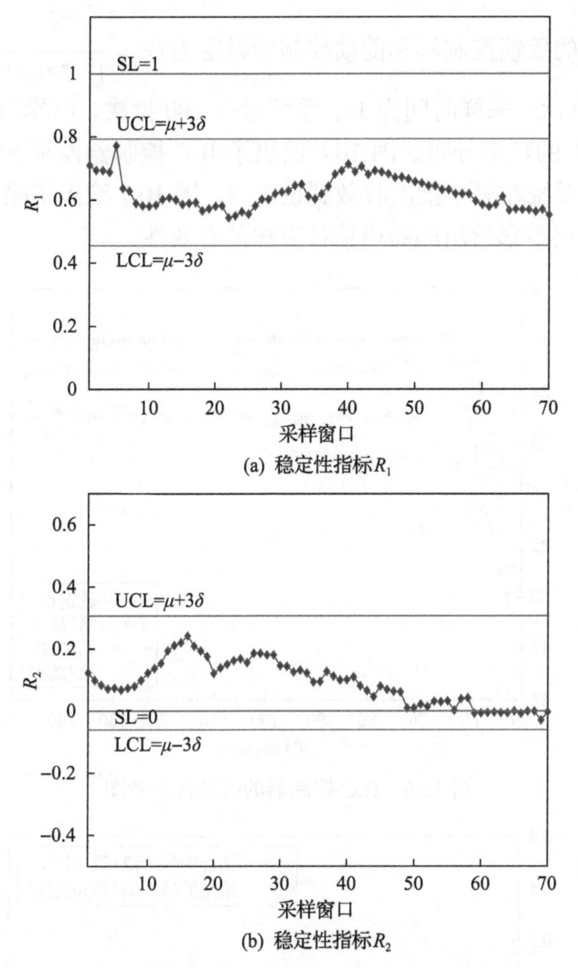

(a) 稳定性指标 R_1

(b) 稳定性指标 R_2

图 10.5　对系统的稳定性指标 R_1、R_2 的监测图(SWR 方法)

测能力却不如自适应 LASSO 方法。图 10.4(b)显示稳定性指标 R_2 在 40 个采样窗口时超过 SL，但是由于 LCL 比 SL 还要低，指标 R_2 没有超出 LCL，无法判断系统的稳定性是否发生变化。图 10.5(b)也遇到同样的监测情况，稳定性指标 R_2 在第 50 个采样窗口时接近 SL，但是由于 LCL 比 SL 还要低，指标 R_2 没有超出 LCL，也不能观察到系统的稳定性是否发生变化。

10.4.3　2D-ILC 批次过程的稳定性监测

考虑一个如下的批次过程：

$$G_p=\frac{0.6-0.3z^{-1}}{1-0.7z^{-1}},\quad G_\varepsilon=\frac{z^{-2}}{1-1.6z^{-1}+0.63z^{-2}} \tag{10.32}$$

该批次过程的反馈控制器和前馈控制器设定为 $G_c = \dfrac{1}{1-0.9z^{-1}}$，$G_f = 0.5$。每一批次采样 1000 次，采样时间为 1s，系统运行 100 批次。白噪声 $\varepsilon(i,k)$ 服从均值为 0、方差为 0.1 的正态分布。图 10.6 给出了 ILC 控制器控制下的系统输出的收敛性。可以看出系统在第 7 批次收敛到设定点。图 10.7 给出了噪声在某一批次的估计值，可以看出本章给出的噪声估计方法的有效性。

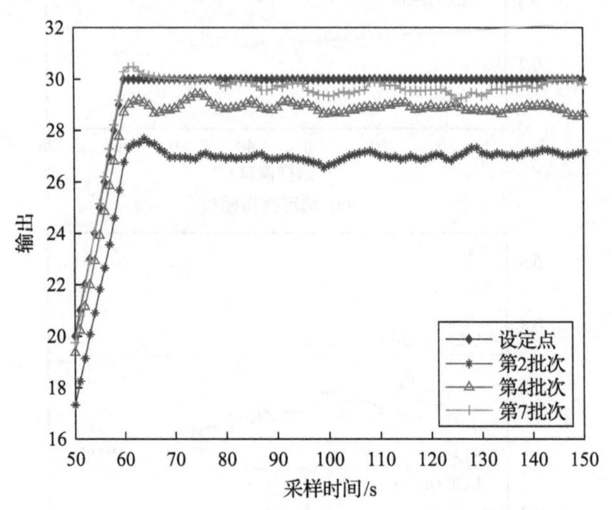

图 10.6　ILC 控制器的收敛性示意图

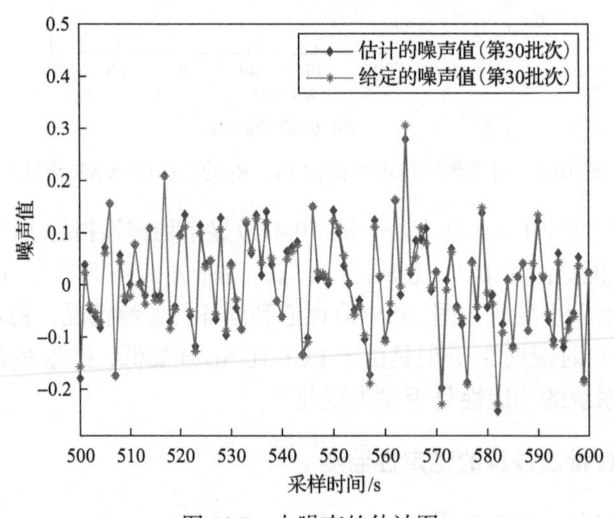

图 10.7　白噪声的估计图

后面的监测过程中，依然采用移动窗口的方法进行辨识。当前窗口的模型需要利用 30 批次的数据进行辨识，每一批次含有 1000 个样本数据。采样窗口每次向前移动一批次的数据。

考虑两个不同的故障，故障 1 是 $G_p = \dfrac{0.6 - 0.3z^{-1}}{1 - 0.7z^{-1}} \rightarrow G_p = \dfrac{0.45 - 0.3z^{-1}}{1 - 0.7z^{-1}}$，故障 2 是 $G_p = \dfrac{0.6 - 0.3z^{-1}}{1 - 0.7z^{-1}} \rightarrow G_p = \dfrac{0.6z^{-1} - 0.3z^{-2}}{1 - 0.7z^{-1}}$，这两个故障都发生在第 31 个采样窗口。

图 10.8 为故障 1 发生前后系统的两个稳定性指标的监测图。从图 10.8(a)可以看出稳定性指标 R_1 在故障发生后增大了，但没有超出 SL(SL = 1)，说明故障使批次时间轴上的稳定性降低，但每一批次的动态过程依然保持稳定。图 10.8(b)显示

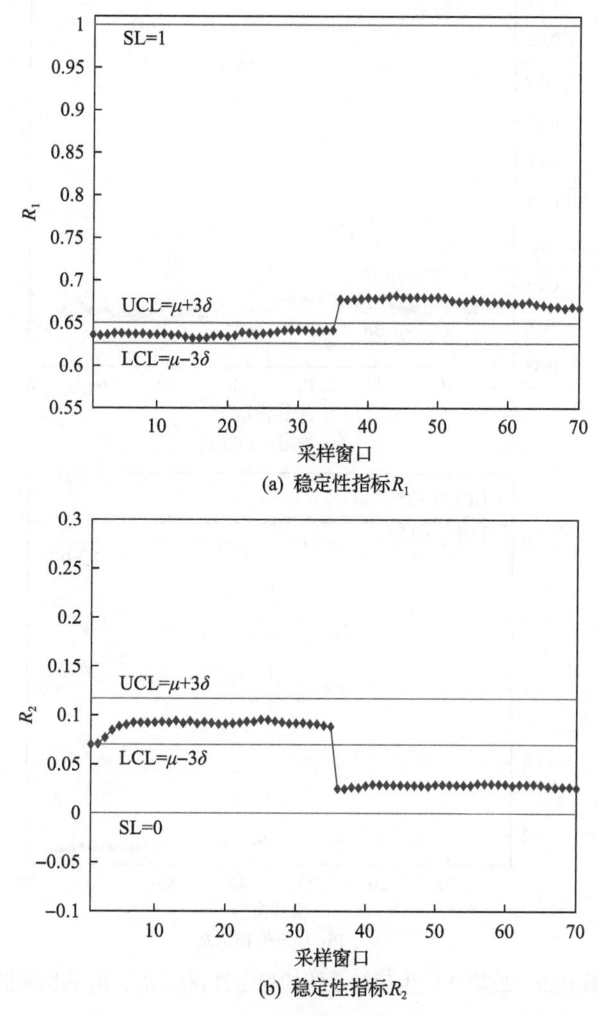

图 10.8　故障 1 发生后对系统的稳定性指标 R_1、R_2 的监测图

稳定性指标 R_2 在第 35 个采样窗口时超过了 LCL，但没有超出 SL(SL = 0)，说明系统的批次与批次之间的稳定性在故障发生后降低了，但依然稳定。

图 10.9 为故障 2 发生前后系统的两个稳定性指标的监测图。从图 10.9(a)可以看出稳定性指标 R_1 在故障发生后减小了，说明故障不但没有使批次时间轴上的稳定性降低，反而增强了。图 10.9(b)则显示稳定性指标 R_2 在第 35 个采样窗口时大大超出了 SL(SL = 0)，说明系统的批次之间在故障发生后已经不稳定了。由于 R_1 的稳定并不能说明系统在批次方向上的稳定，所以同时监测稳定性指标 R_1 和 R_2 指标是非常重要的。

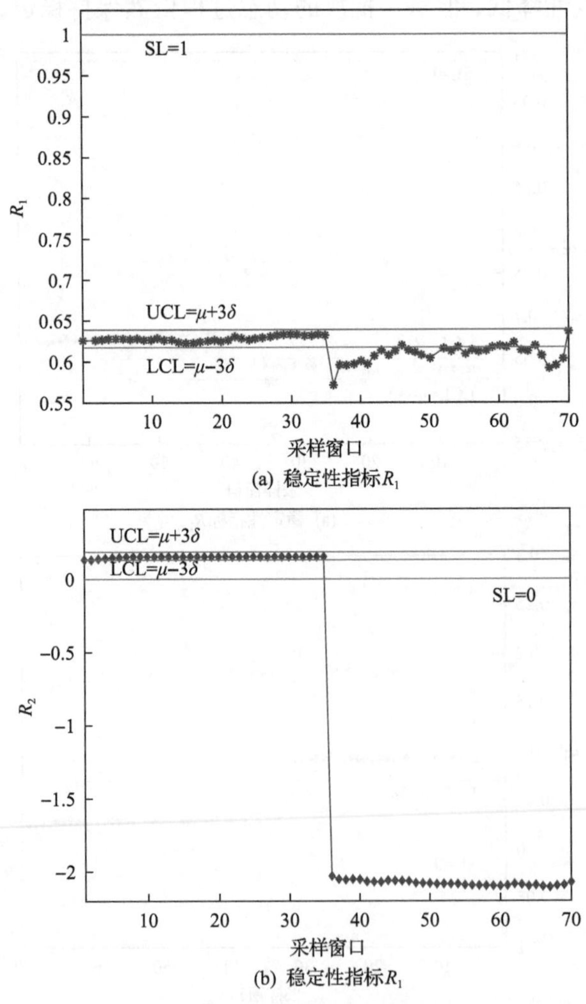

图 10.9　故障 2 发生后对系统的稳定性指标 R_1、R_2 的监测图

10.5 本章小结

本章考虑了批次过程的二维动态性，并把带有迭代学习控制器的批次过程推导成一个 2D-ARMA 模型。自适应 LASSO 方法被应用到二维系统中进行 2D-ARMA 模型的辨识。与基于 AIC 准则的 LS 方法和 SWR 方法相比，自适应 LASSO 方法具有更佳的模型结构辨识性能。另外分析了二维批次过程的稳定性，并提出了基于内部矩阵的稳定性指标。最后对两个稳定性指标分别进行 Shewhart 控制图监测。仿真结果显示了基于自适应 LASSO 和内部矩阵的 2D 批间控制系统的稳定性监测的有效性。

第11章 半导体制程的故障预测

11.1 引　　言

20世纪末，批间控制算法出现并应用于半导体生产行业。在已知数学模型的情况下，EWMA、DEWMA 和 IMC 滤波是批间控制的公认方法。然而半导体制程的复杂性使得数学模型的建立十分困难，因此基于数据的方法逐渐得到了广泛的重视。本章针对模型未知的半导体制程，使用 RLS 算法和 k 近邻非参数回归算法进行故障预测。

RLS 方法是高斯在进行行星轨道预测的研究时提出的，其原理简单，已成为基于参数估计的故障诊断中应用最为广泛的方法之一。RLS 方法能够在线辨识系统模型参数，相比最小二乘法具有实时性更好、收敛速度更快的优点。由于 RLS 算法中的遗忘因子是常数，不适用于时变系统，为了解决这个问题，可在线调整遗忘因子，使系统既有较强的参数跟踪能力，又有较小的收敛估计误差。针对半导体制程，Wang 等[13]对带有计量延迟的批间控制的递推最小二乘估计方法进行了详细分析，并与其他传统控制方法(如 EWMA、DEWMA、IMC 等)进行对比说明。采用何种方法更新遗忘因子是当前的一个研究热点。例如，Wang[263]提出遗忘因子随着迭代次数的增大而逐渐增大；李倩茹等[264]提出以误差均值为基准来调整遗忘因子，并采用反余切函数实现。

k 近邻非参数回归算法是应用很广泛的一种非参数回归算法。该算法认为系统所有因素之间的内在联系都蕴含在历史数据中，因此可直接从历史数据中得到信息而不是为历史数据建立一个近似模型[265]。它通过搜索历史数据库中与当前观测值相似的数据来预测未来值，不需要先验知识，具有无参数、可移植、高预测准确率等优点。

11.2 基于变遗忘因子的故障预测方法

本节以单产品制程为例，将 RLS 算法分别应用到无漂移和有漂移干扰下半导体制程的输出预测中，并在随机批次加入故障，提出了一种变遗忘因子 RLS 方法用来跟踪故障情况下的制程输出、预测故障的影响及变化趋势。

假设半导体制程输出 Y_t 可以表示成如(4.7)所示控制器输入 x_t 的线性函数关系：

$$Y_t = \alpha + \beta x_t + \eta_t \tag{11.1}$$

式中，$\{\eta_t\}$ 为满足式(4.16)的制程干扰；α 、β 为制程模式中的未知控制参数。

11.2.1 RLS 算法

RLS 算法是使用最广泛的追踪未知模型参数的方法之一，其思想可以概括为“新的估计值 $\hat{\theta}(k)$ =旧的估计值 $\hat{\theta}(k-1)$ +修正项”，即每取得一次新的观测资料后，在原来估计结果的基础上，用新引入的观测资料对上一次估计的结果进行修正，从而递推地估计出下一个参数估计值。对于制程(11.1)，用下面的一般 k 阶多项式来追踪参数的变化：

$$x(n+i) = \theta_0 + \theta_1 i + \theta_2 \frac{i^2}{2!} + \cdots + \theta_k \frac{i^k}{k!} + \varepsilon(n+i) = \sum_{j=1}^{k} \theta_j \frac{i^j}{j!} + \varepsilon(n+i) \tag{11.2}$$

式中，x 为观测变量；$\theta = [\theta_0, \theta_1, \cdots, \theta_k]^{\mathrm{T}}$ 为要确定的模型参数；k 为模型阶次；ε为一个方差为σ^2 的不相关误差序列。依据前面 n 次的测量值向前 i 步进行预测。令 i=1，即

$$x(n+1) = \theta_0 + \theta_1 + \theta_2 \frac{1}{2!} + \cdots + \theta_k \frac{1}{k!} + \varepsilon(n+1) \tag{11.3}$$

对于参数随时间而改变的时变过程，采用带遗忘因子的 RLS 算法。模型参数估计由下面的价值函数取得最小值来决定：

$$V(\theta, n) = \frac{1}{2} \sum_{i=1}^{n} \lambda^{n-i} [x(i) - \theta^{\mathrm{T}} \varphi(i)]^2 \tag{11.4}$$

式中，$\lambda (0 < \lambda \leqslant 1)$ 是遗忘因子；$\varphi[i] = [1, i-n, \cdots, (i-n)^k / k!]^{\mathrm{T}}$；且

$$\hat{\theta}(m+1) = \hat{\theta}(m) + \gamma(m+1) P(m) x(m+1) [y(m+1) - x^{\mathrm{T}}(m+1) \hat{\theta}(m)] \tag{11.5}$$

$$P(m+1) = \frac{1}{\lambda} [P(m) - \gamma(m+1) P(m) x(m+1) x^{\mathrm{T}}(m+1) P(m)] \tag{11.6}$$

$$\gamma(m+1) = 1 / [\lambda + x^{\mathrm{T}}(m+1) P(m) x(m+1)] \tag{11.7}$$

直接令初始值 $\hat{\theta}(0) = 0$ ，$P(0) = \alpha^2 I$ ，其中 α 为充分大的正数，I 是单位矩阵。

α取值越大，对参数的收敛速度和收敛精度越有利，但参数的波动也越大，瞬态幅度波动较大，因此α的取值应折中考虑。λ的取值范围一般是$(0.95, 0.995)$[264]。λ越小，新数据的权重越高，系统跟踪参数变化的能力越强，同时对噪声越敏感；λ越大，系统的跟踪能力越弱，但对噪声不敏感，收敛时估计误差也越小；$\lambda = 1$时，所有部分的权重相等。

由于λ的取值对系统的性能影响很大，对一个时变系统进行在线辨识时，若选择一个固定的λ，则很难使系统始终达到最佳的性能要求。因此，采用如式(11.8)所示的实时修改λ值的方法，使系统既有较强的跟踪参数变化的能力，又对噪声不敏感，收敛时估计误差较小。

$$\lambda_t = a\lambda_{t-1} + (1-a) \tag{11.8}$$

式中，t为批次数；一般情况下$0.9 < a < 1$，其目的是在算法的开始阶段增大对瞬变过程的指数性权值。

11.2.2　仿真结果

半导体制程中的漂移干扰会严重影响产品的质量。本节考虑漂移干扰，同时加入故障，来观察RLS算法的预测效果。

1)固定遗忘因子RLS算法预测效果

设初始值$\hat{\theta}(0) = 0$，$P(0) = 10I$。仿真长度为500批次，输出目标值是10。λ在$(0.95,0.995)$范围内取值，比较可得$\lambda = 0.95$时实际输出y曲线和预测输出p曲线如图11.1所示。由图可见，两者吻合得较好。

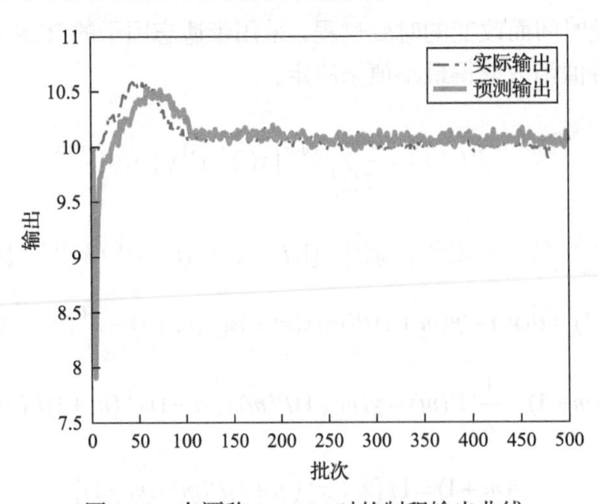

图 11.1　有漂移$\lambda = 0.95$时的制程输出曲线

如果在第100批次处加上一个幅度为1的故障，并维持20批次，得到的制程输出曲线如图 11.2 所示。可知预测值虽然能够反映输出波动的趋势，但不能准确跟随其大幅度波动。

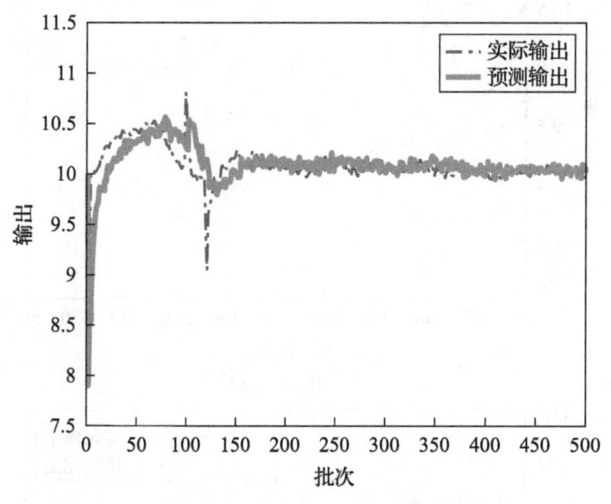

图 11.2　有漂移和幅值为 1 的故障时输出曲线

2) 变遗忘因子 RLS 算法预测效果

观察图 11.2 发现，模拟初始阶段(第 100 批次之前)，预测输出与实际输出有一定偏差；故障初始阶段(第 100～130 批次)，预测输出不能迅速跟随实际输出的大幅度波动；经过若干批次，预测输出与实际输出都回到正常范围，吻合较好。针对这个问题，对 λ 分别取值 0.3、0.85、0.9 和 0.95，得到的制程输出曲线如图 11.3 所示。

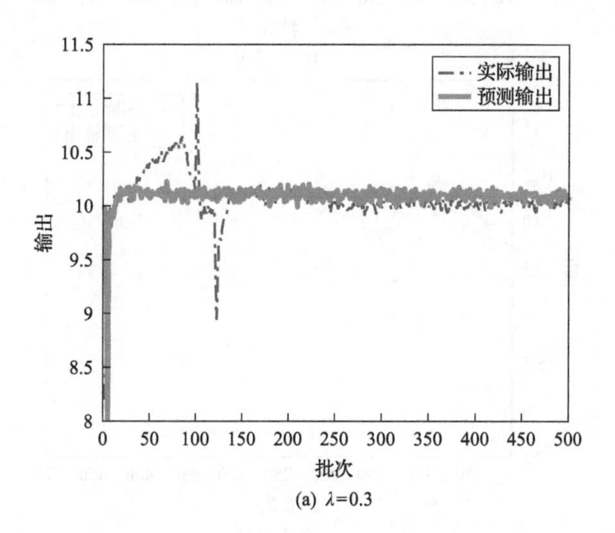

(a) λ=0.3

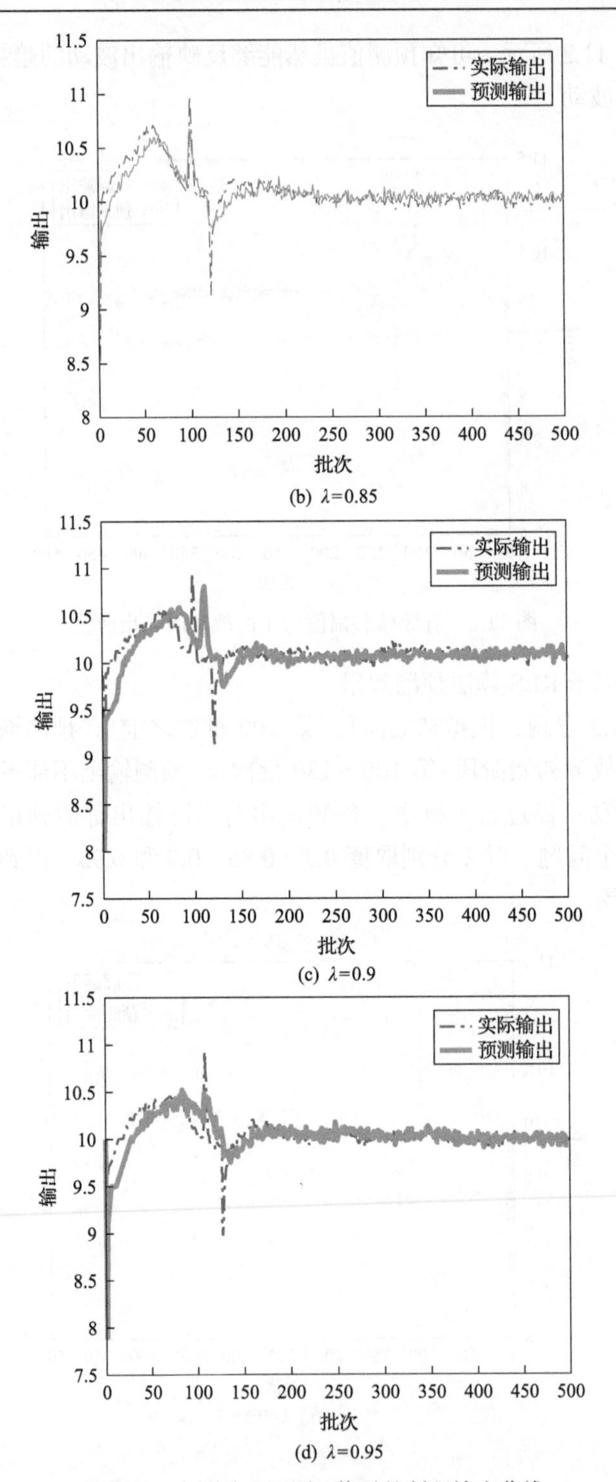

(b) $\lambda=0.85$

(c) $\lambda=0.9$

(d) $\lambda=0.95$

图 11.3　有漂移和不同 λ 值时的制程输出曲线

在一定范围内，λ 越小，系统跟踪参数变化的能力越强；λ 越大，收敛估计误差越小。采用 11.2.1 节中变遗忘因子的方法，模拟初始阶段即第 100 批次之前 $\lambda = 0.90$，当故障发生即第 100～130 批次时，λ 按照式(11.8)从 0.1 逐渐增大到 0.85；输出稳定阶段即第 130 批次之后，$\lambda = 0.95$。所得到的制程输出曲线如图 11.4 所示。

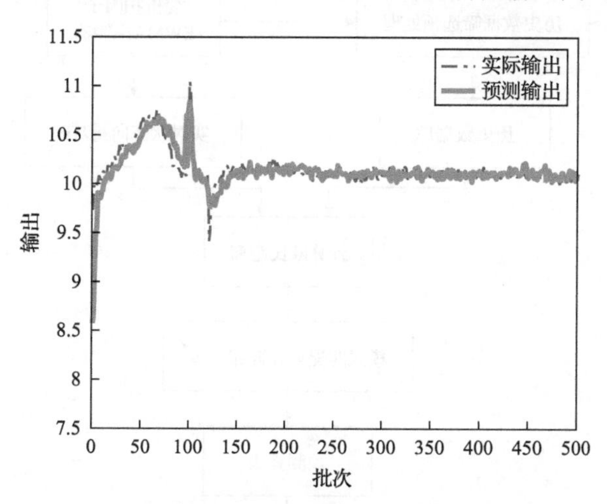

图 11.4　有漂移和有故障时修正 λ 后的制程输出曲线

故障情况下固定遗忘因子 $\lambda = 0.95$ 和变遗忘因子的输出及预测参数记录在表 11.1 中。结合图 11.4 和表 11.1 可以看出，经过遗忘因子的改进之后，在有故障的情况下，预测值能较好地跟踪输出值的变化，从而为故障报警、容错控制和健康管理提供依据。

表 11.1　有漂移有故障时 $\lambda = 0.95$ 和变遗忘因子的输出及预测参数

遗忘因子	均方误差	实际输出均值	预测输出均值	实际输出方差	预测输出方差
固定遗忘因子（$\lambda = 0.95$）	0.0159	10.1389	10.1281	0.0275	0.0175
变遗忘因子	0.0116	10.1404	10.1388	0.0282	0.0216

11.3　基于 k 近邻非参数回归的故障预测方法

本节将 k 近邻非参数回归预测方法应用到半导体制程输出的预测中。以基于产品的变折扣因子 EWMA 批间控制为背景，在不建立具体函数模型的情况下，直接利用收集到的历史数据对制程输出进行预测。在算法中，对数据库中的不稳定点进行了剔除，根据当前数据与所选历史数据距离远近，取不同权值对输出进行加权预测，并通过多种情况下的仿真试验观察预测效果，检验该算法的可行性和准确性。k 近邻非参数回归算法的主要步骤包含历史数据库生成、状态向量定义、k 近邻搜索和预测算法等，其基本流程如图 11.5 所示。

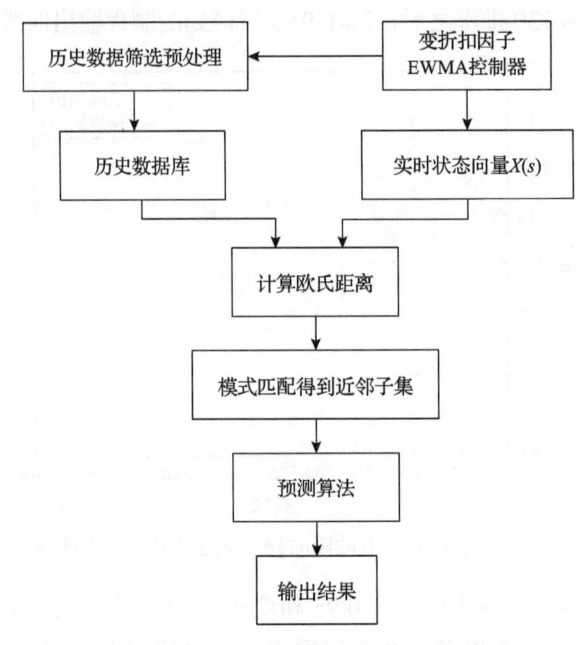

图 11.5　k 近邻非参数回归算法流程图

11.3.1　预测算法

k 近邻非参数回归预测的效果和质量直接取决于样本数据库的质量。历史数据越多，越能真实、准确地表达系统状态的特征，越有利于非参数回归更加真实、完整地表达系统状态的特征，以及得到准确的估计。历史数据库要涵盖系统的所有状态，以保证在近邻搜索时能够得到合适数量的近邻。

为了更准确地模拟实际生产过程，本节以变折扣因子 EWMA 的批间控制系统为对象，选取引入变折扣因子的基于产品的 EWMA 控制方法仿真示例所得的输入输出参数作为历史数据。在 MATLAB 环境下收集 2000 个历史数据$(X(s),Y(s))$存入历史数据库。

控制输入量、产品参数、机台运行状态等因素都会影响下一制程的输出。将当前观测数据和历史数据库进行比较时，需要定义一个标准，用状态向量来描述。状态向量选择得合理与否，直接关系到预测的精度。

对状态向量的选取并没有统一的标准，把尽可能多的因素考虑到状态向量中并不能提高预测的精度，反而可能导致较长的算法运行时间。由于半导体生产过程中的一些类似于噪声干扰的数据量无法检测并利用，实际可用的数据量只有输入 $X(s)$ 、输出 $Y(s)$ ，所以收集大量历史数据 $(X(s),Y(s))$ 存入历史数据库。

搜索近邻的过程是根据事先定义的相似性测度，在历史数据库中寻找和当前状态条件特征相似的历史记录，并把搜索到的有相似特征的历史记录标记为一个近邻，所有搜索到的近邻就组成了近邻子集。

k 近邻非参数回归要选取合适的 K 值，即选取合适大小的近邻子集。K 值取得较小，会有很多邻近点被排除在算法之外，造成算法精确度偏低；K 值取得过大，有一些距离较远的点会被错误地包含进来，对预测结果产生不利影响。本节对取不同 K 值时的预测值和实际值的均方误差做了仿真比较，结果如图 11.6 所示。综合考虑，最后选取使预测结果较优的 K 值，即 4。

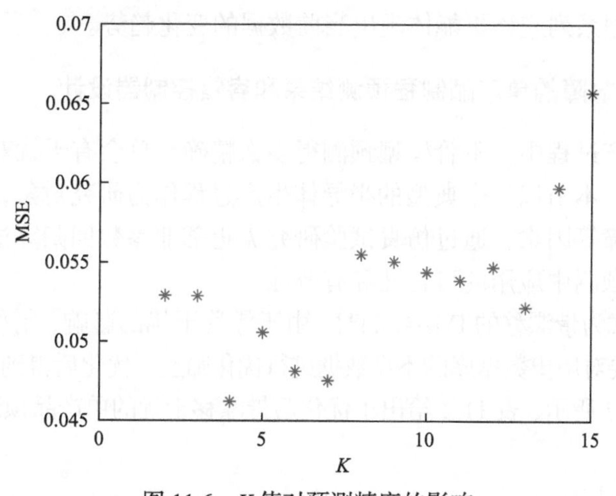

图 11.6　K 值对预测精度的影响

将观察或测量得到的输入-输出时间序列对记为 $(X(s),Y(s))$（ $s=1,2,\cdots,n$ 是正整数）。对于某给定的输入 $X(t)$ 、预测输出 $Y(t)$ ，k 近邻方法首先按照距离找到最靠近 $X(t)$ 的 K 个 $X(s)$ ，这里取 $s=s_1,s_2,\cdots,s_K$ ，预测结果为

$$\hat{Y}(t)=\frac{1}{K}\sum_{i=1}^{K}Y(s_i) \tag{11.9}$$

该结果显示这 K 个 $X(s)$ 对 $X(t)$ 的影响是一样的，但是实际上每个 $X(s)$ 对 $X(t)$ 的影响往往是不同的，故通常采用加权平均算子，此时预测结果为

$$\hat{Y}(t)=\sum_{i=1}^{K}\theta_i Y(s_i) \tag{11.10}$$

式中，θ_i 为权重系数，满足 $\sum_{i=1}^{K}\theta_i = 1, i = 1,2,\cdots,K$ 。

权重系数可以根据距离的远近来选取，距离越近权重越大，常用欧氏距离 $d_i = \sqrt{\left[X(s_i) - X(t)\right]^2 + \left[Y(s_i) - Y(t)\right]^2}$ 来度量，则有

$$\theta_i = \frac{\frac{1}{d_i}}{\sum_{i=1}^{K}\frac{1}{d_i}} \tag{11.11}$$

其中的分母为匹配距离的倒数之和。

采用带权重的预测算法符合人们的一般认知，即历史数据库中与当前观测值更为接近的数据系列应该更能体现出当前数据的变化趋势。

11.3.2 带冲激故障的单产品制程预测结果和容错控制器设计

在实际生产过程中，不管模型预测得多么精确，总会有干扰对过程的输出产生不利的影响。本节以一个典型的半导体生产过程作为研究对象，同时加入漂移干扰、冲激故障等因素，通过仿真试验研究 k 近邻非参数回归算法在带故障的半导体制程输出预测中应用的可行性和有效性。

当干扰模式为带漂移的 IMA(1,1)时，由于漂移干扰的影响，制程输出会有一个偏移量。首先要对历史数据库的不良数据进行优化筛选。优化后得到的预测值与实际值比较如图 11.7 所示，表 11.2 给出了优化后带漂移干扰的单产品预测值与实际值的参数比较。

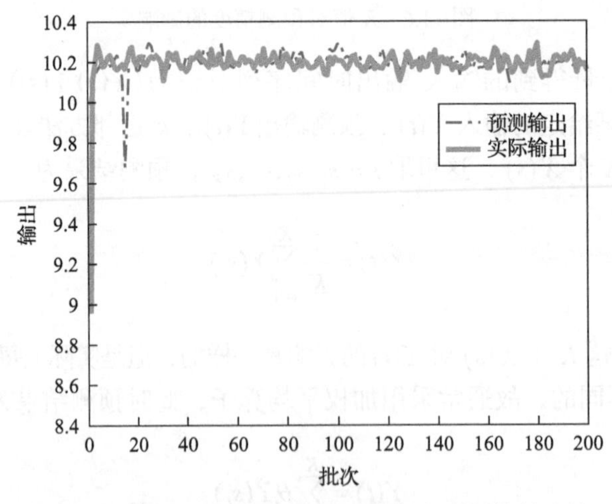

图 11.7　带漂移干扰的单产品预测值与实际值的比较

表 11.2　优化后带漂移干扰的单产品预测值与实际值的参数比较

真实均值	预测均值	真实方差	预测方差	均方误差
10.2006	10.2029	0.0015	0.0012	5.6248×10^{-4}

由图 11.7 和表 7.2 可以看出，预测值与实际值的期望和方差都相差不大，均方误差也很小，说明预测结果与实际结果的拟合度较高，可见即使在有漂移干扰的情况下，k 近邻非参数回归算法仍然具有较高的准确度和可靠性。

实际生产中有时会产生类似冲激干扰的故障，仿真试验中使用变折扣因子 EWMA 控制算法，收集含有冲激故障的 2000 个数据$(X(s),Y(s))$存入历史数据库。在有冲激故障的情况下，使用 k 近邻非参数回归算法的预测输出与实际输出的比较如图 11.8 所示。可以看出，当冲激故障发生时，k 近邻非参数回归预测算法并不能马上预测到故障的发生。这是因为在 EWMA 算法中，冲激故障是直接加在输出 $Y(t)$ 上的，其对应的输入 $X(t)$ 并没有明显改变；而下一批次的输入量 $X(t+1)$ 会根据 $Y(t)$ 做出调节，从而调整输出 $Y(t+1)$，故 $X(t+1)$ 会有一个相当明显的改变。

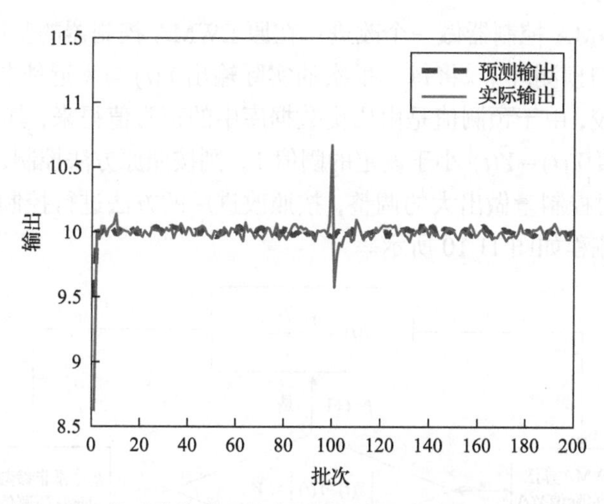

图 11.8　带冲激故障的单产品预测输出与实际输出的比较

虽然 EWMA 算法具有一定的自调整能力，但是加快调节过程、减少废品率仍是半导体制造厂商的努力方向之一。在 200 批次生产过程中的第 100 批次加入一个冲激故障，此时使用变折扣因子 EWMA 控制算法，得到的控制效果如图 11.9 所示。

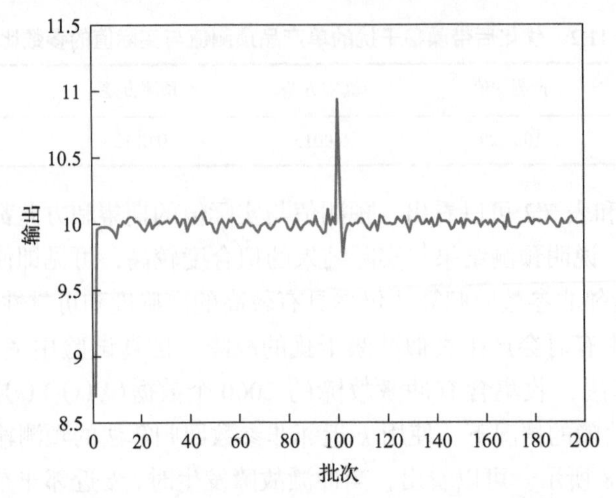

图 11.9　EWMA 控制器对冲激干扰的控制效果

观测可得，在制程中出现冲激故障时 EWMA 控制器的输出会偏离期望值，但是经过一段时间的调整，输出会回到期望值附近。这说明 EWMA 控制器具有一定的自调节能力。

下面对 EWMA 控制器做一个改进：在原 EWMA 控制器的基础上加入一个 k 近邻非参数回归预测环节。将每一批次的实际输出 $Y(t)$ 与 k 近邻非参数回归预测输出 $\hat{Y}(t)$ 相比较，由于预测值是由历史数据库中的正常值得来，其代表了正常值，所以如果其差值 $\left|Y(t)-\hat{Y}(t)\right|$ 小于设定的阈值 V，则按照原方法控制，否则说明发生较大故障，需对控制量做出大的调整，按照改进后的方法进行控制。改进 EWMA 控制器的控制流程如图 11.10 所示。

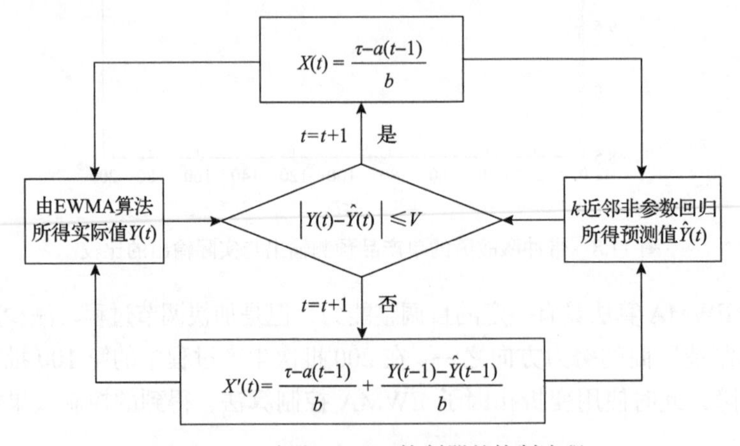

图 11.10　改进 EWMA 控制器的控制流程

根据图 11.10，当实际值与预测值的差值 $\left|Y(t)-\hat{Y}(t)\right|$ 大于阈值 VAL 即出现较

大故障时，算法会转入改进后的控制方式，使输出能更快地回到期望值附近。改进后的控制效果如图 11.11 所示。

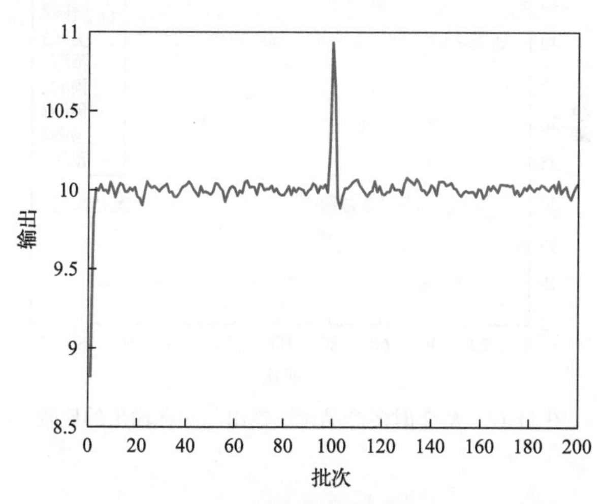

图 11.11　改进后的 EWMA 控制器对冲激干扰的控制效果

可以看出，改进后的算法在发生冲激故障后能更快、更有效地调整输出使其恢复到期望值附近，说明 k 近邻非参数回归预测算法的这一应用是可行的。

11.3.3　多产品制程输出预测

在混合产品生产过程中，由于各不同产品间的相互影响，更难对产品参数进行估计，所以在使用基于机台的控制方法时可能会出现发散的现象。下面将验证 k 近邻非参数回归方法在多产品制程输出预测中的适用性。

收集不同产品的大量历史数据，筛选后存入样本数据库。当前产品 1～5 按 0.1、0.2、0.1、0.2、0.4 的概率生产，使用 k 近邻非参数回归算法 (K=2) 的预测输出与实际输出比较如表 11.3 和图 11.12 所示。观察可得，适当调整 K 值后，预测值与实际值具有相当高的拟合度，可见 k 近邻非参数回归预测方法同样适用于多产品预测。

表 11.3　K=2 时多产品预测输出与实际输出的参数比较

产品序号	真实均值	预测均值	真实方差	预测方差	均方误差
1	10.2475	10.3781	0.7259	0.6252	0.1143
2	19.9089	19.9151	0.6524	0.6700	0.0838
3	29.8619	29.7616	0.8035	0.9083	0.1333
4	39.9588	39.9005	0.5829	0.5841	0.0699
5	49.9660	49.9538	0.3835	0.3297	0.0567

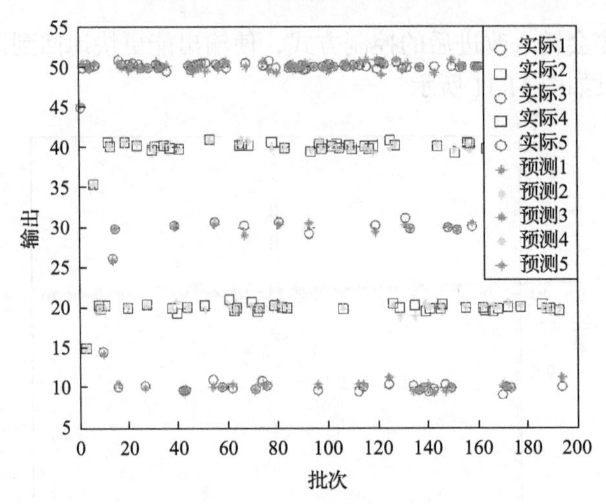

图 11.12　K=2 时多产品预测输出与实际输出的比较

11.4　本 章 小 结

本章针对半导体制造过程，采用 RLS 算法分别对故障情况下无漂移和有漂移干扰的输出值进行预测。为了提高预测的准确性，提出了一种在线调整遗忘因子的方法，使得预测值能够很好地跟踪实际输出值的大幅度波动，预测出故障情况下输出的未来波动情况。仿真结果表明该方法预测效果良好，具有较好的移植性和较高的准确性。

本章结合 k 近邻非参数回归算法在半导体制程输出预测中的具体实现，详细介绍了该算法的主要步骤和模块。首先利用 k 近邻非参数回归方法分别对带漂移干扰的单产品、带冲激故障的单产品和多产品的制程进行了预测仿真，并对仿真结果进行了分析。然后提出了基于 k 近邻非参数回归的改进 EWMA 算法，将改进前后的算法进行了仿真对比。总体来说，k 近邻非参数回归预测算法对于半导体批间控制的预测结果与实际结果拟合度较高，具有较强的适用性和准确性。

参 考 文 献

[1] Zant P. Microchip Fabrication: A Practical Guide to Semiconductor Processing[M]. 5th edition. New York: McGraw-Hill, 2004.

[2] Ingolfsson A, Sachs E. Provisional specification for CIM framework advanced process control component[J]. IEEE Transactions on Semiconductor Manufacturing, 1999, 19(4): 193-200.

[3] Box G, Luceno A. Provisional specification for automatic recipe transfer to wafer exposure system[J]. Semiconductor Manufacturing, 2003, 17(5): 242-304.

[4] Xiao H. 半导体制造技术导论[M]. 杨银堂, 等译. 北京: 电子工业出版社, 2013.

[5] Quirk M, Serda J. 半导体制造技术[M]. 韩郑生, 等译. 北京: 电子工业出版社, 2015.

[6] Cussler E L, Moggridge G D. Chemical Product Design[M]. Cambridge: Cambridge University Press, 2001.

[7] Seborg D E, Edgar T F, Mellichamp D A. Process Dynamics and Contro[M]. New York: Wiley, 2004.

[8] Su A J, Jeng J C, Huang H P, et al. Control relevant issues in semiconductor manufacturing: Overview with some new results[J]. Control Engineering Practice, 2007, 15(10): 1268-1279.

[9] 王树青, 张学鹏, 陈良. 半导体生产过程的 Run-to-Run 控制技术综述[J]. 浙江大学学报(工学版), 2008, 42(8): 1393-1398.

[10] Ma Z, Pan T. Distributional reinforcement learning for run-to-run control in semiconductor manufacturing processes[J]. Neural Computing and Applications, 2023, 35(26): 19337-19350.

[11] Wan X D, Zhou A, Li J, et al. Overlay advanced process control for foundry application[C]. Proceedings of SPIE—The International Society for Optical Engineering, Bellingham, 2004: 735-743.

[12] Butler S W, Stefani J A. Supervisory run-to-run control of polysilicon gate etch using in situ ellipsometry[J]. IEEE Transactions on Semiconductor Manufacturing, 1994, 7(2): 193-201.

[13] Wang J, He Q P, Qin S J, et al. Recursive least squares estimation for run-to-run control with metrology delay and its application to STI etch process[J]. IEEE Transactions on Semiconductor Manufacturing, 2005, 18(2): 309-319.

[14] Chen A, Guo R S. Age-based double EWMA controller and its application to CMP processes[J]. IEEE Transactions on Semiconductor Manufacturing, 2001, 14(1): 11-19.

[15] Patel N S, Miller G A, Guinn C, et al. Device dependent control of chemical-mechanical polishing of dielectric films[J]. IEEE Transactions on Semiconductor Manufacturing, 2000, 13(3): 331-343.

[16] Sachs E, Hu A, Ingolfsson A. Run-by-run process control: Combining SPC and feedback control[J]. IEEE Transactions on Semiconductor Manufacturing, 1995, 8(1): 26-43.

[17] Box G E P, Luceno A. Statistical Control by Monitoring and Feedback Adjustment[M]. New York: Wiley, 1997.

[18] Ingolfsson A, Sachs E. Stability and sensitivity of an EWMA controller[J]. Journal of Quality Technology, 2013, 25(4): 271-287.

[19] Tseng S T, Tsung F, Liu P Y. Variable EWMA run-to-run controller for drifted processes[J]. IIE Transactions, 2007, 39(3): 291-301.

[20] Jin M, Tsung F. Smith-EWMA run-to-run control schemes for a process with measurement delay[J]. IIE Transactions, 2009, 41(4): 346-358.

[21] Zheng Y, Ai B, Wong S H, et al. An EWMA algorithm with a cycled resetting (CR) discount factor for drift and fault of high-mix run-to-run control[J]. IEEE Transactions on Industrial Informatics, 2010, 6(2): 229-242.

[22] Ai B, Zheng Y, Wang Y W, et al. Cycle forecasting EWMA (CF-EWMA) approach for drift and fault in mixed-product run-to-run process[J]. Journal of Process Control, 2010, 20(5): 689-708.

[23] Chang C C, Pan T H, Wong D S H, et al. A G&P EWMA algorithm for high-mix semiconductor manufacturing processes[J]. Journal of Process Control, 2011, 21(1): 28-35.

[24] Wang J, He Q P, Qin S J. Stability analysis and optimal tuning of EWMA run-to-run controllers-gain adaptation vs. intercept adaptation[J]. Journal of Process Control, 2010, 20(2): 134-142.

[25] Lin C H, Tseng S T, Wang H F. Modified EWMA controller subject to metrology delay[J]. IIE Transactions, 2013, 45(4): 409-421.

[26] Ma M D, Li J Y. Improved variable EWMA controller for general ARIMA processes[J]. IEEE Transactions on Semiconductor Manufacturing, 2015, 28(2): 129-136.

[27] Ning Y D, Bian Y Z, Liu B. Improving a lapping process using robust parameter design and run-to-run control[J]. Journal of the Chinese Institute of Industrial Engineers, 2012, 29(2): 111-124.

[28] Hsu C Y, Wu J Z. Error-smoothing exponentially weighted moving average for improving critical dimension performance in photolithography process[J]. International Journal of Industrial Engineering Theory Applications & Practice, 2017, 23(5): 372-381.

[29] 王海燕, 潘天红, 谭斐, 等. 含随机测量时延的批间控制器设计[J]. 控制理论与应用, 2018, 35(4): 531-538.

[30] Lee D S, Lee A C. Two-dimensional pheromone propagation controller applied to run-to-run control for semiconductor manufacturing[J]. International Journal of Advanced Manufacturing Technology, 2013, 66(5-8): 917-936.

[31] Tseng S T, Song W, Chang Y C. An initial intercept iteratively adjusted（IIIA）controller: An enhanced double EWMA feedback control scheme[J]. IEEE Transactions on Semiconductor Manufacturing, 2005, 18(3): 448-457.

[32] Chen J H, Lin K C. Batch-to-batch iterative learning control and within-batch on-line control for end-point qualities using MPLS-based DEWMA[J]. Chemical Engineering Science, 2008, 63(4): 977-990.

[33] Chen C T, Chuang Y C. An intelligent run-to-run control strategy for chemical-mechanical polishing processes[J]. IEEE Transactions on Semiconductor Manufacturing, 2010, 23(1): 109-120.

[34] Fan S K S, Chang Y J. An integrated advanced process control framework using run-to-run control, virtual metrology and fault detection[J]. Journal of Process Control, 2013, 23(7): 933-942.

[35] Lee A C, Kuo T W, Lee Z L. Modified double EWMA approach for mixed product run-to-run CMP process control[J]. Advanced Materials Research, 2011, 1379: 2504-2511.

[36] Lu M S, Wang S J. Design of a self-tuning double EWMA controller for MIMO processes[J]. International Journal of Industrial and Systems Engineering, 2015, 21(4): 438-446.

[37] Djurdjanovic D, Mears L, Niaki F A, et al. Process and operations control in modern manufacturing[C]. Proceedings of the ASME 12th International Manufacturing Science and Engineering Conference, Los Angeles, 2017: 1-22.

[38] Liu K, Chen Y Q, Zhang T, et al. A survey of run-to-run control for batch processes[J]. ISA Transactions, 2018, 83: 107-125.

[39] Tan F, Pan T, Li Z, et al. Survey on run-to-run control algorithms in high-mix semiconductor manufacturing processes[J]. IEEE Transactions on Industrial Informatics, 2015, 11(6): 1435-1444.

[40] Bode C A, Wang J, He Q P, et al. Run-to-run control and state estimation in high-mix semiconductor manufacturing[J]. Annual Reviews in Control, 2007, 31(2): 241-253.

[41] Zheng Y, Lin Q H, Wong D S H, et al. Stability and performance analysis of mixed product run-to-run control[J]. Journal of Process Control, 2006, 16(5): 431-443.

[42] Ai B, Zheng Y, Jang S S, et al. The optimal drift-compensatory and fault tolerant approach for mixed-product run-to-run control[J]. Journal of Process Control, 2009, 19(8): 1401-1412.

[43] Tseng S T, Jou B Y, Liao C H. Adaptive variable EWMA controller for drifted processes[J]. IIE Transactions, 2010, 42(4): 247-259.

[44] Pan T H, Sheng B Q, Chang C C, et al. Run to run control based on adaptive cluster method for high-mix semiconductor manufacturing processes[C]. Proceedings of the 29th Chinese Control Conference, Beijing, 2010: 3428-3431.

[45] Ringwood J V, Lynn S, Bacelli G, et al. Estimation and control in semiconductor etch: Practice and possibilities[J]. IEEE Transactions on Semiconductor Manufacturing, 2010, 23(1): 87-98.

[46] Graton G, El Adel E M, Ouladsine M. Self-tuning of DEWMA controller parameters for mixed product processes with equipment aging[C]. Proceedings of the 24th Mediterranean Conference on Control and Automation, Athens, 2016: 1373-1378.

[47] Lee A C, Kuo T W, Ma C T. Combined product and tool disturbance estimator for the mix-product process and its application to the removal rate estimation in CMP process[J]. International Journal of Precision Engineering and Manufacturing, 2012, 13(4): 471-481.

[48] Yun S, Tom M, Ou F, et al. Multivariable run-to-run control of thermal atomic layer etching of aluminum oxide thin films[J]. Chemical Engineering Research and Design, 2022, 182: 1-12.

[49] Lee A C, Horng J H, Kuo T W, et al. Robustness analysis of mixed product run-to-run control for semiconductor process based on ODOB control structure[J]. IEEE Transactions on Semiconductor Manufacturing, 2014, 27(2): 212-222.

[50] Wang H Y, Pan T H, Wong D S H, et al. An extended state observer-based run to run control for semiconductor manufacturing processes[J]. IEEE Transactions on Semiconductor Manufacturing, 2019, 32(2): 154-162.

[51] Ko H H, Kim J, Park S H, et al. Advanced semiconductor fabrication process control using dual filter exponentially weighted moving average[J]. Journal of Intelligent Manufacturing, 2012, 23(3): 443-455.

[52] Khakifirooz M, Chien C F, Fathi M, et al. Minimax optimization for recipe management in high-mixed semiconductor lithography process[J]. IEEE Transactions on Industrial Informatics, 2020, 16(8): 4975-4985.

[53] Ma M D, Zeng X L, Duan G R. A survey of run-to-run control algorithms for high-mix semiconductor manufacturing process[C]. Proceedings of the 30th Chinese Control Conference, Yantai, 2011: 5474-5479.

[54] Firth S K, Campbell W J, Toprac A, et al. Just-in-time adaptive disturbance estimation for run-to-run control of semiconductor processes[J]. IEEE Transactions on Semiconductor Manufacturing, 2006, 19(3): 298-315.

[55] Chang C C, Toprac A J, Edgar T F, et al. The effect of initial state estimates on just-in-time adaptive disturbance estimation[J]. IEEE Transactions on Semiconductor Manufacturing, 2014, 27(3): 400-409.

[56] Tseng S T, Mi H C. Quasi-minimum mean square error run-to-run controller for dynamic models[J]. IISE Transactions, 2014, 46(2): 185-196.

[57] Ma M D, Chang C C, Wong D S H, et al. Identification of tool and product effects in a mixed product and parallel tool environment[J]. Journal of Process Control, 2009, 19(4): 591-603.

[58] Ma M D, Chang C C, Wong D S H, et al. Mixed product run-to-run process control—An ANOVA model with ARIMA disturbance approach[J]. Journal of Process Control, 2009, 19(4): 604-614.

[59] Bian J, Pan T H. Mixed-product run to run control algorithm using Bayesian method[C]. Proceedings of the 11th World Congress on Intelligent Control and Automation, Shenyang, 2014: 4356-4360.

[60] Hwang S H, Lin J C, Wang H C. Robustness diagrams based optimal design of run-to-run control subject to deterministic and stochastic disturbances[J]. Journal of Process Control, 2018, 63: 47-64.

[61] Clerget C H, Grimaldi J P, Chèbre M, et al. Run-to-run control with nonlinearity and delay uncertainty[J]. IFAC-Papers OnLine, 2016, 49(7): 145-152.

[62] Tan F, Pan T, Bian J, et al. Recursive Bayesian state estimation method for run-to-run control in high-mixed semiconductor manufacturing process[J]. Asian Journal of Control, 2020, 22(3): 1177-1187.

[63] Wang J, He Q P, Edgar T F. State estimation in high-mix semiconductor manufacturing[J]. Journal of Process Control, 2008, 19(3): 443-456.

[64] Wang J, He Q P, Edgar T F. State estimation for integrate moving average processes in high-mix semiconductor manufacturing[J]. Industrial and Engineering Chemistry Research, 2013, 53(13): 5194-5204.

[65] Kim H Y, Park J H, Lee K S. A Kalman filter-based R2R control system with parallel stochastic disturbance models for semiconductor manufacturing processes[J]. Journal of Process Control, 2014, 24(12): 119-124.

[66] Harichi F, Vinecent T, Subramanian A, et al. Implementation of nonthreaded estimation for run-to-run control of high mix semiconductor manufacturing[J]. IEEE Transactions on Semiconductor Manufacturing, 2013, 26(4): 516-528.

[67] Harirchi F, Vincent T L, Subramanian A, et al. On the initialization of threaded run-to-run control of semiconductor manufacturing[J]. IEEE Transactions on Semiconductor Manufacturing, 2014, 27(4): 515-522.

[68] Kwon J S, Nayhouse M, Orkoulas G, et al. A method for handling batch-to-batch parametric drift using moving horizon estimation: Application to run-to-run MPC of batch crystallization[J]. Chemical Engineering Science, 2015, 127(7): 210-219.

[69] Bao L, Wang K, Wu T. A run-to-run controller for product surface quality improvement[J]. International Journal of Production Research, 2014, 52(15): 4469-4487.

[70] Vanli O A, Patel N S, Janakiram M, et al. Model context section for run-to-run control[J]. IEEE Transactions on Semiconductor Manufacturing, 2007, 20(4): 506-516.

[71] Marchal P C, Javier G G, Juan G O. Application of fuzzy cognitive maps and run-to-run control to a decision support system for global set-point determination[J]. IEEE Transactions on Systems Man & Cybernetics—Systems, 2017, 47(8): 2256-2267.

[72] Duan Y, Liu M, Dong M, et al. A two-stage clustered multi-task learning method for operational optimization in chemical mechanical polishing[J]. Journal of Process Control, 2015, 35: 169-177.

[73] Lu P P, Chen J H, Xie L. Development of decay based PLS model and its economic run-to-run control for semiconductor processes[C]. Proceedings of the American Control Conference, Milwaukee, 2018: 6469-6474.

[74] Lee J H, Kiew C M. Robust forecasts and run-to-run control for processes with linear drifts[J]. Journal of Process Control, 2008, 19(4): 636-643.

[75] Wang G J, Lin B S, Chang K J. In-situ neural network process controller for copper chemical mechanical polishing[J]. International Journal of Advanced Manufacturing Technology, 2007, 32(1-2): 42-54.

[76] 薛美盛, 张毅, 王川, 等. 控制回路性能评估综述[J]. 控制工程, 2009, 16(5): 507-512.

[77] Harris T J. Assessment of control loop performance[J]. Canadian Journal of Chemical Engineering, 1989, 67(5): 856-861.

[78] 刘奢, 苏宏业, 谢磊, 等. 基于线性二次型高斯基准的多变量预测控制技术经济性能评估[J]. 控制理论与应用, 2012, 29(12): 1530-1536.

[79] Das L, Rengaswamy R, Srinivasan B. Data mining and control loop performance assessment: The multivariate case[J]. AIChE Journal, 2017, 63(8): 3311-3328.

[80] Jelali M. Control Performance Management in Industrial Automation: Assessment Diagnosis and Improvement of Control Loop Performance[M]. London: Springer, 2013.

[81] Zhang C, Deng H, Baras J S. Performance evaluation of run-to-run control methods in semiconductor processes[C]. Proceedings of IEEE Conference on Control Applications, Istanbul, 2003: 841-848.

[82] Bode C A, Ko B S, Edgar T F. Run-to-run control and performance monitoring of overlay in semiconductor manufacturing[J]. Control Engineering Practice, 2004, 12(7): 893-900.

[83] Prabhu A V, Edgar T F, Chong R. Performance assessment of run-to-run EWMA controller[C]. Proceedings of International Symposium on Advanced Control of Chemical Processes, Gramado, 2006: 1127-1132.

[84] Wang J, He Q P, Edgar T F. Control performance assessment and diagnosis for semiconductor processes[C]. Proceedings of American Control Conference, Baltimore, 2010: 7004-7009.

[85] Chen L, Ma M D, Jang S S, et al. Performance assessment of run-to-run control in semiconductor manufacturing based on IMC framework[J]. International Journal of Production

Research, 2009, 47(15): 4173-4199.

[86] Badwe A S, Patwardhan R S, Shah S L, et al. Quantifying the impact of model-plant mismatch on controller performance[J]. Journal of Process Control, 2010, 20: 408-425.

[87] Wang H, Hagglund T, Song Z H. Quantitative analysis of influences of model plant mismatch on control loop behavior[J]. Industrial and Engineering Chemistry Research, 2012, 51: 15997-16006.

[88] Gong Q S, Yang G, Pan C, et al. Performance analysis of single EWMA controller subject to metrology delay under dynamic models[J]. IIE Transactions, 2018, 50(2): 88-98.

[89] Yu J. Fault detection using principal components-based Gaussian mixture model for semiconductor manufacturing processes[J]. IEEE Transactions on Semiconductor Manufacturing, 2011, 24(3): 432-444.

[90] Qin S J. Process data analysis in the era of big data[J]. AIChE Journal, 2014, 60(9): 3092-3100.

[91] Moyne J, Schulze B, Iskandar J, et al. Next generation advanced process control: Leveraging big data and prediction[C]. Proceedings of SEMI Advanced Semiconductor Manufacturing Conference, Santa Clara, 2016: 191-196.

[92] Tsuda T, Inoue S, Kayahara A, et al. Advanced semiconductor manufacturing using big data[J]. IEEE Transactions on Semiconductor Manufacturing, 2015, 28(3): 229-235.

[93] Qin S J, Cherry G, Good R, et al. Semiconductor manufacturing process control and monitoring: A fab-wide framework[J]. Journal of Process Control, 2006, 16: 179-191.

[94] Chien C F, Chuang S C. A framework for root cause detection of sub-batch processing system for semiconductor manufacturing big data analytics[J]. IEEE Transactions on Semiconductor Manufacturing, 2014, 27(4): 475-488.

[95] Montgomery D C. Introduction to Statistical Quality Control[M]. New York: John Wiley & Sons, 2005.

[96] Qin S J. Statistical process monitoring: Basics and beyond[J]. Journal of Chemometrics, 2003, 17(8-9): 480-502.

[97] You F Q, Tian Z H, Shi S J. Robust fault diagnosis for linear time-delay systems with uncertainty[C]. Proceedings of American Control Conference, Portland, 2005: 1666-1671.

[98] Chen M, Jiang C S, Wu Q X. Sensor fault diagnosis for a class of time delay uncertain nonlinear systems using neural network[J]. International Journal of Automation and Computing, 2008, 5(4): 401-405.

[99] Goodlin B E, Boning D S, Sawin H H, et al. Simultaneous fault detection and classification for semiconductor manufacturing tools[J]. Journal of The Electrochemical Society, 2003, 150(12): 778-784.

[100] Spitzlsperger G, Schmidt C, Ernst G, et al. Fault detection for a via etch process using adaptive multivariate methods[J]. IEEE Transactions on Semiconductor Manufacuring, 2005, 18(4): 528-533.

[101] Camacho J, Pico J. Online monitoring of batch processes using multi-phase principal component analysis[J]. Journal of Process Control, 2006, 16(10): 1021-1035.

[102] Ku W, Storer R H, Georgakis C. Disturbance detection and isolation by gynamic principal component analysis[J]. Chemometrics and Intelligent Laboratory Systems, 1995, 30(1): 179-196.

[103] Tsung F. Statistical monitoring and diagnosis of automatic controlled processes using dynamic PCA[J]. International Journal of Production Research, 2000, 38(3): 625-637.

[104] Chen J H, Liu K C. On-line batch process monitoring using dynamic PCA, and dynamic PLS models[J]. Chemical Engineering Science, 2002, 57(1): 63-75.

[105] Yue H, Qin S J. Reconstruction based fault identification using a combined index[J]. Industrial Engineering and Chemistry Research, 2001, 40: 4403-4414.

[106] Zhao C H, Yao Y, Gao F R, et al. Statistical analysis and online monitoring for multimode processes with between mode transitions[J]. Chemical Engineering Science, 2010, 65(22): 5961-5975.

[107] Tan S, Wang F L, Peng J, et al. Multimode process monitoring based on mode identification[J]. Industrial and Engineering Chemistry Research, 2012, 51: 374-388.

[108] Jiang Q, Yan X. Monitoring multi-mode plant-wide processes by using mutual information-based multi-block PCA, joint probability, and Bayesian inference[J]. Chemometrics and Intelligent Laboratory Systems, 2014, 136: 121-137.

[109] Zhao C H, Gao F R, Song Z H. Fault-relevant principal component analysis（FPCA）method for multivariate statistical modeling and process monitoring[J]. Chemometrics and Intelligent Laboratory Systems, 2014, 133: 1-16.

[110] Liu K L, Jin X, Fei Z S, et al. Adaptive partitioning PCA model for improving fault detection and isolation[J]. Chinese Journal of Chemical Engineering, 2015, 23(6): 981-991.

[111] Jiang Q, Yan X, Huang B. Performance-driven distributed PCA process monitoring based on fault-relevant variable selection and Bayesian inference[J]. IEEE Transactions on Industrial Electronics, 2016, 63(1): 337-386.

[112] Ketelaere B D, Mertens K, Mathijs K, et al. Nonstationarity in statistical process control—Issues, Cases, Ideas[J]. Applied Stochastic Models in Business and Industry, 2011, 27(4): 367-376.

[113] Nomikos P, MacGregor J F. Multivariate SPC charts for monitoring batch processes[J]. Technometrics, 1994, 37(1): 41-59.

[114] Ramaker H J, van Sprang E N M. Performance assessment and improvement of control charts for statistical batch process[J]. Statistica Neerlandica, 2005, 60(3): 339-360.

[115] Wold S. Exponentially weighted moving principal components analysis and projections to latent structures[J]. Chemometrics and Intelligent Laboratory Systems, 1994, 23(1): 149-161.

[116] Li C F, Ye H, Wang G Z, et al. A recursive nonlinear PLS algorithm for adaptive nonlinear process modeling[J]. Chemical Engineering and Technology, 2005, 28(2): 141-152.

[117] Li W, Yue H H, Valle-Cervantes S, et al. Recursive PCA for adaptive process monitoring[J]. Journal of Process Control, 2000, 10(5): 471-486.

[118] Wang X, Kruger U, Lennox B. Recursive partial least squares algorithms for monitoring complex[J]. Control Engineering Practice, 2003, 11(6): 613-632.

[119] Kumar A C. Mining association rules using nonnegative matrix factorization and formal concept analysis[C]. Proceedings of International Conference on Information Processing, Berlin, 2011: 31-39.

[120] Long X, Lu H, Peng Y, et al. Graph regularized discriminative non-negative matrix factorization for face recognition[J]. Multimedia Tools and Applications, 2014, 72: 2679-2699.

[121] Allab K, Labiod N. Imultaneous semi-NMF and PCA for clustering[C]. Proceedings of IEEE International Conference on Data Mining, Atlantic City, 2016: 679-684.

[122] Li X, Yang Y, Zhang W, et al. Statistical process mon-itoring via generalized non-negative matrix projection[J]. Chemometrics and Intelligent Laboratory Systems, 2013, 121: 15-25.

[123] Zhu H, Wang F, Shi H, et al. Fault detection method for chemical process based on LPP-GNMF algorithm[J]. CIESC Journal, 2016, 67: 5155-5162.

[124] Li N, Yang Y. Statistical process monitoring based on modified non-negative matrix factorization[J]. Journal of Intelligent and Fuzzy Systems, 2015, 28: 1359-1370.

[125] Devor R, Chang T, Sutherland W. Statistical Quality Design and Control: Contemporary Concepts and Methods[M]. Upper Saddle River: Prentice Hall, 1992.

[126] Hawkins D M, Olwell D H. Cumulative Sum Charts and Charting for Cuality Improvement[M]. New York: Springer, 1998.

[127] Hoerl R G, Snee R. Statistical thinking and methods in quality improvement: A look to the future[J]. Quality Engineering, 2010, 22(3): 119-129.

[128] Box G E P, Paniagua-Quinones C. Two charts not one[J]. Quality Engineering, 2007, 19(2): 93-100.

[129] Box G E P, Narasimhan S. Rethinking statistics for quality control[J]. Quality Engineering, 2010, 22(2): 60-72.

[130] Box G E P, Jenkins G M, Reinsel G C. Time Series Analysis, Forecasting and Control[M]. 4th edition. New York: John Wiley & Sons, 2008.

[131] Del Castillo E. Statistical Process Adjustment for Quality Control[M]. New York: John Wiley & Sons, 2002.

[132] Chen Q, Kruger U, Leung A Y T. Cointegration testing method for monitoring nonstationary processes[J]. Industrial & Engineering Chemistry Research, 2009, 48(7): 3533-3543.

[133] Raza H, Prasad G, Li Y. Dataset shift detection in non-stationary environments using EWMA charts[C]. Proceedings of IEEE International Conference on Systems, Man, and Cybernetics, Manchester, 2013: 3151-3156.

[134] Woodall W H, Spitzner D J, Montgomery D C. Using control charts to monitor process and product quality profiles[J]. Journal of Quality Technology, 2004, 36(3): 309-320.

[135] Ge Z Q, Kruger U, Lamont L, et al. Fault detection in non-Gaussian vibration systems using dynamic statistical-based approaches[J]. Mechanical Systems and Signal Processing, 2010, 24(8): 2972-2984.

[136] Fan S K S, Chang Y J, Aidara N. Nonlinear profile monitoring of reflow process data based on the sum of sine functions[J]. Quality and Reliability Engineering International, 2013, 29(5): 743-758.

[137] Wang Y, Zheng Y, Fang H J, et al. ARMAX model based run-to-run fault diagnosis approach for batch manufacturing process with metrology delay[J]. International Journal of Production Research, 2014, 52(10): 2915-2930.

[138] Zeileis A, Leisch F, Kleiber C, et al. Monitoring structural change in dynamic econometric models[J]. Journal of Applied Econometrics, 2005, 20(1): 99-121.

[139] Zheng Y, Wang Y, Wong D S H, et al. A time series model coefficients monitoring approach for controlled processes[J]. Chemical Engineering Research and Design, 2015, 100: 228-236.

[140] Verdier G, Ferreira A. Adaptive Mahalanobis distance and knearest neighbor rule for fault detection in semiconductor manufacturing[J]. IEEE Transactions on Semiconductor Manufacturing, 2011, 24(1): 59-68.

[141] 张成, 高宪文, 徐涛, 等. 基于独立元的 k 近邻故障检测策略[J]. 控制理论与应用, 2018, 35(6): 805-812.

[142] He Q P, Wang J. Large-scale semiconductor process fault detection using a fast pattern recognition-based method[J]. IEEE Transactions on Semiconductor Manufacturing, 2010, 23(2): 194-200.

[143] Hong S J, Lim W Y, Cheong T, et al. Fault detection and classification in plasma etch equipment for semiconductor manufacturing e-diagnostics[J]. IEEE Transactions on Semiconductor Manufacturing, 2012, 25(1): 83-93.

[144] Nguyen T B L, Djeziri M, Ananou B, et al. Fault prognosis for batch production based on percentile measure and gamma process: Application to semiconductor manufacturing[J].

Journal of Process Control, 2016, 48: 72-80.

[145] Lee K B, Cheon S, Kim C O. A convolutional neural network for fault classification and diagnosis in semiconductor manufacturing processes[J]. IEEE Transactions on Semiconductor Manufacturing, 2017, 30(2): 135-142.

[146] Kim E, Cho S, Lee B, et al. Fault detection and diagnosis using self-attentive convolutional neural networks for variable-length sensor data in semiconductor manufacturing[J]. IEEE Transactions on Semiconductor Manufacturing, 2019, 32(3): 302-309.

[147] Chen J, Jiang Y C. Development of hidden semi-Markov models for diagnosis of multiphase batch operation[J]. Chemical Engineering Science, 2011, 66: 1087-1099.

[148] Wang J, He Q P. A Bayesian approach for disturbance detection and classification and its application to state estimation in run-to-run control[J]. IEEE Transactions on Semiconductor Manufacturing, 2007, 20(2): 126-136.

[149] Ono T, Kumamaru T, Maeda A, et al. Influence matrix approach to fault diagnosis of parameters in dynamic systems[J]. IEEE Transactions on Industrial Electronics, 1987, 34(2): 285-291.

[150] Poshtan J, Doraiswami R, Stevenson M. A real-time fault diagnosis and parameter tracking scheme[C]. Processing of the American Control Conference, Albuquerque, 1997: 483-487.

[151] McCray A T, McNames J, Abercrombie D. Locating disturbances in semiconductor manufacturing with stepwise regression[J]. IEEE Transactions on Semiconductor Manufacturing, 2005, 18(3): 458-468.

[152] Lin S Y, Hong S C. A classification-based fault detection and isolation scheme for the ion implanter[J]. IEEE Transactions on Semiconductor Manufacturing, 2006, 19(4): 411-424.

[153] Garcia A, Fuente M J, Sainz G. Fault detection and isolation in transient states using principal component analysis[J]. Journal of Process Control, 2012, 22(3): 551-563.

[154] Ge Z Q, Song Z H. Bayesian inference and joint probability analysis for batch process monitoring[J]. AIChE Journal, 2013, 59(10): 3702-3713.

[155] Yan Z N, Kuang T H, Yao Y. Multivariate fault isolation of batch processes via variable selection in partial least squares discriminant analysis[J]. ISA Transactions, 2017, 70: 389-399.

[156] Zhang H Y, Tian X M, Deng X G, et al. Batch process fault detection and identification based on discriminant global preserving kernel slow feature analysis[J]. ISA Transactions, 2018, 79: 108-126.

[157] Zhu J L, Wang Y Q, Zhou D H, et al. Process modeling and monitoring with local outlier factor[J]. IEEE Transactions on Control Systems Technology, 2019, 27(4): 1552-1565.

[158] Tsung F, Wu H, Nair V. On the efficiency and robustness of discrete proportional-integral control schemes[J]. Technometrics, 1998, 40(7): 214-222.

[159] 万莉，谭菲，潘天虹．测量时延在线估计与批间控制器协同设计[J]. 控制理论与应用，2016, 33(1): 92-97.

[160] Castillo E D. Some properties of EWMA feedback quality adjustment schemes for drifting disturbance[J]. Journal of Quality Technology, 2001, 33(4): 153-166.

[161] Seghouane A K. New AIC corrected variants for multivariate linear regression model selection[J]. IEEE Transactions on Aerospace and Electronic Systems, 2011, 47(2): 1154-1165.

[162] Zhao J H. Efficient model selection for mixtures of probabilistic PCA via hierarchical BIC[J]. IEEE Transactions on Cybernetics, 2014, 44(10): 1871-1883.

[163] Box G E P, Luceno A, Maria D C P Q. Statistical Control by Monitoring and Adjustment[M]. 2nd edition. New York: Wiley, 2009.

[164] Paulonis M A, Cox J W. A practical approach for large-scale controller performance assessment, diagnosis, and improvement[J]. Journal of Process Control, 2003, 13(2): 155-168.

[165] 吴斌，于春梅. 过程工业故障诊断[M]. 北京：科学出版社, 2012.

[166] 万福才，鄂佳. 统计过程监控综述[J]. 沈阳大学学报, 2009, 21(3): 101-103.

[167] 周东华，李钢，李元. 数据驱动的工业过程故障诊断技术[M]. 北京：科学出版社, 2011.

[168] Montgomery D C. Introduction to Statistical Quality Control[M]. 7th edition. New York: John Wiley & Sons, 2012.

[169] Jin X, Fan J, Chow T W S. Fault detection for rolling-element bearings using multivariate statistical process control methods[J]. IEEE Transactions on Instrumentation and Measurement, 2019, 68(9): 3128-3136.

[170] Kano M, Ogawa M. The state of the art in chemical process control in Japan: Good practice and questionnaire survey[J]. Journal of Process Control, 2010, 20(9): 969-982.

[171] Saha P. Performance assessment of control loops[J]. International Journal of Science and Research, 2012, 1(2): 50-53.

[172] Ordys A W, Uduehi D, Johnson M A. Process Control Performance Assessment: From Theory to Implementation[M]. London: Springer, 2007.

[173] Modares H. Minimum-variance and low-complexity data-driven probabilistic safe control design[J]. IEEE Control Systems Letters, 2023, 7: 1598-1603.

[174] Ko B S, Edgar T F. PID control performanceassessment: The single-loop case[J]. AIChE Journal, 2004, 50(6): 1211-1218.

[175] Fu R W, Xie L, Song Z H, et al. PID control performance assessment using iterative convex programming[J]. Journal of Process Control, 2012, 22: 1793-1799.

[176] Xia T, Zhang Z, Hong Z, et al. Design of fractional order PID controller based on minimum variance control and application of dynamic data reconciliation for improving control

performance[J]. ISA Transactions, 2023, 133: 91-101.

[177] Ma M D, Feng T, Kai Z, et al. An analysis and performance assessment of Double EWMA control systems[C]. Proceedings of the 33rd Chinese Control Conference, Nanjing, 2014: 2985-2989.

[178] Yu J, Qin S J. Statistical MIMO controller performance monitoring, Part I: Data-driven covariance benchmark[J]. Journal of Process Control, 2008, 18(3-4): 277-296.

[179] Yu J, Qin S J. Statistical MIMO controller performance monitoring, Part II: Performance diagnosis[J]. Journal of Process Control, 2008, 18(3-4): 297-319.

[180] Harrison C A, Qin S J. Minimum variance performance map for constrained model predictive control[J]. Journal of Process Control, 2009, (19): 1199-1204.

[181] Qin S J, Yu J. Recent developments in multivariable controller performance monitoring[J]. Journal of Process Control, 2007, 17(3): 221-227.

[182] Xu F, Huang B, Tamayo E C. Performance assessment of MIMO control systems with timevariant disturbance dynamics[J]. Computers & Chemical Engineering, 2008, 32(9): 2144-2154.

[183] 张巍, 王昕, 王振雷. 基于多模型混合最小方差控制的时变扰动控制系统性能评估[J]. 自动化学报, 2014, 40(9): 2037-2044.

[184] Wang Y, Yao Y, Zheng Y, et al. Multi-objective monitoring of closed-loop controlled systems using adaptive LASSO[J]. Journal of the Taiwan Institute of Chemical Engineers, 2015, 56: 84-95.

[185] Xia H, Majecki P, Ordys A, et al. Performance assessment of MIMO systems based on I/O delay information[J]. Journal of Process Control, 2006, 16(4): 373-383.

[186] Yu J, Qin S J. MIMO control performance monitoring using left/right diagonal interactors[J]. Journal of Process Control, 2009, 19(8): 1267-1276.

[187] Chen J, Kong C K. Performance assessment for iterative learning control of batch units[J]. Journal of Process Control, 2009, 19(6): 1043-1053.

[188] Farasat E, Huang B. Deterministic vs. stochastic performance assessment of iterative learning control for batch processes[J]. AIChE Journal, 2013, 59(2): 457-464.

[189] Xu F, Lee K H, Huang B. Monitoring control performance via structured closed-loop response subject to output variance/covariance upper bound[J]. Journal of Process Control, 2006, 16(9): 971-984.

[190] Yuan Q, Lennox B. Control performance assessment for multivariable systems based on a modified relative variance technique[J]. Journal of Process Control, 2009, (19): 489-497.

[191] Yu Z, Wang J, Huang B, et al. Performance assessment of PID control loops subject to setpoint changes[J]. Journal of Process Control, 2011, 21(8): 1164-1171.

[192] Liu C, Huang B, Wang Q. Control performance assessment subject to multi-objective user-specified performance characteristics[J]. IEEE Transactions on Control Systems Technology, 2011, 19(3): 682-691.

[193] 张泉灵, 黄其珍. 基于用户自定义指标的多变量控制系统性能评价技术[J]. 控制与决策, 2012, 26(7): 1117-1120.

[194] Meng Q W, Gu J Q, Zhong Z F, et al. Control performance assessment and improvement with a new performance index[C]. Proceedings of the 25th Chinese Control and Decision Conference, Guiyang, 2013: 4081-4084.

[195] Zhao Y, Su H Y, Chu J, et al. Multivariable control performance assessment based on generalized minimum variance benchmark[C]. Proceedings of the 48th IEEE Conference on Decision and Control, Shanghai, 2009: 1902-1907.

[196] Wang H, Yang M. Performance assessment of cascade control system based on generalized minimum variance benchmarking[C]. Proceedings of the 29th Chinese Control Conference, Beijing, 2010: 3876-3881.

[197] 李大字, 焦军胜, 靳其兵. 基于输出方差限制的广义多变量控制系统性能评价[J]. 自动化学报, 2013, 39(5): 654-658.

[198] Liu S, Liu J, Feng Y, et al. Performance assessment of decentralized control systems: An iterative approach[J]. Control Engineering Practice, 2014, 22(22): 252-263.

[199] Zhao C, Zhao Y, Su H, et al. Economic performance assessment of advanced process control with LQG benchmarking[J]. Journal of Process Control, 2009, 19(4): 557-569.

[200] Pour N D, Huang B, Shah S L. Performance assessment of advanced supervisory-regulatory control systems with subspace LQG benchmark[J]. Automatica, 2010, 46(8): 1363-1368.

[201] Liu Z, Gu Y, Xie L. An improved LQG benchmark for MPC economic performance assessment and optimisation in process industry[J]. Canadian Journal of Chemical Engineering, 2012, 90(6): 1434-1441.

[202] Wang Y Q, Zhang H, Wei S L, et al. Control performance assessment for ILC-controlled batch processes in a 2-D system framework[J]. IEEE Transactions on Systems Man & Cybernetics—Systems, 2018, 48(9): 1493-1504.

[203] Srinivasan B, Spinner T, Rengaswamy R. Control loop performance assessment using detrended fluctuation analysis (DFA) [J]. Automatica, 2012, 48(7): 1359-1363.

[204] Das L, Srinivasan B, Rengaswamy R. Multivariate control loop performance assessment with Hurst exponent and Mahalanobis distance[J]. IEEE Transactions on Control System Technology, 2016, 24(3): 1067-1074.

[205] Guzmán J L, Hägglund T, Veronesi M, et al. Performance indices for feedforward control[J]. Journal of Process Control, 2015, 26: 26-34.

[206] Yan Z, Chan C L, Yao Y. Multivariate control performance assessment and control system monitoring via hypothesis test on output covariance matrices[J]. Industrial & Engineering Chemistry Research, 2015, 54(19): 5261-5272.

[207] Zagrobelny M, Ji L, Rawlings J B. Quis custodiet ipsos custodes?[J]. Annual Reviews in Control, 2013, 37(2): 260-270.

[208] Schäfer J, Cinar A. Multivariable MPC system performance assessment, monitoring, and diagnosis[J]. Journal of Process Control, 2004, 14(2): 113-129.

[209] Huang B, Shah S L, Kwok E K. On-line control performance monitoring of MIMO processes[C]. Proceedings of the American Control Conference, Seattle, 1995: 1250-1254.

[210] Mozumder P, Saxena S. A monitor wafer based controller for semiconductor processes[J]. IEEE Transactions on Semiconductor Manufacturing, 1994, 7(3): 400-411.

[211] Tseng S T, Yeh A B, Chan Y Y. A study of variable EWMA controller[J]. IEEE Transactions on Semiconductor Manufacturing, 2003, 16(4): 633-638.

[212] Su C T, Hsu C C. A time-varying weights tuning method of the double EWMA controller[J]. The International Journal of Management Science, 2004, 32: 473-480.

[213] Castillo E D. Long run and transient analysis of a double EWMA feedback controller[J]. IIE Transactions, 1999, 31: 1157-1169.

[214] Good R, Qin S J. Stability analysis of double EWMA run-to-run control with metrology delay[C]. Proceedings of the American Control Conference, Anchorage, 2002: 2156-2161.

[215] Good R P, Qin S J. On the stability of MIMO EWMA run-to-run controllers with metrology delay[J]. Transactions on Semiconductor Manufacturing, 2006, 19(1): 78-86.

[216] Good R P, Qin S J. Performance synthesis of multiple input-multiple output (MIMO) exponentially weighted moving average (EWMA) run-to-run controllers with metrology delay[J]. Industiral & Enginnering Chemestry Research, 2011, 50(3): 1400-1409.

[217] Wu M F, Lin C H, Wong D S H, et al. Performance analysis of EWMA controllers subject to metrology delay[J]. IEEE Transactions on Semiconductor Manufacturing, 2008, 21(3): 413-425.

[218] Su A J, Yu C C, Ogunnaike B A. On the interaction between measurement strategy and control performance in semiconductor manufacturing[J]. Journal of Process Control, 2008, 18(3-4): 266-276.

[219] Fan S K S, Lo L C, Chang Y J, et al. Prediction of time-varying metrology delay for DEWMA and RLS-LT controllers[J]. Journal of Process Control, 2012, 22(4): 823-828.

[220] Zhang J, Chu C C, Munoz J, et al. Minimum entropy based run-to-run control for semiconductor processes with uncertain metrology delay[J]. Journal of Process Control, 2009, 19(10): 1688-1697.

[221] Chen J, Munoz J, Cheng N. Deterministic and stochastic model based run-to-run control for batch processes with measurement delays of uncertain duration[J]. Journal of Process Control, 2012, 22(2): 508-517.

[222] Liu T, Gao F, Wang Y. IMC-based iterative learning control for batch processes with uncertain time delay[J]. Journal of Process Control, 2010, 20(2): 173-180.

[223] Takagi T, Sugeno M. Fuzzy identification of systems and its applications to modeling and control[J]. IEEE Transactions on Systems Man & Cybernetics, 1985, 15(1): 116-132.

[224] Hersh H M, Caramazza A. A fuzzy set approach to modifiers and vagueness in natural language[J]. Journal of Experimental Psychology: General, 1976, 105(3): 250-276.

[225] Stallings W. Fuzzy set theory versus Bayesian statistics[J]. IEEE Transactions on Systems Man & Cybernetics, 1977, 7(3): 216-219.

[226] Moyne J. Run-to-Run Control in Semiconductor Manufacturing[M]. London: Springer, 2015.

[227] May G S, Spanos C J. Fundamentals of Semiconductor Manufacturing and Process Control[M]. Hoboken: Wiley-IEEE Press, 2006.

[228] Ma Z, Pan T. Adaptive Weight Tuning of EWMA controller via model-free deep reinforcement learning[J]. IEEE Transactions on Semiconductor Manufacturing, 2023, 36(1): 91-99.

[229] Zheng Y, Wong D S H, Wang Y W, et al. Takagi-Sugeno model based analysis of EWMA RtR control of batch processes with stochastic metrology delay and mixed products[J]. IEEE Transactions on Cybernetics, 2014, 44(7): 1155-1168.

[230] Sun Z J, Qin S J, Singhal A, et al. Performance monitoring of model-predictive controllers via model residual assessment[J]. Journal of Process Control, 2013, 23: 473-482.

[231] Selvanathan S, Tangirala A K. Diagnosis of poor control loop performance due to model-plant mismatch[J]. Industiral & Enginnering Chemestry Research, 2010, 49: 4210-4229.

[232] Yin F, Wang H, Xie L, et al. Data driven model mismatch detection based on statistical band of Markov parameters[J]. Computers Electrical Engineering, 2014, 40: 2178-2192.

[233] Jiang H L, Li W H, Shah S L. Detection and isolation of model-plant mismatch for multivariate dynamic systems, fault detection[J]. Supervision and Safety of Technical Processes, 2006, 39(13): 1396-1401.

[234] Chen J Y, Yu J, Mori J. Closed-loop subspace projection based state-space model-plant mismatch detection and isolation for MIMO MPC performance monitoring[C]. Proceedings of the 52nd IEEE Conference on Decision and Control, Florence, 2013: 6143-6148.

[235] Botelho V, Trierweiler J O, Farenzena M, et al. Methodology for detecting model-plant mismatches affecting model predictive control performance[J]. Industrial & Engineering Chemistry Research, 2015, 54: 12072-12085.

[236] Botelho V, Trierweiler J O, Farenzena M, et al. Perspectives and challenges in performance assessment of model predictive control[J]. Canadian Journal of Chemical Engineering, 2016, 94(7): 1225-1241.

[237] Wang S Y, Simkoff J M, Baldea M, et al. Autocovariance-based plant-model mismatch estimation for linear model predictive control[J]. Systems & Control Letters, 2017, 104: 5-14.

[238] Wang S Y, Simkoff J M, Baldea M, et al. Autocovariance-based MPC model mismatch estimation for systems with measurable disturbances[J]. Journal of Process Control, 2017, 55: 42-54.

[239] Zheng Y, Ling D, Wang Y W, et al. Model quality evaluation in semiconductor manufacturing process with EWMA run-to-run control[J]. IEEE Transactions on Semiconductor Manufacturing, 2017, 30(1): 8-16.

[240] Ljung L. System identification: Theory for the User[M]. Englewood Cliffs: Prentice Hall,1999.

[241] Yang H T, Huang C M, Huang C L. Identification of ARMAX model for short term load forecasting: An evolutionary programming approach[J]. IEEE Transactions on Power System, 1996, 11: 403-408.

[242] Miwa K, Inokuchi T, Takahashi T, et al. Reduction of depth variation in an Si etching process by applying an optimized run-to-run control system[J]. IEEE Transaction on Semiconductor Manufacturing, 2005, 18: 309-318.

[243] Lee J, Lee S S, Kwon O S, et al. A 90-nm CMOS 1.8-V 2-Gb NAND flash memory for mass storage applications[J]. IEEE Journal of Solid-State Circuits, 2003, 38(11): 1934-1942.

[244] Wan L, Pan T. Double EWMA controller for semiconductor manufacturing processes with time-varying metrology delay[C]. Proceedings of IEEE International Conference on Cyber Technology in Automation, Control and Intelligent Systems, Shenyang, 2015: 394-397.

[245] Wang R, Zhang L, Chen N. Spatial correlated data monitoring in semiconductor manufacturing using Gaussian process model[J]. IEEE Transactions on Semiconductor Manufacturing, 2019, 32(1): 104-111.

[246] Chen T, Zhang J. On-line multivariate statistical monitoring of batch processes using Gaussian mixture model[J]. Computers and Chemical Engineering, 2010, 34(4): 500-507.

[247] Ge Z, Song Z. Semiconductor manufacturing process monitoring based on adaptive substatistical PCA[J]. IEEE Transactions on Semiconductor Manufacturing, 2010, 23(1): 99-108.

[248] Wang Y, Jiang Q, Fu J. Data-driven optimized distributed dynamic PCA for efficient monitoring of large-scale dynamic processes[J]. IEEE Access, 2017, 5: 18325-18333.

[249] Yao Y, Gao F R. Batch process monitoring in score space of two dimensional dynamic principal component analysis (PCA)[J]. Industrial & Engineering Chemistry Research, 2007,

46(24): 8033-8043.

[250] Yao Y, Gao F R. Subspace identification for two-dimensional dynamic batch process statistical monitoring[J]. Industrial & Engineering Chemistry Research, 2008, 63(13): 3411-3418.

[251] Aksasse B, Radouane L. Two-dimensional autoregressive (2-D AR) model order estimation[J]. IEEE Transactions on Signal Processing, 1999, 47(7): 2072-2077.

[252] Yao Y, Diao Y, Lu N, et al. Two-dimensional dynamic principal component analysis with autodetermined support region[J]. Industrial & Engineering Chemistry Research, 2009, 48(2): 837-843.

[253] Yao Y, Gao F R. Statistical monitoring and fault diagnosis of batch processes using two-dimensional dynamic information[J]. Industrial & Engineering Chemistry Research, 2010, 49(20): 9961-9969.

[254] Ziel F. Modelling and forecasting electricity load using lasso methods[C]. Proceedings of International Symposium on Modern Electric Power Systems, Wroclaw, 2015: 1-6.

[255] Epprecht C, Guégan D, Veiga Á, et al. Variable selection and forecasting via automated methods for linear models: LASSO/adaLASSO and autometrics[J]. Communications in Statistics: Simulation and Computation, 2021, 50(1): 103-122.

[256] Yoon Y J, Lee S, Lee T. Adaptive lasso for linear regression models with arma-garch errors[J]. Communications in Statistics-Simulatton and Computation, 2017, 46(5): 3479-3490.

[257] Ge Z Q, Gao F R, Song Z H. Improved two-dimensional dynamic batch process monitoring with support vector data description[J]. IFAC Proceedings Volumes, 2011, 44(1): 13133-13138.

[258] Siljak D. Stability criteria for two variable polynomials[J]. IEEE Transaction on circuits and systems, 1975, 22(3): 185-189.

[259] Jury E I. Theory and applications of the inners[J]. IEEE Transaction on Atuomatic Control, 1971, 16(3): 1044-1069.

[260] Kanellakis A, Tzafestas S, Theodorou N. Stability tests for 2D system using schwarz form and the inners determinants[J]. IEEE Transaction on circuits and systems, 1991, 38(9): 1071-1077.

[261] Chen K, Chan K S. Subset ARMA selection via the adaptive LASSO[J]. Statistics and Its Interface, 2011, 4(2): 197-205.

[262] Chu B, Owens D H, Freeman C T. Iterative learning control with predictive trial information: Convergence, robustness, and experimental verification[J]. IEEE Transactions on Control Systems Technology, 2016, 24(3): 1101-1108.

[263] Wang J F. A variable forgetting factor RLS adaptive filtering algorithm[C]. Proceedings of IEEE International Symposium on Microwave, Antenna, Propagation and EMC Technologies for Wireless Communications, Beijing, 2009: 1127-1130.

[264] 李倩茹，王于丁，张晓芳. 一种变遗忘因子 RLS 算法的分析与仿真[J]. 现代电子技术，2008, (17): 45-47.

[265] 张军，王寒凝，杨正瓴，等. 大波动短时公路交通流 K-近邻预测的稳健组合方法[J]. 天津大学学报, 2011, 44(2): 107-112.